高等院校"十二五"规划教材·数字媒体技术
示范性软件学院系列教材

多媒体技术
基础

丛书主编　肖刚强
本书主编　张晓艳
副 主 编　刘丽娟　于林林　史原
主　　审　周丽梅

辽宁科学技术出版社
沈阳

丛书编委会

编委会主任：孙　辉

顾　　问：陈利平　徐心和

副　主　任：李　文

丛书主编：肖刚强

编委会成员：（按姓氏笔画为序）

于林林　王立娟　王艳娟　王德广　冯庆胜　史　原　宁　涛　田　宏　申广忠
任洪海　刘　芳　刘月凡　刘丽娟　刘瑞杰　孙淑娟　何丹丹　宋丽芳　张家敏
张振琳　张晓艳　李　红　李　瑞　邹　丽　陈　晨　周丽梅　郑　巍　侯洪凤
赵　波　秦　放　郭　杨　郭发军　郭永伟　高　强　戚海英　雷　丹　翟　悦
魏　琦

图书在版编目（CIP）数据

多媒体技术基础 / 张晓艳主编. —沈阳：辽宁科学技术出版社，2012.7

高等院校"十二五"规划教材.数字媒体技术

ISBN 978-7-5381-7472-4

Ⅰ.①多… Ⅱ.①张… Ⅲ.①多媒体技术-高等学校-教材 Ⅳ.①TP37

中国版本图书馆CIP数据核字（2012）第084639号

出版发行：辽宁科学技术出版社
　　　　　（地址：沈阳市和平区十一纬路29号　邮编：110003）
印　刷　者：沈阳天正印刷厂
经　销　者：各地新华书店
幅面尺寸：185mm×260mm
印　　张：15.75
字　　数：350千字
印　　数：1~3000
出版时间：2012 年 7 月第 1 版
印刷时间：2012 年 7 月第 1 次印刷
责任编辑：于天文
封面设计：何立红
版式设计：于　浪
责任校对：徐　跃

书　　号：ISBN 978-7-5381-7472-4
定　　价：32.00元

投稿热线：024-23284740
邮购热线：024-23284502
E-mail:lnkjc@126.com
http://www.lnkj.com.cn
本书网址：www.lnkj.cn/uri.sh/7472

序　言

当前，我国高等教育正面临着重大的改革。教育部提出的"以就业为导向"的指导思想，为我们研究人才培养的新模式提供了明确的目标和方向，强调以信息技术为手段，深化教学改革和人才培养模式改革，根据社会的实际需求，培养具有特色鲜明的人才，是我们面临的重大问题。我们认真领会和落实教育部指导思想后提出了新的办学理念和培养目标。新的变化必然带来办学宗旨、教学内容、课程体系、教学方法等一系列的改革。为此，我们组织学校有多年教学经验的专业教师，多次进行探讨和论证，编写出这套"数字媒体技术"专业教材。

本套教材贯彻了"理念创新，方法创新，特色创新，内容创新"四大原则，在教材的编写上进行了大胆的改革。教材主要针对软件学院数字媒体技术等相关专业的学生，包括了多媒体技术领域的多个专业方向，如图像处理、二维动画、多媒体技术、面向对象计算机语言等。教材层次分明，实践性强，采用案例教学，重点突出能力培养，使学生从中获得更接近社会需求的技能。

本套教材在原有学校使用教材的基础上，参考国内相关院校应用多年的教材内容，结合当前学校教学的实际情况，有取舍地改编和扩充了原教材的内容，使教材更符合当前学生的特点，具有更好的实用性和扩展性。

本套教材可作为高等院校计算机、信息类和数字媒体技术等相关专业学生的教材使用，也是广大技术人员自学不可缺少的参考书之一。

我们恳切地希望，大家在使用教材的过程中，及时给我们提出批评和改进意见，以利于今后我们教材的修改工作。我们相信，经过大家的共同努力，这套教材一定能成为特色鲜明、学生喜爱的优秀教材。

肖刚强

2012年新年于大连

前　言

　　20世纪以来，随着信息技术的飞速发展，作为信息技术发展的重要方向之一，计算机多媒体技术的应用和发展也处于高速发展的过程中。多媒体技术是以计算机技术为核心，综合处理文字、图像、图形、音频和视频等信息的数字化处理技术，它正推动着许多相关产业的发展，改变着人们的生产和生活方式。我们相信，多媒体技术的广泛应用必将对社会发展产生巨大的影响。

　　正是在这种背景下，作者根据多年的教学经验并结合学生的特点和需求，编写了本书。该教材主要讲述多媒体技术的相关知识，同时也简单介绍了目前流行的多媒体素材的制作方法等。

　　本教材是计算机网络工程、软件工程专业学生的必修课程之一。本书由浅入深地介绍了多媒体技术的相关知识，充分考虑应用性本科学生培养目标和教学特点，注重基本概念的同时，重点介绍实用性较强的内容。

　　本书共分10章，全面、系统、深入地讲解了多媒体技术概述、多媒体的硬件和软件环境、文本信息处理技术、音频信息处理技术、图形图像信息处理技术、动画的编辑与制作以及视频信息处理技术、多媒体数据存储技术、多媒体数据库技术和多媒体网络技术。同时，每一章节都附有课后习题，还有PPT课件和习题答案帮助读者的研究和学习。其中，第1章至第8章由张晓艳编写；第9章、第10章由刘丽娟编写。

　　本书在编写过程中力求符号统一，图表准确，语言通俗，结构清晰。

　　本书可以作为高等院校计算机专业、数字媒体技术及相关专业教材，也可作为大学本科非计算机、信息类专业学生的多媒体课程教材，也是广大工程技术人员自学不可缺少的参考书之一。

　　由于编者水平有限，书中难免有错漏之处，敬请读者批评指正。

　　如需本书课件和习题答案，请来信索取，地址：mozi4888@126.com

张晓艳

2012年2月

目　录

第1章　多媒体技术概述

　　计算机的诞生改变了人们处理信息的方式,早期处理的主要是数字,之后用来处理文字,从而实现了数字和文本处理的计算机化,给人们提供了不少方便,也大大促进了计算机技术的发展及其应用范围。随着计算机技术、通信技术、网络技术、传感器技术、信号处理技术和人机交互技术的发展,大大拓展了信息的表示和传播方式,记录和处理信息的载体由单一的文字转向文字、声音、图形、图像、超文本和超媒体等多媒体方式。

1.1　概述

1.1.1　多媒体技术的由来

　　30多年前,有人把几张幻灯片配上同步的声音,称为多媒体系统;而今,仍有人将电影、电视、录像等大众传播声像系统称为多媒体系统。而我们这里所讲的多媒体技术是指以计算机技术为核心,扩充数字化音频和视频技术所组成的一种系统集成技术。采用这种技术可以组织一个声音、图形、图像和文本一体化的多媒体计算机系统,简称多媒体系统。多媒体系统与一般的大众传播声像系统的主要区别在于数字化和交互性。

　　在20世纪80年代中期之前,一般计算机系统只能处理数字和文字(包含符号),即文本媒体所承载的信息。计算机与外界的接口是字符界面,人们使用键盘、显示器和打印机等外设与计算机交换信息。

　　进入20世纪80年代中期后,人们开始致力于研究将图形和图像作为新的信息承载媒体输入计算机,并进行综合处理后仍以图形和图像的形式将结果告知用户,并用图形用户接口(GUI)取代字符用户接口(CUI),用鼠标器和菜单取代键盘操作,改善了人机交互界面。

　　进入20世纪90年代初期,人们开始将声音、活动的视频图像和三维真彩色图像输入计算机进行实时处理,人和计算机的交互界面真正开始进入多媒体环境。这时期,人们可以使用扫描仪、摄像机、录音机、触摸屏、电视机和音响设备等多媒体外设与计算机交换信息。

　　从1993年开始,人们使用实时三维图形和图像、立体声音等信息媒体,使计算机系统的感知功能从视觉、听觉,扩展到触觉、味觉和嗅觉等多种感觉,使用户在与计算机交互过程中产生身临其境的感受,从而使人机界面开始进入到虚拟实景阶段。

1.1.2　多媒体的基本概念

1.1.2.1　媒体与多媒体

1.媒体

　　为了引入多媒体这个概念,首先说明一下什么是媒体。媒体(Medium)又称媒介或媒质，是指信息传递和存储的最基本的技术和手段，也就是人们在生活中能够接触到的，帮助人们获得各种信息的工具。它包括书籍、电视、电话、报纸、杂志、计算机等。

媒体有两种含义：

◇ 表示信息的载体：文本、音频、图形、图像、动画、视频。

◇ 存储信息的实体：纸张、磁盘、光盘、半导体存储器。

按照国际电联（ITU）的定义，媒体的种类可分为5种：感觉媒体、表示媒体、表现媒体、存储媒体及传输媒体。

（1）感觉媒体：能直接作用于人的感官，让人产生感觉的媒体。例如，通过视觉看到的文字、图形；通过听觉听到的音乐、语音等。

（2）表示媒体：为传播和表达某种感觉媒体所指定的各类信息的编码与格式。例如，语言编码、电报编码、图像编码等。

（3）表现媒体：用于输入和输出感觉媒体的载体。

◇ 输出媒体：显示器、扬声器、打印机等。

◇ 输入媒体：键盘、鼠标、扫描仪等。

（4）存储媒体：用于存放表示媒体的载体。例如，内存、软磁盘、硬盘、光盘、纸张等。

（5）传输媒体：用于把表示媒体从一处传输到另一处的物理实体。例如，各种导线、电缆、电话线、光纤等。

各种媒体形式之间的关系如图1-1所示。

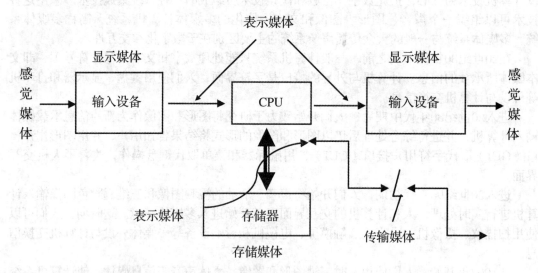

图1-1 各种媒体形式的关系

2. 多媒体

"多媒体"一词译自英文"Multimedia"，而该词又是由mutiple和media复合而成的。与多媒体对应的一词是单媒体（Monomedia），从字面上看，多媒体就是由单媒体复合而成的。

多媒体技术从不同的角度有着不同的定义。比如有人定义"多媒体计算机是一组硬件和软件设备；结合了各种视觉和听觉媒体，能够产生令人印象深刻的视听效果。在视觉媒体上，包括图形、动画、图像和文字等媒体；在听觉媒体上，则包括语言、立体声响和音乐等媒体。用户可以从多媒体计算机同时接触到各种各样的媒体来源"。还有人定义多媒体是"传统的计算媒体——文字、图形、图像以及逻辑分析方法等与视频、音频以及为了知识创建和表达的交互式应用的结合体"。概括起来就是:多媒体技术，即计算机交互式综合处理多媒体信息——文本、图形、图像和声音，使多种信息建立逻辑连接，集成为一个系统并具有交互性。简言之，多媒体技术就是具有集成性、实时性和交互性的计算机综合处理声文图信息的技术。多媒体在我国也有自己的定义，一般认为，多媒体技术指的就是能对多种载体(媒介)上的信息和多种存储体(媒介)上的信息进行处理的技术。

1.1.2.2　多媒体的关键技术

研制多媒体计算机需要解决很多问题，也有很多关键技术，主要总结为以下7个方面:

（1）多媒体数据的压缩与解压缩。
（2）超大规模集成电路芯片技术。
（3）多媒体数据存储技术。
（4）多媒体信息传输技术。
（5）多媒体输入与输出技术。
（6）多媒体软件技术。
（7）多媒体数据库技术。

具体内容将在后面章节中详细介绍。

1.1.3　多媒体的技术特点

多媒体技术有以下几个主要特点:

（1）集成性: 能够对信息进行多通道统一获取、存储、组织与合成。

（2）控制性: 多媒体技术是以计算机为中心，综合处理和控制多媒体信息，并按人的要求以多种媒体形式表现出来，同时作用于人的多种感官。

（3）交互性: 交互性是多媒体应用有别于传统信息交流媒体的主要特点之一。传统信息交流媒体只能单向、被动地传播信息，而多媒体技术则可以实现人对信息的主动选择和控制。

（4）非线性: 多媒体技术的非线性特点将改变人们传统循序性的读写模式。以往人们读写方式大都采用章、节、页的框架，循序渐进地获取知识，而多媒体技术将借助超文本链接（Hyper Text Link）的方法，把内容以一种更灵活、更具变化的方式呈现给读者。

（5）实时性: 当用户给出操作命令时，相应的多媒体信息都能够得到实时控制。

（6）互动性: 它可以形成人与机器、人与人及机器间的互动，互相交流的操作环境及身临其境的场景，人们根据需要进行控制。人机相互交流是多媒体最大的特点。

（7）信息使用的方便性: 用户可以按照自己的需要、兴趣、任务要求、偏爱和认知特点来使用信息，任取图、文、声等信息表现形式。

（8）信息结构的动态性: "多媒体是一部永远读不完的书"，用户可以按照自己的目的和认知特征重新组织信息，增加、删除或修改节点，重新建立链接。

1.2　多媒体中的媒体元素及其特征

1.2.1　文本

现实世界中，文字是人们通信的主要方式。在计算机中，文字是人与计算机之间信息交换的主要媒体。文字用二进制编码表示，也就是使用不同的二进制编码来代表不同的文字。在计算机发展的早期，比较流行的终端一般为文字终端，在屏幕上显示的都是文字信息。由于人们在现实生活中常用语言、图形进行交流，所以出现了图形、图像、声音等媒体，这样也就相应地出现了多种终端设备。

文本是各种文字字体的集合。它是用得最多的一种符号媒体形式，是人和计算机交互作用的主要形式。文本是计算机文字处理程序的基础，也是多媒体应用程序的基础。

文本数据可以在文本编辑软件里制作，如通过写字板、记事本和Word字处理软件等所编写的文本文件大都可以直接应用到多媒体应用系统中。但多媒体文本大多直接在制作图形的软件或多媒体编辑软件时一起制作。

文本的多样化是指文字的变化，即字的格式、字的定位、字体、字号以及由这四种变化组成的各种组合形式。

相对于图像而言，文本媒体的数据量要小得多。它不像图像要记录下特定区域中所有一切的信息，只是按需要抽象出事物中最本质的特征加以表示。

1.2.2　音频

人类能够听到的所有声音都称之为音频，除语音、音乐外，还包括各种音响效果。将音频信号集成到多媒体中，可提供其他任何媒体不能实现的效果，从而烘托气氛，增加活力。

音频通常被作为"音频信号"或"声音"的同义语，如波形声音、语音和音乐等，它们都属于听觉媒体，其频率范围在20Hz~20kHz之间。

声音是一个随时间而变化的模拟量，要在计算机内播放或是处理音频文件，也就是要对声音文件进行数/模转换。这个过程由采样和量化构成，以下三个主要技术指标影响着数字化声音的质量：

◇ 采样频率：也称为采样速度或者采样率，定义了每秒从连续信号中提取并组成离散信号的采样个数，它用赫兹（Hz）来表示。采样频率的倒数是采样周期或者叫做采样时间，它是采样之间的时间间隔。通俗地讲，采样频率是指计算机每秒钟采集多少个声音样本，是描述声音文件的音质、音调，衡量声卡、声音文件的质量标准。采样频率越高，丢失的信息就越少。一般认为，所能记录声音的最高频率为采样的1/2，即如果不要失真地记录最高频率为10kHz的声音，采样频率必须达到20kHz才行。

◇ 样本的量化位数：量化是将采样得到的模拟量表示的音频信号转换成二进制数字组成的数字音频信号。每个采样点所能表示的二进制位数，称为量化位数、量化精度。量化位数的多少，决定着数字化音频可表现的声音幅度层次的多少。可表现的声音幅度的最大层次数是以2为底的量化位数（b）的幂，即量化位数若分别为8位、16位、24位时，可再现的声音在幅度方向上的最大层次数位为$2^8(256)$、2^{16}（65 536）、2^{24}（16 777 216）。CD唱片所记录的数字化音频量化位数为16位，DVD所记录的数字化音频量化位数为24

位，后者的音质比前者好。

◇ 通道个数：记录声音时，如果一次生成一个声波数据，称为单声道；一次生成两个声波数据，称为立体声道。立体声道的信息更加丰富，数据量也相应增大。

采样频率越高，量化精度越高，声道数越多，则声音质量就越好，而数字化后的数据量也就越大。例如，在采样频率44.1kHz，精度为16位（即2字节），左右两个声道的情况下，每秒声音所占数据量为：

$$44.1kHz \times 2 \times 2 = 176.4KB/s$$

1秒钟的声音就是176KB容量，一张软盘只能存储8秒钟的声音，这对存储和传输的负担都挺重，所以必须对声音数据事先进行压缩，使数据量大大减少。播放时，再进行解压、还原。它们之间的关系如表1-1所示。

表1-1 采样频率、量化位数、声道数与存储容量的关系

质量	采样频率（kHz）	样本精度	单声道/立体声	数据率（KB/s）	频率范围（kHz）
电话	8	8	单声道	64	200～3400
AM	11.025	8	单声道	88	50～7000
FM	22.050	16	立体声	705.6	20～15000
CD	44.1	16	立体声	1411.2	20～20000
DAT	48	16	立体声	1536	20～20000

计算机中常用的用于存储声音的文件有如下几种：

（1）WAV：是微软公司(Microsoft)于1991年开发的一种声音文件格式，文件的扩展名为"WAV"，数据本身的格式为PCM或压缩型。

WAV文件来源于对声音的采样，用不同的采样频率对声波进行采样可以得到一系列离散的采样点，以不同的量化位数把这些采样点的值转换为二进制数，然后存入磁盘，就产生了声音的WAV文件，即波形文件。由于WAV文件是真实声音数字化后的数据文件，所以，它所需要的存储容量很大，相对其他音频格式而言是一个缺点，其文件大小的计算公式为：

WAV格式文件所占容量(KB)=(取样频率×量化位数×声道)×时间/8

（2）MP3：全称是动态影像专家压缩标准音频层面3（Moving Picture Experts Group Audio Layer III）。MP3是利用 MPEG Audio Layer III 的技术，将音乐以1：10甚至 1：12的压缩率，压缩成容量较小的文件，换句话说，能够在音质丢失很小的情况下把文件压缩到更小的程度。MP3是当今较流行的一种数字音频编码和有损压缩格式，它用来大幅度地降低音频数据量，而对于大多数用户来说，重放的音质与最初的不压缩音频相比没有明显的下降。它是在1991年由位于德国埃尔朗根的研究组织Fraunhofer-Gesellschaft的一组工程师发明和标准化的。正是因为MP3体积小、音质高的特点，使得MP3格式几乎成为网上音乐的代名词。

（3）MIDI：是音乐设备数字接口(Musical Instrument Digital Interface)，是20世纪80年代初为解决电声乐器之间的通信问题而提出的。MIDI 传输的不是声音信号，而是音符、控制参数等指令，它指示MIDI 设备要做什么，怎么做，如演奏哪个音符、多大音量等。它们被统一表示成MIDI 消息(MIDI Message)。传输时采用异步串行通信，标准通信波特率为$31.25 \times (1 \pm 0.01)$ KBaud。

1.2.3　图形

图形是指从点、线、面到三维空间的黑白或彩色几何图形，也称向量图。图形是一种抽象化的图像，是对图像依据某个标准进行分析而产生的结果。

与后面所提到的位图（图像）是不同的，图形文件保存的不是像素点的"值"，而是一组描述点、线、面等几何图形的大小、形状、位置、维数及其他属性的指令集合，通过读取指令可将其转换为屏幕上显示的图像。由于在大多数情况下不需要对图形上的每一个点进行量化保存，所以，图形文件比图像文件数据量要小得多。图形可以通过图形编辑器产生，也可以由程序生成。常用的矢量图形文件有3DS（用于3D造型）、DXF（用于CAD）、WNF（用于桌面出版）等。

图形的显著特点是：主要由线条所组成。在计算机还原时，相邻的点之间用特定的很多段小直线连接就形成曲线，若曲线是一条封闭的图形，也可靠着色算法来填充颜色。它最大的优点就是容易进行移动、压缩、旋转和扭曲等变换，主要用于表示线框型的图画、工程制图、美术字等。最典型的图形是机械结构图和建筑结构图，包含的主要是直线和弧线（包括圆）。直线和弧线比较容易用数学的方法来表示，例如，线段可以采用始点坐标和终点坐标来表示；圆可以用圆心和半径来表示。这使得计算机中图形的表示常常使用"矢量法"，而不是采用位图来表示，这样可以使其存储量大大减少，从而便于绘图仪输出时的操作。另外，在打印输出和放大时，图形的质量较高而点阵图（图像）常会发生失真。

常见的矢量图格式：

（1）WMF格式：是常见的一种图元文件格式，它具有文件小、图案造型化的特点，整个图形常由各个独立的组成部分拼接而成，但其图形往往较粗糙。WMF文件的扩展名为.wmf。

（2）EMF格式：是微软公司开发的一种Win 32位扩展图元文件格式。其总体目标是要弥补使用WMF的不足，使得图元文件更加易于接受。EMF文件的扩展名为.emf。

（3）EPS格式：是用PostScript语言描述的一种ASCII码文件格式，既可以存储矢量图，也可以存储位图，最高能表示32位颜色深度，特别适合PostScript打印机。

（4）DXF格式：是AutoCAD中的矢量文件格式，它以ASCII码方式存储文件，在表现图形的大小方面十分精确。DXF文件可以被许多软件调用或输出。DXF文件的扩展名为.dxf。

（5）SWF格式：是二维动画软件Flash中的矢量动画格式，主要用于Web页面上的动画发布。目前，已成为网上动画的事实标准。SWF文件的扩展名为.swf。

1.2.4　图像

一般地说，凡是能被人类视觉系统所感知的信息形式或人们心目中的有形想象都称为图像。事实上，无论是图形，还是文字、视频等，最终都以图像的形式出现，但是由于在计算机中对它们分别有不同的表示、处理及显示方法，一般把它们看成不同的媒体形式。

位图图像是一种最基本的形式。位图是在空间和亮度上已经离散化的图像，它不像图形那样有明显规律的线条，因此，在计算机中难以用矢量来表示，可以把一幅位图图像看成一个矩阵，矩阵中的任一元素对应于图像的一个点，而相应的值对应于该点的灰度等级。数字图像的最小元素称为像素（Pixel），存放于显示缓冲区中，与显示器上的显示像素一一对应，故称为位图影射图像，简称位图。位图中的位（bit）也就是一个二进制位，用来定义图中每个像素点的颜色和亮度。对于黑白线条图常用1bit值表示，1bit值有0、1两个等级，故称为二值图像；灰度图像常用4bit（16种灰度等级）或8bit（256种灰度等级）表示该点由白到黑的亮度；彩色图像的像素通常是由红、绿、蓝（R、G、B）三种颜色搭配而成的，称为RGB模式。如，采用24bit表示一个彩色像素，在这里24bit被分为三组，每组8bit，分别表示R、G、B三种颜色的色度，每种颜色的分量可有256种等级，于是就得到了1677万种色彩，称为百万种色彩的"真色彩"图像。若R、G、B全部设置为0，则为黑色；全部设置为255，则为白色。

1. 图像在计算机中的存储格式

用于生成和编辑位图图像的软件通常称为paint程序。图像在计算机中的存储格式也有多种，常用的有以下几种：

（1）BMP：BMP是BitMap的缩写，即位图文件。它是图像文件的最原始格式，也是最通用的，但是其存储量极大。Windows中的"墙纸"图像，使用的就是这种格式。

（2）JPG：JPG应该是JPEG，它代表一种图像压缩标准。这个标准的压缩算法用来处理静态的影像，去掉冗余信息，比较适合用来存储自然景物的图像。它具有两个优点：文件比较小以及保存24位真彩色的能力；可用参数调整压缩倍数，以便在保持图像质量和争取文件尽可能小两个方面进行权衡。新的适合相互交换的JPEG文件格式则使用JIF作为扩展名。

（3）GIF：GIF格式是由美国最大的增值网络公司CompuServe开发的，使用非常普遍，适合在网上传输交换。它采用"交错法"来编码，使用户在传输GIF文件的同时，就可提前粗略看到图像的内容，并决定是否要放弃传输。这在目前Internet传输速率还不够快的现状下，意义很大。GIF采用LZW法进行无损压缩，但压缩比不很高（压缩至原来的1/2到1/4）。

（4）TIFF：是Macintosh上广泛使用的图形格式，具有图形格式复杂、存储信息多的特点。3DS、3DS MAX中的大量贴图就是TIFF格式的。TIFF最大色深为32bit，可采用LZW无损压缩方案存储。TIFF 格式可以制作质量非常高的图像，因而经常用于出版印刷。通常用于比 GIF 或 JPEG 格式更大的图像文件。如果您要在一个并非创建该图像的程序中编辑图像，则以这种格式保存将很有帮助，因为多种程序都可以识别它。

（5）PCX：PCX图形文件格式是Zsoft公司研制开发的，主要用于商业性PC Paintbrush图形软件。PCX文件可以分成三类：各种单色的PCX文件、不超过16种颜色的PCX文件和具有256色和16色的不支持真彩色的图形文件。PCX文件通常采用压缩编码，读写PCX时需要一段编码和解码程序。

PCX是微机上使用最广泛的图像文件格式之一，绝大多数图像编辑软件，如Photo Styler、CorelDRAW等均能处理这种格式。另外，由各种扫描仪扫描得到的图像几乎都能存成PCX格式的文件。PCX文件格式简单，压缩比适中，适合于一般软件的使用，压缩和解压缩的速度都比较快，支持黑白图像、16色和256色的伪彩色图像、灰度图像以及RGB真彩色图像。

（6）PCD：PCD文件格式是Kodak公司开发的电子照片文件存储格式，是Photo-CD的专用存储格式，一般都存在CD-ROM上，读取PCD文件要用Kodak公司的专门软件。PCD文件中含有从专业摄影照片到普通显示用的多种分辨率的图像，所以都非常大。由于Photo-CD的应用非常广泛，现在许多图像处理软件都可以将PCD文件转换成其他标准图像文件。

除了上述几种常用的图像文件格式外，其他格式还有：CorelDRAW默认图像文件格式（*.cdr）、Photoshop默认图像文件格式（*.psd）、CAD中使用的绘图文件格式（.dxf）、Kodak数码相机支持的文件格式（.fpx）、Windows的图元文件格式（*.wmf）等。

2. 图像处理

图像处理时要考虑以下几个因素：

（1）分辨率：分辨率是影响图像质量的主要因素。分辨率分为以下三种：

◇ 屏幕分辨率：指计算机显示器屏幕显示图像的最大显示区，以水平和垂直像素点表示，APC标准定为640×480个像素点。

◇ 图像分辨率：指数字化图像的大小，以水平和垂直像素点表示。但图像分辨率和屏幕分辨率截然不同，例如，在640×480屏幕上显示320×240个像素点，"320×240"就是图像分辨率。

◇ 像素分辨率：指像素的宽高比，一般为1∶1。在像素分辨率不同的机器间传输图像时会产生畸变。

（2）图像深度：是指每个图像的最大颜色数，在黑白图像下就是灰度等级。由于每个像素上的颜色被量化后将用若干位来表示，所以，在位图图像中每个像素所占的位数被称为图像深度，它也是用来度量图像分辨率的。比如一幅单色图像，若每个像素有8位，则最大灰度数目为2的8次方，即256。一幅彩色图像RGB3个分量的像素位数分别为4，4，2，则最大颜色数目为2的（4+4+2）次方，即1024，就是说像素的深度为10位，每个像素可以是1024种颜色中的一种。简单的图画和卡通片可用16色，而自然风景则至少用256色。

（3）图像文件大小：用字节为单位表示图像文件的大小时，描述方法为：

图像数据量大小=（高×宽×灰度位数）/8

其中，高指垂直方向的像素个数值，宽指水平方向的像素个数值。或是：

图像数据量大小=（像素总数×图像深度）/8

例如，一幅640×480的黑白图像大小为（640×480×1）/8 = 38400 Byte，一幅同样大小的256色图像则为（640×480×8）/8 = 307200 Byte。图像文件大小影响到图像从硬盘或光盘读入内存的传送时间，为了减少该时间，应缩小图像尺寸或采用图像压缩技术。在多媒体设计中，一定要考虑这个因素。

在计算机科学中，图形和图像这两个概念是有区别的：

◇ 图形是向量概念，它的基本元素是图元，也就是图形指令。而图像是位图的概念，它的基本元素是像素。图像显示得更逼真，而图形则更加抽象，仅有点、线、面等元素。

◇ 图形的显示过程是依照图元的顺序进行的，而图像的显示过程是按照位图中所安排的像素的顺序进行的，如从上到下，或从下到上，与图像内容无关。

◇ 图形可以进行变换而不失真，而图像变换则会发生失真。例如，当图像放大时，斜线边界会产生阶梯效果，因为它只是简单地将元素进行了重复。

◇ 图形能以图元为单位独立进行属性修改和编辑等操作，而图像则不行，因为在图像中并没有关于图像内容的独立单位，只能对像素或图像块进行处理。

◇ 图形实际上是对图像的抽象，在处理与存储时均按照图形的特定格式进行，一旦显示在屏幕上，它就与图像无异了。这种抽象过程会使图像丢失一些信息。

总之，图形和图像各有优势，用途也各不相同，谁也不能取代谁。

1.2.5 动画

1.2.5.1 概念

图像或图形都是静止的。由于人眼的视觉暂留作用，在亮度信号消失后，亮度感觉仍可保持$1/20 \sim 1/10s$。利用人眼视觉惰性，在时间轴上，每隔一段时间在屏幕上展现一幅有上下关联的图像、图形，就形成了动态图像。任何动态图像都是由多幅连续的图像序列构成的，序列中的每幅图像称为一帧，如果每一帧图像是由人工或计算机生成的图形时，称为动画；若每帧图像为计算机产生的具有真实感的图像时，称为三维真实感动画；当图像是实时获取的自然景物图像时，就称为动态影像视频，简称视频。

动画也需要每秒20个以上的画面。用计算机制作动画的方法有两种：一种称为帧动画，另一种称为造型动画。帧动画由一幅幅连续的画面组成图像或图形序列（如卡通片），是产生各种动画的基本方法。造型动画则是对每一个活动的对象分别进行设计，赋予每个对象一些特征（如形状、大小、颜色等），然后用这些对象组成完整的画面（如立体球的旋转）。造型动画每帧由图形、声音、文字、调色板等造型元素组成，用制作表组成的脚本来控制动画每一帧中活动对象的表演和行为。前者绘制工作量大，而后者计算量大。

二维动画相对比较简单，而三维动画就复杂得多。动画创作要求的硬件环境可以说是最高的，不仅需要高速的CPU、较大的内存，而且创作动画的软件工具也比较复杂、庞大，现有的动画创作软件工具有Macromedia Director、二维动画创作软件Animator Studio、三维动画创作软件3D Max和Maya等。

1.2.5.2 动画文件格式

多媒体应用中使用的动画文件主要有GIF、AVI、SWF等。

（1）GIF文件。

GIF文件可保存单帧或多帧图像，支持循环播放。GIF文件小，是网络唯一支持的动画图形格式，在因特网上非常流行。GIF与JPG的区别在于它支持透明格式，虽然图像压缩比不及JPG文件，但是具有更快的传送速度。

（2）SWF文件。

SWF文件是Macromedia公司的Flash动画文件格式，需要用专门的播放器才能播放，所占内存空间小，在网页上使用广泛。

1.2.6 视频

1.2.6.1 概念

影像视频是动态图像的一种。与动画一样，由连续的画面组成，只是画面图像是自然景物的图像。视频一词源于电视技术，但电视视频是模拟信号，而计算机视频则是数字信号。尽管这两种视频正在逐渐合并，如高清晰度数字电视（HDTV），但两者之间仍有差距，画面尚未完全兼容。

视频图像的每一帧，实际上就是一幅静态图像，所以图像的存储量大的问题，在视频图像中就显得更加严重。因为连续播放一秒钟视频图像就需要20～30幅静态图像。幸好，视频图像中的每幅图像之间往往变化不大，因此，在对每幅图像进行JPEG压缩后，还可以采用移动补偿算法去掉时间方向上的冗余信息，这就是MPEG动态图像压缩技术。其中，MPEG-1压缩标准具有中等分辨率，其分辨率与普通电视非常接近，为VCD机采用，位速率一般为1.15～1.3MB/s；MPEG-2压缩标准，其分辨率达到高清晰度水平，为DVD机所采用，位速率在4～10MB/s之间；MPEG-4是一种新的压缩算法，使用这种算法的ASF格式可以把一部120分钟长的电影压缩到300 M左右的视频流，可供在网上观看。

1.2.6.2 视频图像的技术参数

（1）帧速率：动画和视频都是利用快速变换帧的内容而使人感受到"动"的效果。视频根据制式的不同，每秒放送的帧数不同，NTSC制为30帧/秒，PAL制为25帧/秒。有时为了减少数据量而减慢帧速，基本上也能被人的视觉所接受，只是效果略差。在电视会议等远程通信中，为了实现"实时"效果，常采用减少每帧传送帧数的方法。

（2）视频图像数据量：因为数据的传输量太大会导致计算机、显示器等设备的速度跟不上，所以，只能减少数据量。不考虑压缩时的数据量是帧速率乘以每幅图像的数据量，假设一幅图像为1.5MB，对于NTSC制则每秒需传输45MB，通常经过压缩处理后将减少为几十分之一，甚至更少。压缩数据量的方法，除了降低帧速率外，还可以缩小画面尺寸，大大降低数据量。

（3）图像质量：图像质量除了与原始数据质量有关外，还与对视频数据压缩的倍数有关。压缩比较小时对图像质量不会有太大影响，而超过一定倍数后，将会明显看出图像质量下降。

（4）视频图像的存储格式主要有以下几种：

◇ AVI：Video for Windows所使用的文件称为音频-视频交错文件（Audio-Video Interleaved），文件扩展名为AVI。AVI格式的文件将视频信号和音频信号混合交错地存储在一起，是一种不需要专门硬件参与就可以实现大量视频压缩的视频文件格式，在各种多媒体演示系统中被广泛应用。

AVI文件在小窗口范围内演示时（一般不大于320×240分辨率），其效果是令人满意的。因此，大多数的CD-ROM多媒体光盘系统都选用AVI作为视频存储格式。Intel公司为AVI的Indeo标准提供更高的视频指标。这样，AVI的视频质量大幅度提高。作为当前PC桌面视频标准的AVI格式将和MPEG标准进行激烈的竞争，而AVI和MPEG两种标准在竞争中不断发展，在很长一段时间里并存下来。

AVI文件采用了Intel公司的Indeo视频有损压缩技术将视频信息与音频信息交错地存储在同一文件中，较好地解决了音频信息与视频信息同步的问题。在计算机系统未加硬件的情况下，一般可实现每秒播放15帧，同时具有从硬盘或光盘播放，在内存容量有限的计算机上播放；加载和播放以及高压缩比、高视频序列质量等特点。AVI实际上包括两个工具，一个是视频捕获工具，另一个是视频编辑、播放工具。

AVI文件使用的压缩方法有好几种，主要使用有损压缩，压缩比高。

◇ MPEG：MPEG（Moving Pictures Experts Group）即动态图像专家组制定出来的压缩算法的国际标准，现已被几乎所有的计算机平台支持。它包括MPEG-1、MPEG-2和MPEG-4。用于动画和视频影像的处理，这种格式数据量较小。

◇ ASF：是 Microsoft 为 Windows 98 所开发的串流多媒体文件格式。ASF是一个开放标准，它能依靠多种协议在多种网络环境下支持数据的传送。同JPG、MPG文件一样，ASF文件也是一种文件类型，但它是专为在IP网上传送有同步关系的多媒体数据而设计的，所以ASF格式的信息特别适合在IP网上传输。

◇ MOV：MOV文件格式是Quick for Windows视频处理软件所选用的视频文件格式，与AVI文件格式相同，MOV文件也采用Intel公司的Indeo视频有损压缩技术以及视频信息与音频信息混排技术，一般认为，MOV文件的图像质量较AVI格式好。它是Macintosh计算机用的视频文件格式。

◇ MPG：PC机上的全屏幕活动视频的标准文件为MPG格式文件，也称为系统文件或隔行数据流。MPG文件是使用MPEG方法进行压缩的全运动视频图像，在适当的条件下，可在1024×768的分辨率下以每秒24、25或30帧的速率播放有128000种颜色的全运动视频图像和同步CD音质的伴音。CorelDRAW等大型图像软件支持MPG格式的视频文件。目前许多视频处理软件都支持该格式的视频文件

◇ DAT：DAT是Video CD或Karaoke CD（卡拉 OK）数据文件的扩展名，也是基于MPEG压缩方法的一种文件格式。当计算机配备视霸卡或软解压程序后，可以利用计算机对该格式的文件进行播放。

◇ DIR：DIR是Macromedia公司使用的Director多媒体著作工具产生的电影文件格式。

计算机视频图像可来自录像带、摄像机等视频信号源，这些视频图像使多媒体应用系统功能更强、更精彩。但由于视频信号的输出一般是标准的彩色全电视信号，所以，在将其输入到计算机之前，先要进行数字化处理，即在规定时间内完成取样、量化、压缩和存储等多项工作。

1.3 多媒体技术的应用和发展

1.3.1 多媒体技术的应用

就目前而言，多媒体技术已经在教育/培训、电视会议、声像演示等多个方面得到了广泛的应用。

1.3.1.1 在教育/培训方面的应用

（1）CAI计算机辅助教学。

CAI（Computer Assisted Instruction）计算机辅助教学是多媒体技术在教育领域中应用的典范，它是新型的教育技术和计算机应用技术相结合的产物，其核心内容是指以计算机多媒体技术为教学媒介而进行的教学活动。

CAI的表现形式有：

◇ 利用数字化的声音、文字、图片以及动画，展现物理、化学、数学等学科中的可视化内容，旨在强化形象思维模式，使抽象的概念更容易被接受。

◇ 在学校教育中，以"示教型"课堂教学为基本出发点，展示形象、逼真的自然现象、自然规律、科普知识，以及各个领域中的尖端技术等。

◇ 利用CAI软件本身具备的互动性，提供自学机会。以传授知识、提供范例、自我上机练习、自动识别概念和答案等手段展开教学，使受教育者在自学中掌握知识。

（2）CAL计算机辅助学习。

CAL（Computer Assisted Learning）计算机辅助学习也是多媒体技术应用的一个方面。它着重体现在学习信息的供求关系方面。CAL向受教育者提供有关学习的帮助信息，

例如检索与某个科学领域相关的教学内容，查阅自然科学、社会科学，以及其他领域中的信息，征求疑难问题的解决办法，寻求各个学科之间的关系和探讨共同关心的问题等。

（3）CBI计算机化教学。

CBI（Computer Based Instruction）计算机化教学是近年来发展起来的，它代表了多媒体技术应用的最高境界，CBI将使计算机教学手段从"辅助"位置走到前台来，成为主角。CBI必将成为教育方式的主流和方向。

CBI计算机化教学的主要特点是：

◇ 充分运用计算机技术，将全部教学内容包容到计算机所做的工作中，为受教育者提供海量信息，这就是所谓"全程多媒体教学"的概念。

◇ 教学手段彻底更新，计算机教学手段从辅助变为主导，教师的作用发生转移，从宣讲方式转移到解答疑难问题和深化知识点。

◇ 强化教师与学生之间的互动关系。通过CBI方式，在教育者与被教育者之间建立学术和观念的交流界面，在共同的计算机平台上实现平等交流。

◇ 强化素质教育，提高主动参与意识，强化实际动手能力，提高学生在计算机方面的应用技巧。

（4）CBL计算机化学习。

CBL（Computer Based Learning）计算机化学习是充分利用多媒体技术提供学习机会和手段的事物。在计算机技术的支持下，受教育者可在计算机上自主学习多学科、多领域的知识。实施CBL的关键，是在全新的教育理念指导下，充分发挥计算机技术的作用，以多媒体的形式展现学习的内容和相关信息。

（5）CAT计算机辅助训练。

CAT（Computer Assisted Training）计算机辅助训练是一种教学的辅助手段，它通过计算机提供多种训练科目和练习，使受教育者加速消化所学知识，充分理解与掌握重点和难点。

CAT的主要作用有：

◇ 提出训练科目和训练要求。

◇ 为受教育者提供自主练习的机会和题目。

◇ 利用自动识别功能，对受教育者所接受的训练作出评价。

◇ 提供训练题目的最佳方案，激发受教育者的主动思维和识别能力。

◇ 通过综合练习，提高受教育者的综合能力，从而提高素质。

（6）CMI计算机管理教学。

CMI（Computer Managed Instruction）计算机管理教学主要是利用计算机技术解决多方位、多层次教学管理的问题。

CMI主要管理的对象包括：

◇ 检测教学活动是否符合教学大纲以及相关教学规定。

◇ 监督教学进度，反馈教学信息，为教学决策提供参考意见。

◇ 指导和规范受教育者的学习，评价学习效果。

◇ 教学材料、教学计划、受教育者的学习成绩等的保存和管理。

在实施CMI时，计算机技术的应用强度是一个关键问题。计算机介入管理越多，效果越明显，同时还可以减少人为因素造成的纰漏和疏忽。

（7）过程模拟试验和演示。

在设备运行、化学反应、火山喷发、海洋洋流、天气预报、天体演化、生物进化等自然现象的诸多方面，采用多媒体技术模拟其发生的过程，可以使人们能够轻松、形象地了解事物变化的原理和关键环节，并且能够建立必要的感性认识，使复杂、难以用语言准确描述的变化过程变得形象而具体。

除了模拟过程，多媒体技术还可以进行智能模拟。把专家们的智慧和思维方式融入电脑软件中，人们利用这种具有"专家指导"意义的软件，就能获得最佳的工作成果和最理想的过程。

1.3.1.2　分布式多媒体的应用

分布式多媒体应用包括分布式多媒体会议系统、多媒体视频点播系统、多媒体监控及监测系统、远程医疗和远程教学系统以及电视购物和政务办公等多种应用系统。

（1）多媒体会议系统。

包括会议控制和管理系统、文件和程序共享并提供交互使用的电子白板、基于超文本和超媒体的文档制作系统、多媒体管理数据库以及音频、视频、实时采集压缩和传输系统。多媒体会议系统可以是点对点多媒体信息的交互和传输，也可以是点对多和多对多的交互和传输，其网络平台可以在局域网和Internet上运行。工作方式既可以是单向（如广播方式），也可以是双向（信息交互双方均可以进行信息的发送和接收）和双工（信息交互双方均可以同时进行信息的发送和接收）的实时多媒体信息交互传输。目前，在局域网和宽带网上都已推出多媒体会议系统实用产品。在网上一般按H.320协议规范，局域网为H.323协议规范，而公司电话网则按照H.324协议规范。目前推出的完全按照协议标准的多媒体会议系统已经越来越多，这为会议系统的普及和推广提供了方便。多媒体会议系统一般分为两大类：一类是基于会议室的视频会议系统（Room-Based Video Conferencing）；另一类是桌面视频会议系统（Desk-Top Video Conferencing）。前者主要用于会议室，在室内设一个节点（终点会议室），当然也可以把全部会议设备安装在一个可移动的支架上，在不同的会议室来回移动。

桌面会议系统是基于微机的会议系统，它既可以作为会议系统使用，也可以独立作为微机使用，比较方便、灵活，国内外已有很多比较成熟的产品。

（2）多媒体视频点播系统（VOD）。

多媒体视频点播系统由四个部分组成，即视频服务器、数字视频解码器/接收器（机顶盒）、宽带互换网络和用户接入网络。

◇　视频服务器主要是为用户提供视频数据，响应用户的请求，协调多个用户的传送，一般视频服务器上可以安装上百甚至上千部电影，供用户点播。

◇　机顶盒的功能是节目选择、解码以及状态诊断和出错处理。

◇　宽带互换网络主要提供节目和信道数据的传输与交换。

◇　用户接入网络是指从交换局到用户间的线路设备，如光纤到路边（FTTC）、光纤到大楼（FTTB）和光纤到户（FTTH）。

视频点播系统的主要功能是在一个小区中，用户不需要从电视频道上收看电视节目，而可以任意点播视频点播系统中的影片，并可以随意切换、重复点播，用户能够控制快进与快退、向前与向后查看、开始、暂停、取消或移到别的场景，这为用户提供了极大的方便。另外，还可以利用该系统对信息、新闻、卡拉OK、游戏等进行点播，但条件是这些内容必须事先装入系统中。随着数字电视的推出，多媒体视频点播系统将会得到进一步的发展。

（3）多媒体监控及监测系统。

现在有不少企业为了提高效率，减少人员开销，实行无人管理，即采用监控、监测系统，定期采集仪器仪表数据，一旦发现问题，采用自动控制或集中人工干预，如电力系统对电厂、变电所的管理，以及石油、化工行业中一些部门的管理。另外，一些部门由于工作需要也进行实时监控，如超市、银行等，以及存在某些危险的管理监控，如核能的监控、水下作业的监控等。

（4）远程医疗和远程教学系统。

多媒体技术发展到现在已经具备了进行远程医疗和远程教学的条件。利用电视会议双向或双工音频及视频，与病人面对面地交谈，进行远程咨询和检查，从而进行远程会诊，甚至在远程专家指导下进行复杂的手术，并将医院与医院之间，甚至国与国之间的医疗系统建立信息通道，实现信息共享。国外已在不同网络，如宽带网、Internet以及ATM和公用电话网上实现远程医疗。目前的瓶颈问题是网络的带宽和开销，这些问题还需要进一步解决。

远程教学可以在一定程度上使边远地区的教育资源和教育质量都得以改善，使专业文化得到普及和提高。一般的解决方法是通过卫星发射和接收，只要能够接收到卫星频道的地方，就可以接收一流学校优秀教师的现场教学。但要彻底解决这些边远地区的远程教学，还有待于通信网络的普及和开销的降低。

1.3.1.3　个人信息通信中心

多媒体的一个发展趋势就是把通信、娱乐和计算机融为一体，即把电话、电视、录像机、传真机、音响设备等与计算机集成为一体，计算机完成视频和音频信息的采样、压缩、恢复、实时处理、特技、视频显示和音频输出，形成多媒体技术新产品，有人称它为个人办公助理（Personal Digital Assistant，PDA），就是我们常说的掌上电脑。如果计算机再配置丰富的软件并连接到网络上，它就不仅可用来管理个人信息（如通讯录、计划等），更重要的是可以上网浏览，收发E-mail，可以发传真，甚至还可以当做手机来用。尤为重要的是，这些功能都可以通过无线方式实现，因此，也有人称之为个人信息通信中心。随着多媒体技术的发展，世界上已形成PDA开发热潮，PDA也成为信息领域又一热门产品。

1.3.1.4　多媒体在出版业的应用

电子出版物已成为出版界的新秀，多媒体出版物更是独领风骚，它主要以光盘形式出版，包括CD-ROM、VCD等。与传统出版物相比，多媒体出版物的优势表现在以下几个方面：

（1）图文声并茂。采用多媒体技术编辑制作的电子图书可以将彩色图形、图像、多文种文字、多语种声音、音乐和三维动画等信息进行综合处理、表现，使读者能方便、迅速和最直观地获取这些立体信息。

（2）价格较低。随着压缩技术的提高，光盘存储量越来越大，而价格在不断地下降。一张光盘的价格远低于一本图书，使得多媒体出版物更容易为大众所接受。

此外，多媒体出版物还具有便于携带、检索、查询等优点，这些都给它的发展带来更为广阔的市场。

1.3.1.5　多媒体在互联网的应用

Internet 国际互联网的兴起与发展，在很大程度上对多媒体技术的进一步发展起到了促进的作用。人们在网络上传递多媒体信息，以多种方式互相交流，为多媒体技术的发展创造了合适的土壤和条件。

多媒体技术应用在国际互联网上，有许多独特之处：

（1）网络信息多元化，其中包括视觉信息和听觉信息等多媒体信息。

（2）在时间和空间上没有限制。任何时间、任何地点都能以多媒体形式接收和发送信息，从而便于人们接受远程教育、函授教育，以及其他形式的教育。

（3）发挥人、机各自的优势，充分利用网络资源进行教学，集百家之长补己之短。利用网络的多媒体功能，还可以从事复杂而丰富的经济活动和社会活动。

（4）建立网络上的虚拟世界，使网络用户在多媒体平台上享受虚拟世界带来的教育、教学实践、图书、音乐、绘画、实验、经验等。

（5）为我们提供展示自己实力和能力的机会和条件。在Internet国际互联网上，以多媒体形式向全世界展示自己，使人们从各个角度了解自身的能力等。

1.3.1.6 多媒体在其他方面的应用

利用多媒体技术还可为各类咨询提供服务，如旅游、邮电、交通、商业、金融、宾馆等。用户可以通过触摸屏进行独立操作，在计算机上查询需要的多媒体信息资料，其用户界面操作十分方便、易懂，用户手指轻轻一触，便可得到自己需要的信息。

多媒体技术还将改变人们的家庭生活，使人们在家中上班成为可能，人们足不出户便能在多媒体计算机前进行办公、购物、上学、可视聊天、登记旅游、召开电视会议等活动。多媒体技术还可以使烦琐的家务随着自动化技术的发展变得轻松、简单，家庭主妇坐在计算机前便可操控一切。

综上所述，多媒体技术的应用非常广泛，它既可以覆盖计算机的绝大部分应用领域，同时也拓展了新的应用领域，它将在各行各业中发挥出巨大的作用。

1.3.2 多媒体技术的发展

1.3.2.1 多媒体技术的发展进程

多媒体技术的发展是社会需求和社会推动的结果，是计算机技术不断成熟和扩展的结果。在多媒体的整个发展进程中，有几个具有代表性的阶段：

（1）1984年，美国Apple（苹果）公司在世界上首次引入位映射（Bitmap）概念来进行图像描述，并使用图标（Icon）和窗口（Windows）作为用户界面，并且建立了新型的图形化人机接口标准，实现了对图像进行简单的处理、存储以及相互之间的传达等，从而开创了用计算机进行图像处理的先河。苹果公司对图像进行处理的计算机是该公司自行研制和开发的"Apple"（苹果）计算机，其操作系统名为Macintosh，也有人把"苹果"计算机直接叫做Macintosh计算机。

（2）1985年，美国Commodore个人计算机公司推出世界上第一台多媒体计算机Amiga 500，之后经过不断完善，形成了一个完整的Amiga多媒体计算机系列。同年，计算机硬件技术有了较大的突破，为解决大容量存储的问题，激光只读存储器CD-ROM问世，为多媒体数据的存储和处理提供了理想的条件，并对计算机多媒体技术的发展起到了决定性的推动作用。在这一时期，CDDA技术（Compact Disk Digital Audio）也已经趋于成熟，使计算机具备了处理和播放高质量数字音响的能力。这样，在计算机的应用领域中又多了一种媒体形式，即音乐处理。

（3）1986年3月，荷兰Philips公司和日本Sony公司联合研制出交互式紧凑光盘系统

CD-I（Compact Disc Interactive），使多媒体信息的存储规范化和标准化。该系统将数字化后的声、图、文等多种媒体信息存放在一片直径为5英寸、存储量为650MB的只读光盘CD-R上，用户可以使用软件读取光盘上的内容来进行播放。

（4）1987年至1989年，美国RCA公司和Intel公司推出交互式数字视频系统DVI。经过Intel公司对DVI系统在技术上的改进和实用化，把它开发成一种可普及的商品。后由Intel公司和IBM公司联手研究和改善，于1991年又推出了改进型产品Action Media II。DVI是以计算机技术为基础，用光盘来存储和检索声音、静态和动态图像的多媒体系统，并在世界各国得到广泛应用。

（5）1990年11月，美国Microsoft（微软）公司和包括荷兰PHILIPS（飞利浦）公司在内的一些计算机技术公司成立"多媒体个人计算机市场协会（Multimedia PC Maketing Couneil）"。该协会的主要任务是对计算机的多媒体技术进行规范化管理和制定相应的标准，称为"MPC Level Ⅰ"标准。该标准将对计算机增加多媒体功能所需要的硬件规定了最低标准的规范、量化指标，以及多媒体的升级规范等。

（6）1991年，在第六届国际多媒体和CD-ROM大会上宣布了CD-ROM的扩展结构体系标准CD-ROM/XA，填补了原有标准在音频方面的不足。经过多年的发展，CD-ROM技术已经基本成熟。

（7）1992年，Microsoft公司推出了多媒体视窗操作系统Windows 3.1，它包括了多媒体应用程序编辑窗口、媒体控制接口、乐器数字化接口MIDI以及一系列支持多媒体技术的驱动程序和多媒体应用软件。

（8）1993年5月，多媒体个人计算机市场协会公布了MPC Level Ⅱ标准。该标准根据硬件和软件的迅猛发展状况作出了较大的调整和修改，尤其对声音、图像、视频和动画的播放、Photo CD作了新的规定。此后，多媒体个人计算机市场协会演变成多媒体个人计算机工作组（Multimedia PC Working Group）。

（9）1995年6月，多媒体个人计算机工作组公布了MPC Level Ⅲ标准。该标准为适合多媒体个人计算机的发展，又提高了软件、硬件的技术指标。更为重要的是，MPC3标准制定了视频压缩技术MPEG的技术指标，使视频播放技术更加成熟和规范化，并且指定了采用全屏幕播放、使用软件进行视频数据解压缩等技术标准。

（10）同年，Microsoft公司推出了Windows 95 多媒体操作系统，与Windows 3.x相比，Windows 95具有多线程、即插即用和媒体自动播放等特性，并且具有32位支持、压缩管理、32位视频、支持OLE2媒体播放器程序、在线放大器和改进的支持声音的驱动程序等功能。

1.3.2.2 多媒体技术的发展前景

从多媒体技术的发展趋势来看，多媒体技术的数字化将会是未来技术扩张的主流，而作为多媒体技术赖以存在和发展的重要基石，数字多媒体芯片技术将成为未来多媒体技术革命中的焦点，不管是从以PC技术为依附的计算机多媒体应用，到移动通信业务的各种多媒体实现，以及未来3C时代各种电子化装置的多媒体大融合，数字多媒体芯片都是毋庸置疑的主角。

此外，随着社会的不断进步，通信技术的发展和人们需求的多样化，多媒体技术网络化也成为人们的期待。多媒体技术网络化的发展主要取决于通信技术的发展，信息技术渗透到了人们生活的方方面面，其中网络技术和多媒体技术是促进信息世界全面实现的关键技术。蓝牙技术的开发应用，使多媒体网络技术无线化、小型化。计算机多媒体技术网络化可以描述成是一个决定性(关键)技术的集成，这些技术可以通过访问全球网络和设备实现对多媒体资源的使用，可以肯定是未来发展的主题。

总而言之，计算机多媒体技术的应用和发展正处于高速发展的过程中，随着各种观念、技术的不断发展和创新，并且融入多媒体技术中，未来将出现丰富多彩的、耳目一新的多媒体现象，它注定要改变人类的生活方式和观念。多媒体技术在模式识别、全息图像、自然语言理解(语音识别与合成)和新的传感技术等基础上，利用人的语音、书写、表情姿势、视线、动作和嗅觉等多种感觉通道和动作通道，通过数据传输和特殊的表达方式与计算机系统进行交互，在未来有着更为广阔的前景。

1.4 习题

1. 什么是媒体？什么是多媒体？什么是多媒体技术？

2. 媒体的类型有哪些？各自有什么特点？

3. 多媒体的技术特点是什么？

4. 多媒体有哪些媒体元素？

5. 图形和图像有什么区别？

6. 试计算一幅能在标准VGA（分辨率为640×480）显示屏上作全屏显示真彩色的图像（24bit）的存储量。

7. 简述多媒体技术应用于哪些方面。

8. 简述多媒体技术的由来和发展。

第2章 多媒体的硬件和软件环境

2.1 多媒体计算机系统的组成结构

多媒体计算机系统就是可以交互式处理多媒体信息的计算机系统。一个完整的多媒体系统包括硬件系统和软件系统两大部分。其中，硬件系统主要包括计算机主要配置和各种外部设备以及与各种外部设备的控制接口卡（其中包括多媒体实时压缩和解压缩电路）。软件系统包括多媒体驱动软件、多媒体操作系统、多媒体数据处理软件、多媒体创作软件和多媒体应用软件，如图2-1所示。

多媒体计算机系统的组成结构
- 硬件系统
  - 多媒体计算机硬件
  - 多媒体输入/输出控制卡及接口
  - 多媒体外部设备
- 软件系统
  - 多媒体驱动软件
  - 多媒体操作系统
  - 多媒体数据处理软件
  - 多媒体创作软件
  - 多媒体应用软件

图2-1 多媒体计算机系统的组成结构

2.2 多媒体的硬件系统

多媒体硬件系统除了普通PC机拥有的硬件设备外，还必须具备一些多媒体信息处理的专用硬件，才能被称为多媒体个人计算机（Multimedia Personal Computer，MPC）。

2.2.1 多媒体硬件系统的组成

多媒体计算机硬件系统是由计算机传统硬件设备、光盘存储器、音频输入/输出和处理设备、视频输入/输出和处理设备等选择性组合而成，如图2-2。一般来说，多媒体个人计算机的基本硬件结构可以归纳为七部分：

（1）至少一个功能强大、速度快的中央处理器（CPU）。
（2）可管理、控制各种接口与设备的配置。
（3）具有一定容量（尽可能大）的存储空间。
（4）高分辨率显示接口与设备。
（5）可处理音响的接口与设备。

（6）可处理图像的接口与设备。

（7）可存放大量数据的配置等。

图2-2　多媒体计算机

下面将对其中的几个关键硬件设备作以介绍。

2.2.1.1　主机

主机应包括中央处理机（CPU）和内存储器，这在计算机中是最关键的部分。目前流行的Pentium计算机已使专业级水平的媒体制作和播放都不成问题，特别是PentiumⅢ、PentiumⅣ等微处理器都加入了近百条多媒体指令，使PC多媒体方面的性能达到了一个新的境界。它带来了丰富的视频、音频、动画和三维效果，主频达到450MHz、500MHz和700MHz等；主存也达到了64MB、128MB，甚至更大。有了它，在家中、办公室以及任何地方都可以运行多媒体内容丰富的软件。

2.2.1.2　声卡

声卡是处理和播放多媒体声音的关键部件，它的主要功能是采样声音，并进行模拟/数字转换或压缩，而后存入计算机中进行处理；还可以把经过计算机处理的数字化声音通过解压缩、数字/模拟转换后，送到输出设备进行播放或录制。声卡通过插入主板扩展槽中与主机相连，卡上的输入/输出接口可以与相应的输入/输出设备相连。常见的输入设备包括麦克风、收录机和电子乐器等，常见的输出设备包括扬声器和音响设备等。声卡通常还有MIDI声乐合成器和CD-ROM控制器，高档的还有DSP（数字信号处理）装置。一般的声卡都要兼容Adlib和Sound Blaster接口。

2.2.1.3　视频卡

视频卡是将摄像机或录像机的视频图像信号转换成计算机的数字图像的主要硬件设备，它通过插入主板扩展槽中与主机相连，卡上的输入/输出接口可以与摄像机、录像机或电视机等设备相连。视频卡的种类有很多，主要有以下几种：

（1）视频转换卡：主要功能是将VGA信号转换成NTSC、PAL和SECAM等视频标准，输出到电视机、视频监视器、录像机、激光视盘刻录机等视频设备中播放。

（2）视频捕捉卡：将视频信号源的信号转换成静态的数字图像信号，进而对其进行加工和修改，并保存标准格式的图像文件。

（3）视窗动态视频卡：主要功能是提供视窗叠加显示等。

（4）动态视频捕捉/播放卡：功能是同时抓取动态视频、声音，并加以压缩、存储和播放。常用于现场监控、安全保卫、办公室管理等场合。

（5）视频合成卡：把计算机制作的文字、图片以及字幕叠加到模拟视频信号源上，常见的模拟信号视频源有录像、光盘、摄像以及电视等。利用视频合成卡提供的功能，可轻松地制作电视字幕、带解说词和标题的家用录像带，以及VCD的视频素材等。

（6）视频JPEG / MPEG 压缩卡：根据JPEG / MPEG 标准完成压缩/解压缩工作。

选择视频卡时，应注意以下几点：

◇ 输入输出信号模式——应确定视频卡使用哪种信号模式，常见的信号模式有PAL制式和NTSC制式。为了追求较高的图像品质，一般采用NTSC制式，并要求使用S信号端子。

◇ 画面分辨率——视频卡的画面分辨率应与电视画面扫描线接近，一般采用640×480像素的画面分辨率，某些场合也可采用800×600像素的画面分辨率。

◇ 颜色模式——为了使图像色彩丰富、不失真，要有足够的色彩数量。而色彩数量与视频里的VRAM（Video RAM）容量有关，即只有容量大、彩色数量多，图像才会失真小、品质高。

◇ 图像文件格式——视频卡应支持尽可能多的图像文件格式，例如常用的JPEG、PCX、TIF、BMP、GIF、TGA等。视频卡支持的文件格式越多，适用性越强，也就为使用图像处理软件进行加工与处理提供了方便。

2.2.1.4　CD-ROM驱动器

CD-ROM是Compact Disc Read-Only Memory的缩写，即"只读光盘存储器"。它由光盘和光盘驱动器组合在一起构成的存储器，光盘只能写入数据一次，信息将永久保存在光盘上，使用时通过光盘驱动器读出信息。它的主要功能是提供高质量的音源和作为大容量图文、声像的集成交互式信息存储介质。

CD-ROM 驱动器可以分为以下几种：

（1）按速度：分为单速、双速、四倍速、六倍速及更高倍速。单速是指CD-ROM 的数据传输率为150KB/s。

（2）按接口方式：分为IDE、EIDE、SCSI、SCSI-2四种。后两种接口的传输速度较快。但在实际应用中，它们的性能差别并不是很大，而且SCSI接口的CD-ROM价格较高，安装较复杂，需要专门的转接卡。

（3）按安装方式：分为内置式驱动器和外置式驱动器。

2.2.1.5　触摸屏

触摸屏是一种坐标定位装置，属于输入设备。触摸屏由三部分组成：触摸屏控制器、触摸检测装置和驱动程序。在使用时，把触摸检测装置安装在显示器屏幕前面，用于检测用户触摸位置，接受触摸信息，并将其送触摸屏控制器；而触摸屏控制器的主要作用是从触摸点检测装置上接收触摸信息，并将它转换成触点坐标，再送给CPU，它同时能接收CPU发来的命令并加以执行。

以技术原理来区别触摸屏，可分为五个基本种类：矢量压力传感技术触摸屏、电阻技术触摸屏、电容技术触摸屏、红外线技术触摸屏、表面声波技术触摸屏。其中，矢量压力传感技术触摸屏已退出历史舞台；红外线技术触摸屏价格低廉，但其外框易碎，容易产生光干扰，曲面情况下失真；电容技术触摸屏设计构思合理，但其图像失真问题很难得到根本解决；电阻技术触摸屏的定位准确，但其价格颇高，且怕刮易损；表面声波技术触摸屏解决了以往触摸屏的各种缺陷，清晰，不容易被损坏，适于各种场合，缺点是屏幕表面如果有水滴和尘土会使触摸屏变得迟钝，甚至不工作。

作为一种最新的电脑输入设备，它是目前最简单、方便、自然的一种人机交互方式。它赋予了多媒体以崭新的面貌，是极富吸引力的全新多媒体交互设备。

2.2.1.6 扫描仪

是一种计算机外部仪器设备，通过捕获图像并将之转换成计算机可以显示、编辑、存储和输出的数字化输入设备。它由光源、光学镜头、光敏元件、机械移动部件和电子逻辑部件组成。该设备主要用于输入黑白或彩色图片资料、图形方式的文字资料等平面素材，配合适当的应用软件后，扫描仪还可以进行中英文文字的智能识别。

扫描仪一般具有三种接口形式：

（1）EPP形式：这是一种早期的接口形式，采用此种接口形式的扫描仪直接连接到计算机主机的并行数据接口上，连接方式比较简单，但是数据传输率不高。

（2）SCSI形式：采用这种接口形式的扫描仪连接到计算机主机的 SCSI 接口卡上。个人计算机如果没有特殊要求，一般不附带SCSI接口卡，该卡需要另外配置。SCSI接口形式的数据传输率较高，常为专业扫描仪所使用。

（3）USB形式：目前市场上的新型扫描仪几乎都是采用USB（Universal Serial BUS）接口形式。USB接口具有信号传输率快、连接简便、支持热拔插、具有良好的兼容性、支持多设备连接等一系列优点。

扫描仪的种类繁多，根据扫描仪扫描介质和用途的不同，目前市面上的扫描仪大体上分为：平板式扫描仪、名片扫描仪、胶片扫描仪、馈纸式扫描仪、文件扫描仪。除此之外还有手持式扫描仪、鼓式扫描仪、笔式扫描仪、实物扫描仪和3D扫描仪。

◇ 平板式扫描仪：平板式扫描仪又称为平台式扫描仪、台式扫描仪，属于最常见的扫描仪，这种扫描仪诞生于1984年，是目前办公用扫描仪的主流产品，见图2-3。从指标上看，这类扫描仪光学分辨率在300~8000dpi之间，色彩位数从24位到48位。部分产品可安装透明胶片扫描适配器，用于扫描透明胶片，少数产品可安装自动进纸实现高速扫描。扫描幅面一般为A4或是A3。从原理上看，这类扫描仪分为CCD技术和CIS技术两种，从性能上讲CCD技术是优于CIS技术的，但由于CIS技术具有价格低廉、体积小巧等优点，因此也在一定程度上获得了广泛的应用。

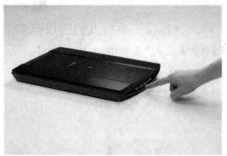

图2-3 平板式扫描仪

◇ 名片扫描仪：顾名思义，名片扫描仪是能够扫描名片的扫描仪，以其小巧的体积和强大的识别管理功能，成为许多人办公人士最能干的商务小助手，见图2-4。名片扫描仪是由一台高速扫描仪加上一个质量稍高一点儿的OCR（光学字符识别系统），再配上一个名片管理软件组成。目前市场上主流的名片扫描仪的主要功能大致上以高速输入、准确的识别率、快速查找、数据共享、原版再现、在线发送、能够导入PDA等为基本标准。尤其是通过计算机可以与掌上电脑或手机连接使用这一功能越来越为使用者所看重。此外，名片扫描仪的操作简便性和便携性也是选购者比较看好的两个方面。

图2-4　名片扫描仪

◇ 滚筒式扫描仪：滚筒式扫描仪是专业印刷排版领域应用最为广泛的产品，它使用的感光器件是光电倍增管，是一种电子管，性能远远高于CCD类扫描仪，这些扫描仪一般光学分辨率为1000~8000dpi，色彩位数24位到48位。尽管指标与平板式扫描仪相近，但实际上效果是不同的，当然价格也高得惊人，低档的也在10万元以上，高档的可达数百万元。由于该类扫描仪一次只能扫描一个点，所以扫描速度较慢，扫描一幅图花费几十分钟甚至几个小时是很正常的事情。见图2-5。

图2-5　滚筒式扫描仪

◇ 手持式扫描仪：手持式扫描仪诞生于1987年，是当年使用比较广泛的扫描仪品种，最大扫描宽度为105mm，用手推动，完成扫描工作。也有个别产品采用电动方式在纸面上移动，称为自动式扫描仪。手持式扫描仪绝大多数采用CIS技术，光学分辨率为200dpi，有黑白、灰度、彩色多种类型，其中彩色类的一般为18位彩色，也有个别高档产品采用CCD作为感光器件，可以实现24位真彩色，扫描效果较好。见图2-6。

图2-6　手持式扫描仪

◇ 3D扫描仪：是能够精确描述物体三维结构的一系列坐标数据，输入3DMAX中即可完整地还原出物体的3D模型，由于只记录物体的外形，因此无彩色和黑白之分。从结构来讲，这类扫描仪分为机械和激光两种，机械式是依靠一个机械臂触摸物体的表面，以获得物体的三维数据，而激光式代替机械臂完成这一工作。三维数据比常见图像的二维数据庞大得多，因此扫描速度较慢，视物体大小和精度高低，扫描时间从几十分钟到几十个小时不等。见图2-7。

图2-7　3D扫描仪

◇ 多功能扫描仪：这种扫描仪把多种功能集于一身，是扫描仪、传真机和打印机的集成设备，因此人们又把这种设备称为"多用机"，见图2-8。多用机常用于企业与公司的办公环境，与多台专门设备相比，可节省占地面积。但由于多用机的集成度较高、功能部件多而结构复杂，因此在其中一种功能发生故障时，会影响到整台设备的正常使用。

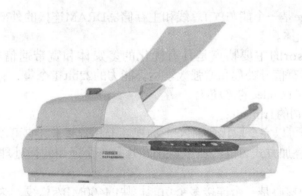

图2-8　多功能扫描仪

2.2.1.7　其他辅助输入/输出设备

根据需要和条件，多媒体计算机还可以配置耳机、麦克风、摄像机、数码相机、投影机等。

2.2.2　多媒体处理器（CPU）

随着多媒体技术、计算机网络技术和网络计算机的发展，计算机结构设计需要考虑的是增加多媒体和通信功能的问题。要在原有的硬件和软件支撑平台上增加多媒体数据的获取、压缩、解压缩、实时处理、特技、输出和通信等功能。

在原有的计算机体系结构中，将遵循下列原则增加上述新功能：

（1）采用国际标准的设计原则。

（2）体系结构设计和算法设计相结合。

（3）把多媒体和通信功能的单独解决变成集中解决。

（4）把多媒体和通信技术做到CPU芯片中。

从目前的发展趋势看，融合的方案有两类：一类是以多媒体和通信功能为主，融合CPU芯片原有的计算功能，其设计目标是在多媒体专用设备、家电及宽带通信设备上；另一类是以通用CPU计算功能为主，融合多媒体和通信功能，其设计目标是与现有计算机系统兼容，融合多媒体和通信的功能，主要用在多媒体计算机中。

多媒体处理器与目前常见的CPU的设计结构有所区别，为了实现模拟音频和视频信号的实时数字化处理，它们采用了用于DSP上的一些计算技术。所以，多媒体处理器通常是CPU和DSP的混合结构，又同时巧妙地和DSP技术结合在一起的产物。

2.2.2.1 几种典型的多媒体处理器

目前，在多媒体处理器领域比较领先的厂商包括MicroUnity、Philips、Chromatic Research和NVIDIA四家公司，下面简单介绍一下它们典型的多媒体微处理器产品。

（1）MicroUnity公司的Media Processor。

芯片由三部分组成：

◇ Media Processor是芯片的核心，采用高宽带结构并混合了RISC、CISC和DSP技术的可编程微处理器。

◇ Media Codec是一个A/D转换器，提供与宽带网络的实际接口，可以大大增强芯片组的通信功能。

◇ Media Bridge是一个能与PCI总线和主存储器DRAM连接的外部高速缓冲器，把芯片组的三部分连成一体。

Media Processor的主要特点是具有优化的多媒体和宽带通信功能，时钟频率为300～1000MHz，带有信号处理和增强数学运算能力的22bit指令集，有1GB/s的I/O接口的可选高速缓存和Media Codec的I/O芯片。

（2）Philips公司的Trimedia。

Trimedia处理器可以完全取代目前PC上的视频卡和音频卡，它可以产生多个任意尺寸的活动窗口，而且叠加方式可随心所欲。该芯片是一个通用的微处理器，能够大大增强PC的多媒体功能。

Trimedia芯片的核心是一个连接多个功能模块的400MB/s总线，这些功能模块包括视频输入、视频输出、音频输入、音频输出、一个MPEG可变长解码器（VLD）、一个图像协处理器、一个通信单元和一个超长指令字（VLIW）处理器。

Trimedia的主要特点是DMA控制音频和视频的I/O单元，支持MPEG-1和MPEG-2 VLD，提供与PCI、数码相机和立体声音频的接口，价格低。

（3）Chromatic Research公司的Mapact Media Engine。

Mapact Media Engine是一个高度专业化的微处理器，把它装进主板之后，它可以接替Windows图形加速器、3D图形协处理器、MPEG解压卡、声音卡、fax / modem和电话卡的全部工作。

Mapact的主要特点是MPEG-1实时视频和音频的编码/解码，MPEG-2视频和音频解码、波表和波导声音合成，支持H.320（ISDN）和H.324（模拟电话线）视频会议。

（4）NVIDIA公司的GeForce。

为图形和视频所设计的微处理器，配有NVIDIA GeForce 系列GPU的台式电脑和笔记本电脑带给用户无法比拟的性能、明快的照片、高清晰的视频回放和超真实效果的游戏。GeForce 系列的笔记本GPU还包括先进的耗电管理技术，这种技术可以在不过分耗费电池的前提下保证高性能。

2.2.2.2 主要性能指标和技术指标

（1）主频、外频、倍频。

CPU的主频，即CPU内核工作的时钟频率（CPU Clock Speed）。采用超标量的Pentium级CPU在一个时钟周期内能够执行一条以上的指令。主频越高，CPU的运行速度越快。但制造工艺的限制是CPU主频发展的最大障碍之一。

CPU的外频，通常为系统总线的工作频率（系统时钟频率），CPU与周边设备传输数据的频率，具体是指CPU到芯片组之间的总线速度。所以，外频越高，CPU与其他部件之间的信息传递速度越快。

倍频即主频与外频之比的倍数。主频、外频、倍频，其关系式：

主频＝外频×倍频系数

（2）高速缓存L1 Cache和L2 Cache的容量和频率。

高档的多媒体计算机都有两级高速缓存L1和L2，其中：

L1 Cache是集成在CPU芯片内，称为片内Cache或一级Cache，L1的容量相对较小，一般为16KB或32KB，工作频率与CPU主频相同。

L2 Cache在CPU外部，称为片外Cache或二级Cache。L2的容量一般为L1的几十倍。运行频率与CPU外频相同的L2称为全速L2高速缓存。主流CPU，如Intel的Pentium级，Celeron和AMD的Athlon、Duron等都采用了全速L2高速缓存。有的高速多媒体微处理器把L1和L2都集成在CPU芯片内部。

（3）支持多媒体的扩展指令集。

1997年以前的CPU都是基于x86指令集，这些指令同时只能执行一次计算，称为"单指令单数据"（SISD）处理器。扩展指令是为提高CPU处理多媒体数据的能力而设计的。其中，有Intel公司推出的"MMX"，AMD公司的Pentium Ⅲ中的"SSE"和Pentium Ⅳ中的"SSE2"。这些指令集都是为弥补MMX的不足而开发的。所有x86系列CPU都支持"MMX"，但是Intel CPU只支持"SSE"，而AMD公司的CPU仅支持"3D NOW! "。下面，对各扩展指令作简单介绍。

"MMX" 是一种多媒体扩展结构技术，该技术是1997年1月由Intel公司推出的，是在CPU中加入了特地为视频信号（Video Signal）、音频信号（Audio Signal）以及图像处理（Graphical Manipulation）而设计的57条指令，因此，MMX CPU使三维图形、图画、运动图像为目标的MPEG视频、音乐合成、语音识别、虚拟现实等数据处理的速度有了很大提高，极大地提高了电脑的多媒体处理功能。但由于只对整数运算进行了优化而没有加强浮点运算能力，所以在3D图形日趋广泛、因特网3D网页应用日趋增多的情况下，"MMX"已不能满足需要了。

"SSE" （Streaming SIMD Extensions，因特网数据流单指令扩展）是英特尔在AMD的3D Now!发布一年之后，在其计算机芯片Pentium Ⅲ中引入的指令集，是MMX的超集。它包括70条指令，涵盖了MMX和3D Now!指令集的所有功能，其中特别加强了"SIMD"（单指令多数据）浮点处理能力，以及额外的SIMD整数和高速缓存控制指令。其优势包括：更高分辨率的图像浏览和处理、高质量音频、MPEG2视频，同时MPEG2加解密；语音识别占用更少CPU资源；更高精度和更快响应速度。

"SSE2"是Intel在Pentium Ⅳ的最初版本中引入的，但是AMD后来在Opteron 和Athlon 64中也加入了对它的支持。这个指令集添加了对64位双精度浮点数的支持，以及对整型数据的支持，也就是说这个指令集中所有的MMX指令都是多余的了，同时也避免了占用浮点数寄存器。这个指令集还增加了对CPU的缓存的控制指令。AMD对它的扩展增加了8个XMM寄存器，但是需要切换到64位模式（AMD64）才可以使用这些寄存器。Intel后来在其EM64T架构中也增加了对AMD64的支持。

"3D NOW！"是由AMD公司开发的多媒体扩展指令集，3D Now!指令集应该说出现在SSE指令集之前，并被AMD广泛应用于其K6-2、K6-3以及Athlon（K7）处理器上。该扩展指令集共有26条指令，重点提高了CPU对3D图形的处理能力，由于指数有限，该指令集主要应用于3D游戏，而对其他图形处理支持不足。

2.2.3　多媒体计算机总线技术

任何一个微处理器都要与很多的部件和外围设备连接，而这些设备又不能都直接用一组线与CPU相连，于是就诞生了总线结构。总线（Bus）是计算机各种功能部件之间传送信息的公共通信干线，它常用一组线路，配置适当的接口电路，与各部件和外围设备相连。采用总线结构便于部件和设备的扩充，尤其制定了统一的总线标准则更容易使不同设备间实现互联。

多媒体计算机中总线一般分为内部总线、系统总线和外部总线三种。内部总线是微机内部各外围芯片与处理器之间的总线，用于芯片一级的互联；系统总线是微机中各插件板与系统板之间的总线，用于插件板一级的互联；外部总线则是微机和外设之间的总线，微机作为一种设备，通过该总线和其他设备进行信息与数据交换，它是用于设备一级的互联。

随着微电子技术和计算机技术的发展，总线技术也在不断地发展和完善，计算机总线技术种类繁多，各具特色，下面将对其中一些目前比较流行的总线技术作以简单介绍。

2.2.3.1　ISA总线

ISA总线 （Industry Standard Architecture，工业标准体系结构）是IBM公司1984年为PC/AT电脑而制定的总线标准，为16位体系结构，只能支持16位的I/O设备，数据传输率大约是16MB/s。也称为AT标准。它在80286至80486时代应用非常广泛，以至于现在奔腾机中还保留着ISA总线插槽。

2.2.3.2　PCI总线

PCI（Peripheral Component Interconnect，外设部件互联标准）总线是由Intel公司1991年推出的一种局部总线。由于微处理器的飞速发展，使ISA、EISA总线显得落后了，微处理器高速度和总线的低速度不同步，造成硬盘、图形卡和其他外设只能通过一个慢速且狭窄的瓶颈发送和接收数据，使CPU的高性能受到了严重的制约。局部总线技术就是为解决以上问题而产生的。

PCI总线是一种不依附于某个具体处理器的局部总线。从结构上看，PCI是在CPU和原来的系统总线之间插入的一级总线，具体由一个桥接电路实现对这一层的管理，并实现上下之间的接口以协调数据的传送。管理器提供了信号缓冲，使之能支持10种外设，并能在高时钟频率下保持高性能。PCI总线也支持总线主控技术，允许智能设备在需要时取得总线控制权，以加速数据传送。

最早提出的PCI 总线工作在33MHz 频率之下，传输带宽达到了133MB/s（33MHz ×
32bit/8），基本上满足了当时处理器的发展需要。随着对更高性能的要求，1993年又提
出了64bit 的PCI 总线，后来又提出把PCI 总线的频率提升到66MHz。目前广泛采用的是
32-bit、33MHz 的PCI 总线，64bit的PCI插槽更多是应用于服务器产品。

PCI总线的特点：

◇ 数据总线32位，可扩充到64位。

◇ 可进行突发（burst）式传输。

◇ 总线操作与处理器-存储器子系统操作并行。

◇ 总线时钟频率33MHz或66MHz，最高传输率可达528MB/s。

◇ 中央集中式总线仲裁。

◇ 全自动配置、资源分配、PCI卡内有设备信息寄存器组为系统提供卡的信息，可实
现即插即用（PNP）。

◇ PCI总线规范独立于微处理器，通用性好。

◇ PCI设备可以完全作为主控设备控制总线。

◇ PCI总线引线：高密度接插件，分基本插座（32位）及扩充插座（64位）。

2.2.3.3　AGP总线

随着显示芯片的发展，PCI总线日益无法满足其需求。英特尔于1996年7月正式推出
了AGP接口（Accelerate Graphical Port，加速图形接口），它是一种显示卡专用的局部总
线。严格地说，AGP不能称为总线，它与PCI总线不同，因为它是点对点连接，即连接控
制芯片和AGP显示卡，但在习惯上我们依然称其为AGP总线。

AGP总线直接与主板的北桥芯片相连，且通过该接口让显示芯片与系统主内存直接相
连，也就是通过在系统与图形控制器之间提供一条高速数据通路来缓解图形卡给系统总
线带来的压力，从而提高系统在图形及3D方面的处理能力和显示速度。与此同时，AGP
总线还具有图形加速功能。一般来说，PCI总线的平均频率是33MHz，最大传输速度是
122MB/s，而AGP总线的平均频率是66MHz，最大传输速度是533MB/s，是PCI总线方式传
输速度的4倍。通过这样的技术，笔记本电脑可以更加轻松地完成各种复杂的文字、图像
和3D多媒体处理，其卓越性能和超强能力充分满足当前的Internet时代的多媒体技术的要
求。

AGP同样是32位的数据宽度，但它的工作频率从66MHz开始，这样，按常规方法利用
每个时钟周期的下降沿传输数据的AGP1X规范就能提供266MB/s的带宽，而AGP2X，通过
同时利用时钟周期的上升和下降沿传输数据，可以达到533MB/s的带宽，比较新的AGP4X
更是把带宽提高到了1066MB/s，而最新的AGP8X将带宽提高到了2.12GB/s。

2.2.3.4　USB总线

通用串行总线USB（Universal Serial Bus）是由Intel、 Compaq、Digital、IBM、
Microsoft、NEC、Northern Telecom等7家世界著名的计算机和通信公司共同推出的一种新
型接口标准。它基于通用连接技术，实现外设的简单快速连接，达到方便用户、降低成
本、扩展PC连接外设范围的目的。它可以为外设提供电源，而不像普通的使用串、并口
的设备需要单独的供电系统。另外，快速是USB技术的突出特点之一，USB的最高传输率
可达12Mbps，比串口快100倍，比并口快近10倍，而且USB还能支持多媒体。

USB规范有多种版本，最早的版本是1994年11月推出的USB 0.7版 。1996年1月推出了标准版本USB 1.0，目标是为中低速的外围设备提供双向、低成本的总线，数据传输率最高为12MB/s。随着微机系统及其外设性能和功能的增强，需处理的数据量越来越大，2000年4月又推出了新的USB规范—USB 2.0。在新版本中，增加了一种480MB/s的数据传输率，以满足日益复杂的高级外设与PC机之间的高性能连接需求。

2.2.4　MPC的标准

前面我们已经介绍过，MPC是Multimedia Personal Computer的缩写，意指多媒体个人计算机。它是在一般个人计算机的基础上，通过扩充使用视频、音频、图形处理软硬件来实现高质量的图形、立体声和视频处理能力。在多媒体技术发展的早期和中期，多媒体计算机的硬件性能和参数有严格的工业标准，以使多媒体计算机保持良好的兼容性和一致性，这就是MPC标准。Microsoft、 IBM等公司组成的多媒体PC机工作组（The Multimedia PC Working Group）先后发布了4个MPC标准。按照MPC联盟的标准，多媒体计算机应包含5个基本单元：主机、CD-ROM驱动器、声卡、音箱和Windows操作系统。该标准分为4级，分别是：

（1）MPC Level Ⅰ：该标准公布于1991年，是 MPC 的最低标准，由"多媒体个人计算机市场协会"提出。内容大概如下：

◇ 16MHz 的 386SX 中央微处理器

◇ 2MB 内存

◇ 5.25 英寸软磁盘驱动器

◇ 30MB 的硬盘

◇ 数码音频输出的光盘机，即单速 CD – ROM 驱动器（传输速率为 150KB/s ）

◇ 8 位数码声音卡

◇ VGA 显示器，图形分辨率为640×480 / 4位彩色深度，或者320×240分辨率/ 8位彩色深度

◇ 101 键盘、双键式鼠标器

（2）MPC Level Ⅱ：MPC 标准的第二级，它是现行使用的标准，其指标有：

◇ 25MHz 的 486SX 中央微处理器

◇ 4MB 内存

◇ 16 位数码声音卡

◇ 160MB 的硬盘（推荐用540MB ）、1.44MB的3.5英寸软驱

◇ SVGA 显示器，640×480，64K色

◇ 双倍转速、可读取多种格式的光盘机，即双速CD-ROM驱动器

◇ 其他同最低标准中的要求

（3）MPC Level Ⅲ：是 MPC 标准的较高标准，其指标有：

◇ 75MHz 的 Pentium 中央微处理器

◇ 8MB 内存

◇ 16位的声音卡，采用波表合成技术

◇ 540MB 的硬盘（推荐用1GB ）、1.44MB的3.5英寸软驱

◇ 四倍转速、可读取多种格式的光盘机，即四速CD-ROM驱动器

◇ 视频播放应具有兼容MPEG-Ⅰ播放的硬件或软件

◇ 其他同最低标准中的要求

（4）MPC Level Ⅳ：1996年底制定并发布，它为PC机升级成MPC提供了一个指导原则：

◇ 133MHz或200MHz 的 Pentium 中央微处理器
◇ 16MB 内存或更多
◇ 16bit的立体声，带波表44.1/48kHz
◇ 图形分辨率为1280×1024 / 1600×1200 / 1900×1200.24/32位真彩色
◇ 视频设备：MODEM卡、视频采集卡、特技编辑卡和视讯会议卡
◇ 操作系统：Windows 3.2/95/98/NT…

2.3 多媒体的软件系统

多媒体软件系统或称为多媒体软件平台，是指支持多媒体系统运行、开发的各类软件和开发工具及多媒体应用软件的总和。硬件是多媒体系统的基础，软件是多媒体系统的灵魂。由于多媒体技术涉及种类繁多的硬件，又要处理形形色色差异巨大的各类媒体信息，因此，能够有机组织和管理这些硬件，方便合理地处理和应用各种媒体信息，是多媒体软件的主要任务。

多媒体软件可以划分为不同的层次或类别，这种划分是在发展过程中形成的，并没有绝对的标准。一般来说，多媒体软件可分为驱动软件、支持多媒体的操作系统、多媒体素材制作软件和多媒体应用软件五类。

2.3.1 多媒体驱动软件

多媒体设备驱动软件是直接和多媒体硬件设备打交道的软件，在启动操作系统时，多媒体驱动软件把设备的状态、型号、工作模式等信息提供给操作系统，并驻留在内存储器中，供系统调用。

2.3.2 多媒体操作系统

操作系统是计算机的核心，负责控制和管理计算机的所有软硬件资源，对各种资源进行合理的调度和分配，改善资源的共享和利用情况，最大限度地发挥计算机的效能。它还控制计算机的硬件和软件之间的协调运行，改善工作环境，向用户提供友好的人机界面。

2.3.2.1 概述

多媒体操作系统，就是除具有一般操作系统的功能外，还具有多媒体底层扩充模块，支持高层多媒体信息的采集、编辑、播放和传输等处理功能的系统。

多媒体系统大致可分为3类：

（1）具有编辑和播放双重功能的开发系统。
（2）以具备交互播放功能为主的教育／培训系统。
（3）用于家庭娱乐和学习的家用多媒体系统。

2.3.2.2 发展与现状

早期的操作系统如UNIX、MS-DOS等不支持多媒体。现在许多操作系统，如UNIX、Linux、Windows等都支持多媒体，但是都是在原来操作系统内核基础上修改的，且基于CD-ROM的单机多媒体，不支持分布式多媒体。支持分布式多媒体的操作系统是正在研

究的热点。

传统的操作系统，如UNIX 、Windows、Solaris等按照传统目的设计，不能适应多媒体应用的需求。主要表现在下述方面。

（1）资源调度机制不适应：在传统的操作系统中，对每个进程分配资源，采用通用的调度算法，强调进程对资源的公平性。采用的调度算法不关心进程实际使用资源的反馈信息。总之，没有自适应调整的机制。

（2）直接控制资源的权限不适应：传统操作系统允许应用进程对资源直接控制的权限相当有限，应用程序在用户态下运行，只有系统的核心态进程才有权直接控制资源，如I／O带宽、CPU时间等。

（3）CPU调度算法不适应：传统操作系统的CPU调度采用优先级方式（Windows NT，Solaris）或时间片方式（UNIX）。在Windows和Solaris中实时进程可以设置优先级最高的实时优先级方式，但是操作系统不会动态调整优先级。多媒体应用在运行期间随着视频流和音频流QoS的变化，其在系统中的优先级会变化。基于消息的Windows操作系统本身对时间限制的进程就缺乏支持，对应用的QoS就更难保证了。

（4）文件系统不适应：传统的操作系统中，应用对文件数据的访问采用路径名方式，不必考虑数据存储方式和位置。多媒体应用的文件由于连续流和便于查找的特性，其存储方式和数据拷贝方式都要求连续、快速、大数据量的特征。另外，对磁盘数据的调度，传统操作系统集中在减小寻道时间。而多媒体应用要求磁盘调度时，还必须满足QoS限制。

（5）内存的管理不适应：传统的操作系统大多采用虚拟内存方式，进程的虚拟内存空间映射到物理内存，物理内存到CPU之间一般有缓存（Cache）。这是以应用进程为中心的分配方式。但是应用对内存的访问不能控制物理内存和Cache。多媒体应用的特点要求多媒体数据在内存中连续存放，快速存取，Cache预取，是以数据为中心的分配方式。

（6）I／O总线管理不适应：传统操作系统的I／O总线管理没有考虑多媒体应用的OoS。当数据在系统传递时，常常多次拷贝。例如，传统操作系统的数据传递和拷贝过程，数据拷贝是操作系统将磁盘的数据传递到网络上。首先，一个数据对象从磁盘拷贝到主存储器（A），然后，数据在内存中由于进程空间不同，进行空间拷贝，即从核心空间拷贝到进程空间（B），进程空间之间拷贝（C），数据再从进程空间拷贝到核心空间（D），最后，数据拷贝到网络（E）。如果数据对象需要处理，它们还将从核心空间拷贝到Cache（P），再从Cache拷贝到CPU寄存器（G）。可以看出，传统操作系统中，数据从磁盘传递到网络设备，就需要7次拷贝。数据在不同空间中的多次拷贝大大增加了环境切换（Context Switch）的开销，对于多媒体应用要求实时性是难以保证的。

2.3.2.3 主流与展望

1. Windows 操作系统

Windows操作系统拥有大量的应用程序，包括面向专业领域的软件和适合一般用户的需要。

多媒体方面的功能主要有：

◇ 多媒体数据编辑：多媒体操作系统定义了默认的音/视频格式，内含多媒体编辑和播放工具。如Windows附件中的"录音机"、"音量控制"和windows media player等。

◇ 与多媒体设备联合：支持包括数字或模拟多媒体设备的联合工作，例如CD、VCD、DVD、MIDI、照相机、摄像机、扫描仪等多种设备，可以获取外部多媒体设备的信息和对外输出。

◇ 多媒体同步：支持多处理器，支持多媒体实时任务调度，系统不仅支持多媒体数据的多种同步方式，还能进行多媒体设备的同步控制。

◇ 网络通讯：提供网络和通讯系列功能，使得MPC可方便地接入局域网或互联网，实现对多媒体数据的网间传输。例如，电子邮件、图文传真、万维网信息的检索以及流媒体的获取等。

Windows操作系统的多个版本（Windows 95/98、NT/2000、XP、Windows 7）在多媒体处理和网络功能上都有较大的改善。

Windows 2000是32位图形操作系统，允许对磁盘上的所有文件进行加密，增强对硬件的支持。包括四个版本：

◇ Professional，是桌面操作系统。

◇ Windows 2000 Server，是服务器操作系统。

◇ Advanced Server，是Server的企业版，它能更好地支持SMP（对称多处理器），支持的数目可以达到四路。

◇ Datacenter Server，功能最强大，可以支持32路SMP系统和64GB的物理内存。它不仅可用于大型数据库、经济分析、科学计算以及工程模拟等方面，还可用于联机交易处理

Windows XP基于Windows 2000，同时拥有一个新的用户图形界面，Windows XP有两个版本：家庭版（Home）和专业版（Professional）。家庭版只支持一个处理器，而专业版支持两个处理器。另外，专业版添加了为面向商业设计的网络认证、双处理器等特性。

Windows 2003（全称Windows Server 2003）包括Standard Edition（标准版）、Enterprise Edition（企业版）、Datacenter Edition（数据中心版）、Web Edition（网络版）四个版本，每个版本均有32位和64位两种编码。Windows 2003具有Windows XP的友好操作性和Windows 2000 Sever的网络特性，也具有安装方便、快捷、高效的特点，可以自动完成硬件的检测、安装、配置等工作。它的各种内置服务以及重新设计的内核程序与Windows 2000/XP有着本质的区别。Windows 2003对硬件的最低要求不高，既适合于个人，又适合于服务器。

2. BeOS操作系统

1991年，Gasse 带领包括AppleNewton开发员Steve Sakoman 在内的一众Apple的员工创建Be公司。Be开发了一个全新的操作系统，从设计之初就针对多CPU和多线程的应用程序，这就是BeOS。1996年11月发布第一个运行于苹果机上的版本，1998年发布第一个运行于Intel平台的版本。

如果说Windows是现代办公软件的世界，Unix是网络的天下，那BeOS就称得上是多媒体大师的天堂了。BeOS以其出色的多媒体功能而闻名，它在多媒体制作、编辑、播放方面都得心应手，因此吸引了不少多媒体爱好者加入到BeOS阵营。由于BeOS的设计十分适合进行多媒体开发，所以不少制作人都采用BeOS作为他们的操作平台。

BeOS操作系统的优点：

（1）全图形结构。BeOS的核心就是图形化，这使得BeOS是真正具有图形界面的操作系统。而Windows等都是以字符界面作为其基础，这样就让结构比较复杂，会在运行过程中存在一些不稳定的因素。具有全图形结构对提高稳定性和运行效率都很有帮助。

（2）拥有众多的多媒体软件。作为一个面向广大多媒体爱好者的操作系统，BeOS拥有众多功能强大的多媒体软件，从制作到播放应有尽有，并且许多软件都是内置在系统中

的。其中有MediaPlayer、CD Burner、CDPlayer、MIDIPlayer等。当然也有一些专业的多媒体软件能够运行在BeOS环境中。

（3）先进的文件系统。BeOS使用了64位的文件系统，这是个人电脑上的首次尝试。由于进行多媒体制作时需要进行大规模的数据交换，而64位的文件系统使其运行得更高效。

（4）多处理器支持。Linux、Windows NT一样，BeOS也能够支持多处理器。由于多媒体制作对系统的存储设备和处理器能力都是一个较大的考验，采用多处理器无疑能够大幅度提高工作效率，完成多媒体制作的高负荷工作。

（5）完备的网络功能。除了在多媒体方面出色外，BeOS的网络功能也不容轻视。它的网络功能十分完备，BeOS服务器能够提供WWW、Ftp、E-Mail、Telnet等网络服务。

3. Windows XP Media Center Edition 2005

Windows XP Media Center Edition 2005是美国微软发布的可为个人电脑增添数码娱乐功能的新版媒体中心技术。该技术被定位为微软数码娱乐战略"Digital Entertainment Anywhere"的核心，目前已可在全球各地使用。

使用Windows XP Media Center Edition，可很方便地欣赏照片、电影、音乐以及电视等数码娱乐。除使用鼠标和键盘外，还可用遥控器操作。可录像和暂停正在广播的电视节目，可将照片或电影/电视节目保存到CD-R/DVD媒体，还可编辑从数码相机导入的照片。利用"Movie Finder"功能可用演员、类别或导演等作为关键词搜索电影，也可发现相类似的电影。

如今的多媒体操作系统和主流操作系统的界限越来越模糊，可以说，目前最新的操作系统Windows Vista和Mac OS Leopard在多媒体方面的驾驭能力远远超过上述两个实例（BeOS和Windows XP Media Center Edition 2005），甚至在Vista内就集成了Windows Media Center。因此，未来的主流操作系统必将进一步地拓展多媒体方面的应用，贴近大众娱乐。

2.3.3　多媒体素材制作软件

多媒体技术的开发离不开素材，素材是多媒体制作的基础。在多媒体开发过程中，素材准备是设计目标确定后的一项基础工程。素材的种类很多，采集和制作素材的过程中使用的硬件、软件也很多，因此，制作素材是一项工作量极大的任务。多媒体产品的制作主要是依靠素材制作软件。根据媒体的不同性质，一般把媒体素材分成文字、声音、图形、图像、动画、视频、程序等类型。在不同的开发平台和应用环境下，即使是同种类型的媒体，也有不同的文件格式，如文字媒体常见的有纯文本格式、Word文档格式，声音媒体有WAV文件格式和MIDI文件格式等。

因为媒体素材种类繁多，格式复杂，所以素材的制作又可以使用很多软件。常见的媒体素材制作软件分为三大类：

2.3.3.1　平面图像处理软件

主要进行平面图像的加工和处理，如CorelDRAW和Photoshop就是这种软件。

CorelDRAW是加拿大Corel公司的平面设计软件，它是一个功能强大的图形工具包，给设计师提供了矢量动画、页面设计、网站制作、位图编辑和网页动画等多种功能。由多个模块组成，尤其适用于商业图形应用领域。它包含两个绘图应用程序：一个用于矢量图及页面设计，一个用于图像编辑。这套绘图软件组合带给用户强大的交互式工具，使用户可创作出多种富于动感的特殊效果及点阵图像，即时效果在简单的操作中就可得到实现——而不会丢失当前的工作。通过CorelDRAW的全方位的设计及网页功能可以融合到用户现有的设计方案中，灵活性十足。

Photoshop是Adobe公司旗下最为出名的图像处理软件之一，集图像扫描、编辑修改、图像制作、广告创意、图像输入与输出于一体的图形图像处理软件。Photoshop的专长在于图像处理，而不是图形创作。从功能上看，Photoshop可分为图像编辑、图像合成、校色调色及特效制作部分。图像编辑是图像处理的基础，可以对图像作各种变换，如放大、缩小、旋转、倾斜、镜像、透视等。也可进行复制、去除斑点、修补、修饰图像的残损等。这在婚纱摄影、人像处理制作中有非常大的用场，去除人像上不满意的部分，进行美化加工，得到让人非常满意的效果。图像合成则是将几幅图像通过图层操作、工具应用，合成完整的、传达明确意义的图像，这是美术设计的必经之路。Photoshop提供的绘图工具让外来图像与创意很好地融合，使图像的合成天衣无缝成为可能。校色调色是Photoshop中深具威力的功能之一，可方便快捷地对图像的颜色进行明暗、色偏的调整和校正，也可在不同颜色间进行切换以满足图像在不同领域如网页设计、印刷、多媒体等方面的应用。特效制作在Photoshop中主要由滤镜、通道及工具综合应用完成。包括图像的特效创意和特效字的制作，如油画、浮雕、石膏画、素描等常用的传统美术技巧都可借由Photoshop特效完成。而各种特效字的制作更是很多美术设计师热衷于Photoshop研究的原因。

2.3.3.2　活动图像制作软件

主要进行视频信号的处理、动画制作与加工、活动影像的合成等。

（1）视频编辑软件。

视频编辑工具与视频捕捉卡配合，先利用视频捕捉卡将视频图像输入到计算机中，然后用视频编辑工具将模拟信号转换为数字信号，捕获的视频图像以AVI文件格式保存，并用视频编辑工具进行编辑和压缩，实现数字视频的创作。这些工作包括捕获、编辑、修饰和压缩四个独立步骤。

比较流行的视频编辑软件主要有：

① Ulead Media Studio。

是由著名的 Ulead 公司出品的一款 Video 视频制作软件，是专为所有追求最新、最强、最高质量数字影片技术的玩家及专业人员所设计的超强软件，提供同级产品中唯一囊括影片捕捉、剪辑、绘图、动画及音频编辑五大模块的功能，支持最新 DV 与 IEEE 1394 应用及 MPEG-2影片格式，可以轻松制作出具有专业水准的影片、录影带、光盘、网络影片。

Corel MediaStudio Pro包含采集、编辑、音频、CG、绘图、菜单、刻录、播放等功能，完全涵盖视频编辑所需的一切功能，程序包含五项功能：

"影片捕捉"：即插即用与查看来自录像机、电视、激光光盘或摄像机的原始视频。遵循IEEE 1394 的 DV 以及 MPEG-2 支持功能提供了批处理捕获、场景检测、无缝捕获与色彩校准。

"影片剪辑"：Video Editor 可整合视频项目的所有部件——视频、声音、动画、标题与输出选项。加入特殊效果，并使用 Video Editor 的 DVD 插件模块，将视频输出为 DVD 格式，然后将它放到网络、光盘或将它录回录像带内。

"影片绘图"：此强大的动态视频绘图（非破坏型）程序可让您直接在视频序列的

任何帧上绘图。您可使用各种非破坏性视频绘图工具来编修视频与创建精彩的特效。

"矢量动画"：此完美集成的矢量图生成程序可制作出优秀的动画标题与动作图形。

"音频编辑"：在多重音频轨环境下提供音符、移除背景杂音，并让您选择声道控制、回音等特殊效果。随着版本的不断更新，MediaStudio Pro将更高的技术效果、更人性化的操作展示在世人面前。

② Adobe Premiere。

一款常用的视频编辑软件，由Adobe公司推出。现在常用的有6.5、Pro1.5、2.0等版本。是一款编辑画面质量比较好的软件，有较好的兼容性，且可以与Adobe公司推出的其他软件相互协作。目前这款软件广泛应用于广告制作和电视节目制作中。其最新版本为Adobe Premiere Pro CS5。

Adobe Premiere Pro CS3 作为高效的视频生产全程解决方案，目前包括 Adobe Encore&reg CS3 和 Adobe OnLocation CS3 软件（仅用于 Windows）。从开始捕捉直到输出，使用 Adobe OnLocation 都能节省您的时间。通过与 Adobe After Effects CS3 Professional 和 Photoshop CS3 软件的集成，可扩大您的创意选择空间。您还可以将内容传输到 DVD、蓝光光盘、Web 和移动设备。

③ After Effects。

是Adobe公司推出的一款图形视频处理软件，适用于从事设计和视频特技的机构，包括电视台、动画制作公司、个人后期制作工作室以及多媒体工作室。而在新兴的用户群，如网页设计师和图形设计师中，也开始有越来越多的人在使用After Effects。属于层类型后期软件。

主要功能：

a. 高质量的视频。

After Effects支持从4×4到30000×30000像素分辨率，包括高清晰度电视（HDTV）。

b. 多层剪辑。

无限层电影和静态画术，使After Effects可以实现电影和静态画面的无缝合成。

c. 高效的关键帧编辑。

After Effects中，关键帧支持具有所有层属性的动画，After Effects可以自动处理关键帧之间的变化。

d. 无与伦比的准确性。

After Effects可以精确到一个像素点的千分之六，可以准确地定位动画。

e. 强大的路径功能。

就像在纸上画草图一样，使用Motion Sketch可以轻松绘制动画路径，或者加入动画模糊。

f. 强大的特技控制。

After Effects使用多达85种软插件修饰增强图像效果和动画控制。见图2-9。

g. 同其他Adobe软件的结合。

After Effects在导入Photoshop和IIIustrator文件时，保留层信息。

h. 高效的渲染效果。

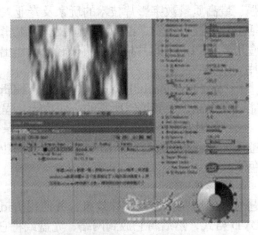

图2-9　After Effects 火焰特效

After Effects可以执行一个合成在不同尺寸大小上的多种渲染，或者执行一组任何数量的不同合成的渲染。

（2）动画制作软件。

① 二维动画制作软件：这类软件具有较强的动画功能，可以播放动画、制作动画，也可以修图和改图，其代表软件为Animator Pro。

◇ Animator Pro：具有二维图像绘制与动画制作功能，可对图像进行变形、旋转、放缩和组装，可进行多帧粘贴选加，实现动画中的动画，能生成一个图的三维运动轨迹，并沿这个轨迹进行平移、旋转、尺寸放缩和路径运动。Animator Pro还提供了Poco C语言，包含了众多的图像和动画的可调用函数，用程序方式编辑、修改图像和动画十分方便。

◇ Flash：是由macromedia公司推出的交互式矢量图和 Web 动画的标准。Flash 这种创作工具设计人员和开发人员可使用它来创建演示文稿、应用程序和其他允许用户交互的内容。Flash 可以包含简单的动画、视频内容、复杂演示文稿和应用程序以及介于它们之间的任何内容。通常，使用 Flash 创作的各个内容单元称为应用程序，即使它们可能只是很简单的动画，您也可以通过添加图片、声音、视频和特殊效果，构建包含丰富媒体的 Flash 应用程序。Flash 广泛使用矢量图形，使它的文件非常小，特别适用于创建通过 Internet 提供的内容。

② 三维动画制作软件：三维动画软件在计算机中首先建立一个虚拟的世界，设计师在这个虚拟的三维世界中按照要表现对象的形状尺寸建立模型以及场景，再根据要求设定模型的运动轨迹、虚拟摄影机的运动和其他动画参数，最后按要求为模型赋上特定的材质，并打上灯光。当这一切完成后就可以让计算机自动运算，生成最后的画面。下面介绍几种现在比较流行的三维动画制作软件。

◇ 3DS MAX：是美国Autodesk公司开发的基于PC系统的三维动画渲染和制作软件。通过设置可控制画面的各种色彩、透明度、表面花纹的粗细程度以及各种反射特性，利用3D MAX，用户可以方便地移动、放大、压缩、旋转甚至改变对象的形态，还可以移动光源、摄像机、聚光灯及摄像镜头的目标，以产生如同电影一般的效果。广泛应用于广告、影视、工业设计、建筑设计、多媒体制作、游戏、辅助教学以及工程可视化等领域。

◇ Maya：是美国Autodesk公司出品的世界顶级的三维动画软件，应用对象是专业的影视广告、角色动画、电影特技等。Maya功能完善，工作灵活，易学易用，制作效率极高，渲染真实感极强，是电影级别的高端制作软件。Maya 集成了Alias、Wavefront 最先进的动画及数字效果技术。它不仅包括一般三维和视觉效果制作的功能，而且还与最先进的建模、数字化布料模拟、毛发渲染、运动匹配技术相结合。Maya 可在Windows NI 与 SGI IRIX 操作系统上运行。在目前市场上用来进行数字和三维制作的工具中，Maya 是首选解决方案。

2.3.3.3 音频处理软件

主要对音乐进行模数转换、数字音频信号的处理与合成、声音还原等。声音的录制和编辑工作可用两种方法来完成：一种是使用Windows中的Sound Record（录音程序）来完成。它具有录音、插入文件、混合文件、删除部分内容、音量和播放速度的调整等功能。它的功能不强，效果也一般，而且，录制声音的时间也很短。

另一种方法是使用声卡附带的软件及一些著名软件公司推出的多媒体音频制作编辑软件来完成。由于目前市场上声卡种类繁多，内附的音频编辑软件也各有差异，但一般都有很强的录音和编辑功能，录制出来的声音效果也不错，如Creative的Voice Editor，

Microsoft的Studio for windows等，特别是一些专业的音频处理软件可以对音频进行编辑并以图形方式显示音频的波形。

2.3.4 多媒体应用软件工具

在开发多媒体应用的过程中，多媒体制作工具起着关键的作用，这些应用软件工具提供给设计者一个自动生成程序代码的综合环境，使设计者将文本、图形、图像、动画和声音等多媒体组合在一起形成完整的节目。

根据多媒体制作工具的制作方法和特点不同，可将其分为以下几类：

2.3.4.1 以时间为基础的多媒体创作工具

以时间为基础的多媒体创作工具所制作出来的文件，最像电影或卡通片，它们是以可视的时间轴来决定事件的顺序和对象显示的时段，这种时间轴包括许多行道或频道，以便安排多种对象同时呈现。它还可以用来编辑控制转向一个序列中的任意一个位置的节目，从而增加了导航和交互控制。通常该类多媒体制作工具中都会含有一个控制播放的面板，在这些创作系统中，各种成分和事件按时间线路组织。这类多媒体应用创作软件典型的有Director和Action，现简单介绍一下Director。

Director是基于时间轴的多媒体创作工具，具有高度集成的多媒体数据库、灵活而方便的创作环境、二维动画工业制作标准、标准化的开放接口、数字计量的精度控制以及能实现专业级录放产品和平滑的跨平台开发等特点。它采用了一种拟人化舞台，形象地把多媒体系统中的每一个对象称为舞台演出中的一个角色，而且还有一张对号入座的卡片，用以同步各种演出活动。

Director多媒体制作工具有四个功能部件：

① Studio制作室。
② Overview导演室。
③ Lingo脚本描述语言。
④ X-Object外部扩展接口。

2.3.4.2 以图标为基础的多媒体创作工具

在这些合作工具中，多媒体成分和交互队列（事件）按照结构化框架或过程图为对象，它使项目的组织方式简化，而且多数情况下是显示沿各分支路径上各种活动的流程图，制作多媒体文件时，创作工具提供一条流程线（Line），供放置不同类型的图标使用，使用流程图隐去"构造"程序，多媒体素材的呈现是以流程为依据的，在流程图上可以对任意一个图标进行编辑。这类多媒体应用创作软件典型的有Authorware和Icon Author，现简单介绍一下Authorware。

Authorware是一种基于流程图方式的多媒体制作工具，用户不必要求有特别的程序设计能力，只需掌握一些流程图和图标概念及基础设计知识就能使用。它允许跨平台运行，Windows平台和Macintosh平台提供了完全相同的操作环境。它具有多种外部接口，可把各种媒体素材有效地集成在一起，并有丰富的函数与变量。Author ware 5.0 Attain支持的媒体更加丰富，甚至支持QuickTime VR，只需一步可选中全部图标属性，一次即可输入全部外部素材，并有强大的网络支持。其内置的数据跟踪变量可跟踪学习者的学习进度和成绩，是开发教学、培训和远程教学的最佳选择。

2.3.4.3 以页式或卡式为基础的多媒体创作工具

这种多媒体创作工具都是提供一种可以将对象连接于页面或卡片的工作环境。一页或一张卡片便是数据结构中的一个节点，可以将这些页面或卡片连接成一个有序的序列。这类多媒体工具是以面向对象的方式来处理多媒体元素，这些元素用属性来定义，用剧本来规范，允许播放声音元素以及动画和数字化视频节目，在结构化的导航模型中，可以根据命令跳转至所需的任何一页，形成多媒体作品。这类创作工具主要有Tool Book和Hyper Card，下面简单介绍一下Tool Book。

Tool Book是基于书（Book）和页（Page）的多媒体制作工具。它把一个多媒体应用系统看做一本书，书上的每一页可包含许多多媒体素材，如按钮、字段、图形、图片和影像等。它有功能强大的面向对象的程序设计语言Openscript。Tool Book支持Windows动态链接库（DLL）与动态数据交换（DDE），还支持符合DLE标准的各种数据对象。新一代的Tool Book系列已发展了一系列功能各有特色的制作工具，并对数据库和Internet支持很大，既适合于无编程能力的一般用户，也适用于需要编程进行复杂设计的高级用户。

2.3.4.4 以传统程序语言为基础的多媒体创作工具

这种多媒体创作工具需要大量的编程工作，可重用性差，不便于组织和管理多媒体素材，且调试也困难，如Visual C++、Visual Basic。其他如综合类多媒体文件的应用程序则存在着通用性差和操作系统不规范等缺点。

2.4 习题

1. 多媒体计算机系统的组成结构是什么？
2. 声卡的作用是什么？
3. 触摸屏的种类和技术特点是什么？
4. 按结构分，扫描仪种类有几种，分别是什么？
5. CPU的主要性能指标和技术指标是什么？
6. MPC标准指的是什么？
7. 请列出你所知道的常用媒体制作软件及用途。

第3章 文本信息处理技术

3.1 多媒体文本的基本知识

3.1.1 概念

文字是组成计算机文本文件的基本元素。在MPC中，文字和数值都是用二进制编码表示的，并在计算机内存储和交换，文字信息和数值信息统称为文本信息，具体的文本信息与MPC的处理能力有关，对于具备中英文处理能力的MPC来说，文本信息则主要由ASCII码表所规定的字符集（包括字母、数字、特殊符号等）和汉字信息交换码所规定的中文字符集中的字符组合而成，习惯上把前者称为西文字符，而把后者称为中文字符。MPC处理文字信息主要包括输入、编辑、存储、输出等。

3.1.1.1 西文字符

西文字符是指由ASCII码表所规定的字符集，包括字母、数字、特殊符号等。ASCII是英文American Standard Code for Information Interchange的缩写，意为"美国信息交换标准代码"。ASII码占7位，加奇偶校验位后为一个字节（8位）。

1. 字符编码（ASCII码）

用7位二进制数表示，共能表示$2^7=128$个不同的字符，包括了计算机处理信息常用的26个英文大写字母A～Z、26个英文小写字母a～z、数字符号0～9、算术与逻辑运算符号、标点符号等。在MPC中，每一个西文字符均对应一个ASCII码，例如，字母"A"的ASCII码值为十进制数65，小写字母"a"的ASCII码为十进制数97，如表3-1所示。

表3-1 ASCII码表

L \ H	0000	0001	0010	0011	0100	0101	0110	0111
0000	NUL	DLE	SP	0	@	P	`	p
0001	SOH	DC1	!	1	A	Q	a	q
0010	STX	DC2	"	2	B	R	b	r
0011	ETX	DC3	#	3	C	S	c	s
0100	EOT	DC4	$	4	D	T	d	t
0101	ENQ	NAK	%	5	E	U	e	u
0110	ACK	SYN	&	6	F	V	f	v
0111	BEL	ETB	'	7	G	W	g	w
1000	BS	CAN	(	8	H	X	h	x
1001	HT	EM	)	9	I	Y	I	y
1010	LF	SUB	*	:	J	Z	j	z
1011	VT	ESC	+	;	K	[	k	{
1100	FF	FS	,	<	L	\	l	l
1101	CR	GS	–	=	M	]	m	}
1110	SO	RS	.	>	N	^	n	~
1111	SI	US	/	?	O	_	o	DEL

2.字符外观及存储

为了在屏幕上显示字符或使用打印机打印汉字，还需要字模库。字模库中所放的是字符的形状信息。它可以用平面二进制位图（BitMap，BMP）即点阵方式表示，也可以用"矢量"方式表示。位图中典型的是用"1"来表示有笔画经过，"0"表示空白，这样形成的0、1矩阵成为字符点阵。每一个字符的外形可被绘制在一个M×N的方格矩阵中，如图3-1（a）所示。在图中，笔画经过的方格有点用1表示，未经过的方格无点用0表示。若M=N=8，可依水平方向按从左到右的顺序将0、1代码组成字节信息，每行一个字节，从上到下共形成8个字节，如图3-1（b）所示。这就是字符外观的点阵编码，用点阵编码存储字符外观。

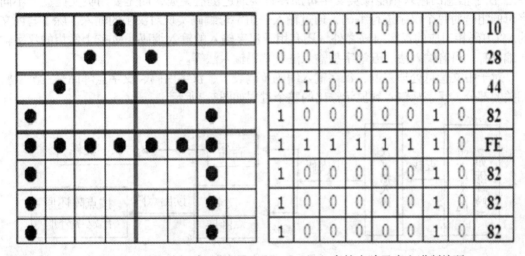

（a）字母"A"的方格矩阵　　　　　　（b）字符点阵及十六进制编码

图3-1　点阵编码存储字符外观图

3.字符显示过程

将所有字符的点阵编码按照其在ASCII码表中的位置顺序存放，就形成了一个字符点阵库。从ASCII码转换成字符点阵的功能称为字符发生器。通过字符发生器完成字符的显示过程，如图3-2所示。

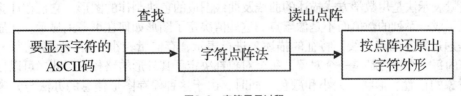

图3-2　字符显示过程

3.1.1.2　中文字符

1.基本概念

汉字由于字的种类较多，编码方案繁多，需要有一个统一的标准。中文字符（即汉字）是指由汉字信息交换码所规定的中文字符集，全称为"信息交换用汉字编码字符集"，是我国国家标准总局于1981年5月1日颁发的，也称为国标码集，标准名简写为

GB2312-80，共分两级，一级3755个字，二级3008个字，共收入了6763个汉字、682个数字和图形符号。这种汉字标准交换码是计算机的内部码，用2个字节的编码来表示一个汉字，可以为各种输入输出设备的设计提供统一的标准，使各种系统之间的信息交换有共同一致性，从而使信息资源的共享得以保证。例如，汉字"啊"的中国国标GB2312-80编码为1011000010100001。文字的存储和传送就是使用它的编码，所以存储和传送的数据量都相对较小。

2. 中文字符处理的过程

首先将所有的汉字在给定的方格内绘制出点阵图像，然后按照0、1矩阵形成字节编码，再将所有汉字的点阵字节编码按照其在汉字码表中的位置顺序存放，形成汉字点阵字库。汉字信息的输入不能像英文字母那样直接通过键盘完成，而是要用英文键盘上不同字母的组合对每个汉字进行编码，通过输入一组字母编码实现对汉字的输入。除了与西文的ASCII码相对应的汉字内码之外，还有用于汉字输入的输入编码。MPC上常用的汉字输入编码有：拼音输入法、五笔字型输入法、郑码输入法等。

对于中文信息处理来说，汉字输入编码（码表）、汉字内码、汉字点阵库是三个紧密相关的部分。汉字从输入到显示输出的整个过程如图3-3所示。

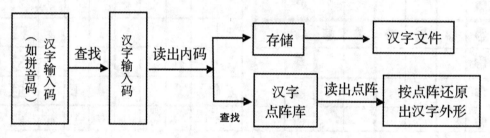

图3-3　汉字处理过程

3. 汉字的存储方式

位图方式占存储量相当大，例如，采用64×64点阵来表示一个汉字（其精度基本上可以提供给激光打印机输出），一个汉字占64×64/8 = 512（Byte）= 0.5KB；一种字体（例如，宋体）的一、二级国标汉字（6763个）所占的存储量为0.5KB×6763 = 3382KB，接近3.3MB。汉字最常用的字体有宋体、仿宋体、楷体和黑体四种，此外，隶书、魏碑、综艺等字体也比较常用。由于字体多，字模库所占的硬盘空间也是相当大的。

矢量表示法是用数学方式描述的曲线及曲线围成的色块制作的图形，它们在计算机内部是表示成一系列的数值而不是像素点。这些值决定了图形如何在屏幕上显示。在显示字时，是通过对字的点、线等特征的描述来进行表示，存储量较小。用户所作的每一个图形、打的每一个字母都是一个对象，每个对象都决定了其外形的路径。因此，可以自由地改变对象的位置、形状、大小和颜色。同时，由于这种保存图形信息的办法与分辨率无关，因此无论放大或缩小多少，都有一样平滑的边缘，一样的视觉细节和清晰度，也就是说字形可以随意放大而不产生"锯齿"形失真。

3.1.2　常用格式

文本信息是计算机最初的、最简单的表现形式。常用的文本文件有三种类型：无格式文本文件、格式文本文件、超文本文件。

3.1.2.1 无格式文本文件

只存储文字信息本身，文字以固定大小和风格输出，因而也称为纯文本，通常保存为.txt类型的文件。txt文件是微软在操作系统上附带的一种文本格式，是最常见的一种文件格式，早在DOS时代应用就很多，主要存文本信息，即文字信息，现在多用的操作系统得使用记事本等程序保存，大多数软件可以查看如记事本、浏览器等。TXT格式的电子书是被手机普遍支持的一种文字格式电子书，这种格式的电子书容量大，所占空间小，所以得到广大爱看电子书人的支持，而更因为这种格式为手机普遍支持的电子书格式，所以也得到广大手机用户的肯定和喜爱。而随着TXT格式电子书受到越来越多的人喜爱，对于TXT格式电子书的需求也逐渐增加，如图3-4所示。

图3-4 纯文本文件

3.1.2.2 格式文本文件

不仅包含文字信息，还包括文字的字号、颜色、字体以及其他用于规定输出格式的排版信息。编辑这类文件，可设置文本的字体、字号、颜色、字形（正常、加粗、斜体、下划线、上标、下标等）、字间距、行间距和段间距等。格式文本要用功能较强的字处理软件来编辑，如MS Word等，如图3-5所示。

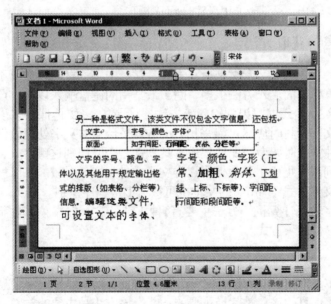

图3-5 格式文本文件

3.1.2.3 超文本文件

超文本文件是建立在非线性的超文本概念基础上的，它将文本内容按其内容含义分割成不同的文本块，再按其固有的逻辑关系通过超链接组织成非线性的网状结构，从而提供了一种符合人们思维习惯的联想式阅读方式。纯粹的超文本文件是由超文本标记语言（HTML）和被分割的不同文本块按照HTML规定的格式要求组成的，如图3-6所示。

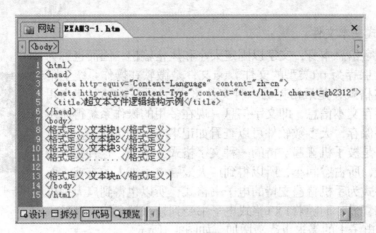

图3-6　超文本文件的逻辑结构定义

3.2　文本信息的获取与表现

3.2.1　文本信息的主要特点

文本信息容易处理，存储量小，存取速度快，符号结构规范，因此最适合计算机的输入、存储、处理与输出，所表达的内容清晰而精确。

3.2.2　文本信息的获取方法

在各种媒体素材中，文字素材是最基本的素材，文字素材的处理离不开文字的输入和编辑。文字在计算机中的输入方法很多，除了最常用的键盘输入以外，还可用语音识别输入、扫描识别输入及笔式书写识别输入等方法。目前，多媒体课件多以Windows为系统平台，因此准备文字素材时应尽可能采用Windows平台上的文字处理软件，如写字板等。选用文字素材文件格式时要考虑课件集成工具软件是否能识别这些格式，以避免准备的文字素材无法插入到课件集成工具软件中。纯文本文件格式（＊.txt）可以被任何程序识别，Rich Text Format文件格式（＊.rtf）的文本也可被大多数程序识别。

目前，将文字输入计算机的方法主要有4种：键盘输入方式、手写输入方式、语音输入方式和利用扫描仪输入方式。

3.2.2.1　键盘输入方式

键盘是电脑中最常用的输入设备之一，键盘的主要功能是把文字信息和控制信息输入到电脑，其中文字信息的输入是其最重要的功能。该方法是主要的输入方法，通过键盘，英文信息可直接输入；中文信息则通过不同的中文输入法来完成。目前的键盘输入法种类繁多，而且新的输入法不断涌现，各种输入法各有各的特点，各有各的优势。这些输入法大体可分为拼音和拼形两大类，拼音输入法相对简单，会汉语拼音就能输入，但输入速度慢，最高只能达到20～30个汉字/分钟；拼形输入法（例如"五笔字型输入法"）要会拆字，并熟背与汉字部件的对应键，这需要一段时间的训练，但由于重复字少，可以实现盲打，输入速度可达50～100汉字/分钟。随着各种输入法版本的更新，其功能越来越强。下面简单介绍几种中文输入法：

（1）流水码（对应码）。

这种输入方法以各种编码表作为输入依据，因为每个汉字只有一个编码，所以重码率几乎为零，效率高，可以高速盲打，但缺点是需要的记忆量极大，而且没有什么太多的规律可言。常见的流水码有区位码、电报码、内码等，一个编码对应一个汉字。这种方法适用于某些特殊人员，比如，电报员等。但在电脑中输入汉字时，这类输入法已经基本淘汰。

（2）音码。

这类输入法，是按照拼音规定来进行输入汉字的，不需要特殊记忆，符合人的思维习惯，只要会拼音就可以输入汉字。但拼音输入法也有缺点：一是同音字太多，重码率高，输入效率低；二是对用户的发音要求较高； 三是难以处理不识的生字。例如，全拼双音、双拼双音、新全拼、新双拼、智能ABC、网络学院拼音、考拉、拼音王、拼音之星、微软拼音等；中国台湾的注音、忘型、自然、汉音、罗马拼音等；中国香港的汉语拼音、粤语拼音等。

这种输入方法不适于专业的打字员，而非常适合普通的电脑操作者，尤其是随着一批智能产品和优秀软件的相继问世，中文输入跨进了"以词输入为主导"的境界，重码选择已不再成为音码的主要障碍。新的拼音输入法在模糊音处理、自动造词、兼容性等方面都有很大提高，微软拼音输入、黑马智能输入等输入法还支持整句输入，使拼音输入速度大幅度提高。最新推出的知音输入法属于双打类的拼音输入法或音形输入法，更是在保持音码易学的前提下，将速度提高到极致。

（3）形码。

形码是按汉字的字形（笔画、部首）来进行编码的。汉字是由许多相对独立的基本部分组成的，例如，"好"字是由"女"和"子"组成，"助"字是由"且"和"力"组成，这里的"女"、"子"、"且"、"力"在汉字编码中称为字根或字元。形码是一种将字根或笔画规定为基本的输入编码，再由这些编码组合成汉字的输入方法。

传统的形码有五笔字型、郑码、码根码等；中国台湾的仓颉、大易、行列、呒虾米、华象直觉等；中国香港的纵横、快码等。

形码的最大优点是重码少，不受方言干扰，只要经过一段时间的训练，输入中文字的效率会有大大提高，因而这类输入法也是目前最受欢迎的一类。现在社会上，大多数打字员都是用形码进行汉字输入，而且对普通话发音不准的南方用户很有好处，因为形码中是不涉及拼音的。但形码的缺点就是需要记忆的东西较多，长时间不用会忘掉。

最新推出的双笔输入法和风行输入法也可以归入这一大类，但双笔输入法更应该归入笔画输入法，而风行输入法则为经典的形码输入法。这两款输入法中，笔画输入法基本不用学习，而风行输入法也将形码的难学易忘等问题彻底解决，无限容错可以确保人人能学会，人人可以流畅使用，并且轻松打得飞快。专业人员则可以将速度发挥到极致，因为重码较传统形码如五笔更少，约为四分之一不到，因此，速度的提高可想而知。

（4）形声码。

形声码吸取了音码和形码的优点，将二者混合使用。常见的声形码有钱码、丁码、二笔等。此外，还有类似于知音输入法，但相对要难记难学的自然码，可以叫做音形码。形码在前，声码在后的表形码、大手笔输入法，可以形声码，声码主要的目的是用来代替传统形码的识别码，但由于最新形已淘汰识别码的技术，由此，形声码由于存在形与声的相互转换和必须同时掌握形和声，因此，在技术上已经显得落后。

（5）混合输入法。

为了提高输入效率，某些汉字系统结合了一些智能化的功能，同时采用音、形、义多途径输入。还有很多智能输入法把拼音输入法和某种形码输入法结合起来，使一种输入法中包含多种输入方法。以万能五笔为例，它包含五笔、拼音、中译英、英译中等多种输入法。全部输入法只在一个输入法窗口里，不需要切换来切换去的。你如果会拼音，就打拼音；会英语就打英语；如果不会拼音不会英语，还可以打笔画；还有拼音＋笔画，为用户考虑得很周到。

除此之外，一般输入法都有一些辅助输入功能，比如，联想功能、模糊音设置、自动造词、高频先见、自动忘却、多重南方音、叠字叠词、智能标点等。随着网络的发展，很多输入法既可以输入简体字，又可以输入繁体字，适应性更强了。新的输入法还提供扩充GBK汉字库和GBK难字查询功能，便于难检字的输入。而梦码的专利技术则完全打破了传统万能输入法方案的束缚，将输入法分为主辅输入法，并轻轻松松实现无限汉字的录入，同时实现音、形、义、笔画、英文等相互间的自由查询。

3.2.2.2 手写输入方式

手写输入法是一种笔式环境下的手写中文识别输入法，符合中国人用笔写字的习惯，只要在手写板上按平常的习惯写字，电脑就能将其识别显示出来。手写输入法需要配套的硬件手写板，在配套的手写板上用笔（可以是任何类型的硬笔）来书写录入汉字，不仅方便、快捷，而且错字率也比较低（图3-7）。用鼠标在指定区域内也可以写出字来，只是鼠标操作要求非常熟练。

另外一些公司推出了针对网页进行输入的online输入法或云输入法，特点也是免安装，但只能连上互联网才能使用，一般来说只能在网页中使用，目前速度比较慢，功能比较单一，只能在输入少量汉字的环境中。这一类输入法还在探索发展之中。如百度云输入法（图3-8），在搜索框右侧的输入法下拉框中选择手写，会弹出手写板。可以用按住鼠标左键拖动的方式在手写板中写字，每次限写一个字。从右侧选择确定想输的字，还会自动反馈常用的联想词。

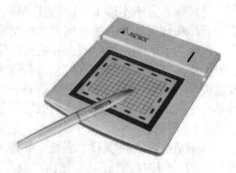

图3-7 手写输入板和笔

图3-8 百度云输入法界面

3.2.2.3 语音输入方式

语音输入是通过MPC中的音频处理系统（主要包括声卡和麦克风），采集处理人的语音信息，再经过语音识别处理，将说话内容转换成对应的文字完成输入。语音识别以IBM推出的ViaVoice为代表，国内则推出Dutty++语音识别系统、天信语音识别系统、世音通语音识别系统等。随着3G的发展，大屏幕手机将成主流，无论键盘还是手写，均有各种限制，语音输入法将成为主流输入法，更受欢迎，如讯飞语音输入法、谷歌语音输入法。

3.2.2.4 利用扫描仪输入方式

即OCR输入，是指用扫描仪将印刷文字以图像的方式扫描到MPC中，再用OCR文字识别软件将图像中的文字识别出来，并转换为文本格式的文件，完成文本信息的输入。

（1）扫描仪的用途和实际意义在于：

◇ 可在文档中组织美术品和图片。

◇ 将印刷好的文本扫描输入到文字处理软件中，免去重新打字之麻烦。

◇ 将印制板、面板标牌样品（该板既无磁盘文件，又无菲林软片）扫描录入到计算机中，可对该板进行布线图的设计和复制，解决了抄板问题，提高抄板效率。

◇ 可实现印制板草图的自动录入、编辑，实现汉字面板和复杂图标的自动录入。

◇ 在多媒体产品中添加图像。

◇ 在文献中集成视觉信息使之更有效地交换和通讯。

（2）基本原理：

工作时照射到原稿上的光反射（或透射）到电荷耦合器件（CCD）上，电荷耦合器件本身是由许多单元组成的，因此在接收光信号时将连续的图像分解成分离的点（像素），同时将不同强弱的亮度信号变成幅度不同的电信号，再经过模数转换成为数字信号。扫描完一行后，控制电路和机械部件让扫描头移动一小段距离，继续扫描下一行。扫描得到的数字信号以点阵的形式保存，再使用文件编辑软件将它编辑成标准格式的文件，存储在磁盘上，以便进一步处理。

（3）利用扫描仪获取文本信息的基本过程是：

◇ 安装设备。

◇ 设置扫描仪的扫描属性。

◇ 将需要的文字通过扫描仪以图像的形式扫入计算机，并将其存储在一个图像文件中。

◇ 运行OCR软件。

◇ 打开待识别的图像文件。

◇ 根据提示进行修整。

（4）扫描仪的主要技术指标有以下五个：

① 分辨率。

分辨率是扫描仪最主要的技术指标，它表示扫描仪对图像细节上的表现能力，即决定了扫描仪所记录图像的细致度，其单位为PPI（Pixels Per Inch）。通常用每英寸长度上扫描图像所含有像素点的个数来表示。目前大多数扫描的分辨率在300～2400PPI之间。PPI数值越大，扫描的分辨率越高，扫描图像的品质越好，但这是有限度的。当分辨率大于某一特定值时，只会使图像文件增大而不易处理，并不能对图像质量产生显著的改善。对于丝网印刷应用而言，扫描到6000PPI就已经足够了。

扫描分辨率一般有两种：真实分辨率（又称光学分辨率）和插值分辨率。光学分辨率就是扫描仪的实际分辨率，它决定了图像的清晰度和锐利度的关键性能指标。插值分辨率则是通过软件运算的方式来提高分辨率的数值，即用插值的方法将采样点周围遗失的信息填充进去，因此也被称作软件增强的分辨率。例如扫描仪的光学分辨率为300PPI，则可以通过软件插值运算法将图像提高到600PPI，插值分辨率所获得的细部资料要少些。尽管插值分辨率不如真实分辨率，但它却能大大降低扫描仪的价格，且对一些特定的工作例如扫描黑白图像或放大较小的原稿时十分有用。

② 灰度级。

灰度级表示图像的亮度层次范围。级数越多，扫描仪图像亮度范围越大、层次越丰富，目前多数扫描仪的灰度为256级。256级灰阶中以真实呈现出比肉眼所能辨识出来的层次还多的灰阶层次。

③ 色彩数。

色彩数表示彩色扫描仪所能产生颜色的范围。通常用表示每个像素点颜色的数据闰数即比特位（bit）表示。所谓bit，是计算机最小的存贮单位，以0或1来表示比特位的值，越多的比特位数可以表现越复杂的图像资讯。例如常说的真彩色图像指的是每个像素点由三个8比特位的彩色通道所组成即24位二进制数表示，红、绿、蓝通道结合可以产生224=16.67M（兆）种颜色的组合，色彩数越多，扫描图像越鲜艳真实。

④ 扫描速度。

扫描速度有多种表示方法，因为扫描速度与分辨率、内存容量、软盘存取速度以及显示时间、图像大小有关，通常用指定的分辨率和图像尺寸下的扫描时间来表示。

⑤ 扫描幅面。

表示扫描图稿尺寸的大小，常见的有A4、A3、A0幅面等。

除了以上四种输入方式以外，再给大家介绍一种在多媒体集成工具中导入文本信息的工具——OLE技术。利用 OLE 技术嵌入 Microsoft Word 或书写器对象OLE（Object Link and Embedding）是一种对象链接与嵌入技术。它可以将Windows环境下不同应用程序创建的数据作为对象链接或嵌入到其他的应用程序中。其中提供数据对象的应用程序被称为服务应用程序，链接或嵌入数据对象的应用程序被称为客户应用程序。若在一个文档中含有多个数据对象，就将其称为复合文档。

基本步骤是：

a. 在客户应用程序中直接嵌入服务应用程序。

b. 直接嵌入Word文档。

c. 将文本图形化，并以图像文本的形式插入到多媒体应用系统中。

3.2.3　文本信息在多媒体中的表现形式

1. 设置

文本信息在多媒体中有很多不同的表现形式和使用场合，在处理文本信息时应注意以下几个方面的设置：

（1）选择字体：选择原则是各部分字体统一、字体种类不宜过多、严肃的内容应该选择庄重的字体。

（2）选择字号：字号不宜过小，通常应该使人能够很快地浏览完一个画面的内容。

（3）选择字形：对于重点内容或关键词可以选择特殊的字形，但种类不宜过多。

（4）设置颜色：与整体画面配合和谐，颜色变化不宜过杂。

2. 加工

文本信息在报刊版面中的应用我们可以作以下的加工：

（1）艺术字的使用：标题是版面的眼睛，通过艺术字与图形的组合加工，使标题形状、大小和位置有所变化，增加版面的美感，如图3-9所示。

（2）文本框的使用：在编排报刊类文档时，经常用到能在版面中灵活放置文本的工具——文本框。它可以实现横排或竖排，通过与空格的结合使用，排出不同形状效果，如图3-10所示。

（3）图形对象的组合：排版时通常需要把若干的图形对象、艺术字、文本框等组合成一个大的对象，以方便整体的移动等排版操作。操作方法是按住Ctrl键不放，单击要组合的各个对象，单击鼠标右键，选择“组合”按钮，将选中的内容组合到一起，如图3-11所示。

图3-9 艺术字的使用

图3-10 文本框的使用

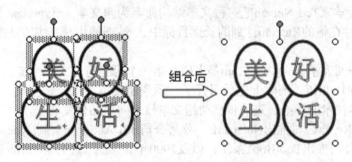

图3-11 图形对象的组合

3.3 文本信息的编辑处理

在多媒体应用系统的制作中，也需要对文本内容进行修改，因此在多媒体集成工具中都提供了文本编辑功能，比如，剪切、复制、粘贴、插入、删除等。实际上对文本的编辑处理还包括对其进行格式化。

格式化文本包括设置字体、字形、字号、颜色、字间距、行间距、段落格式等。具体实现方法有两种：

（1）利用OLE功能链接相应的服务应用程序。

（2）在专门的文本编辑软件中格式化后，利用屏幕拷贝功能将其转换成图像，然后再导入多媒体应用系统的画面中。

常见的文本加工软件有很多，如Word、WPS、写字板、北大方正等。Word是微软公司Office系列办公组件之一，是目前世界上最流行的文字编辑软件。使用它我们可以编辑信函、论文、报告、通知、书籍、杂志、报纸，也可以编排出精美的板报等。

3.4　超文本和超媒体技术

超文本和超媒体是多媒体计算机中的一项重要技术。这主要是应信息处理的需要而发展起来的。特别是在多媒体系统中有大量文本、数据、图像、声音等信息要处理，对处理的功能也要求更高。靠以往组织信息线性的和顺序的方法已完全不能适应，迫切需要一种更符合人类记忆的联想方式的非线性网状的结构来组织并实现快速检索，这就是我们要谈的超文本技术。超文本（Hypertext）这一概念尽管很早就被人们提出来了，但真正得到快速发展还是伴随多媒体的进步而来的。目前已在电子出版物、信息管理系统及工业控制中得到广泛应用。

3.4.1　超文本和超媒体的基本概念

3.4.1.1　超文本技术的发展史

超文本思想最早由美国V.Bush提出，他在20世纪30年代即提出了一种叫做Memex（memory extender，存储扩充器）的设想，预言了文本的一种非线性结构，1939年写成文章"As We May Think"，于1945年在《大西洋月刊》发表。

1954年，美国科学家V.Bush提出了一种文本的非线性网络结构概念，并设计了一种被称为"Memex"的系统。

1965年，科学家Ted Nelson把这种文本结构命名为超文本（Hypertext），而且开始实现这个想法，并在他的Xanadu计划的长远目标中，试图使用超文本方法把世界上文献资料联机。

1967年，布朗大学 Andy van Dam等人研制第一个可运行超文本系统。

从1987年到1990年，国际上先后召开了一系列超文本技术专题会议，ISO等国际组织也制定了超文本技术的标准，进一步推动超文本技术向商品化发展。

1987年，Xerox公司推出Notecards，苹果公司Bill Atkinson研制Hypercard；1991年，美国Asymetrix公司推出ToolBook系统；以及1990年，位于日内瓦的欧洲量子物理实验室CERN开发的运行于Internet基于超文本标记语言HTML的WWW技术，代表了超文本在多媒体领域的成功应用和超文本系统逐渐走向成熟的发展时期。

3.4.1.2　超文本和超媒体的基本概念

1. 超文本

传统的信息形态，如一本书、一篇文章或一段计算机程序等都称为文本（Text）信息，它们共同的特点是在组织上是线性的和顺序的。这种线性结构体现在阅读文本时必须是按固定的顺序一页一页地有次序地进行，读者没有选择阅读内容的余地。随着人类进入信息化社会，信息与数据呈爆炸式增长，现有信息的存储与检索机制越来越不足以使其得到全面而有效的利用，尤其不能像人类思维那样，通过"联想"来明确信息内部的关联性，而这种关联却可以使人们了解分散存储在不同位置信息间的连接关系及相似性。因此，迫切需要一种技术或工具，这种技术或工具可以建立起存储于计算机网络中信息之间的链接结构，形成可供访问的信息空间，使得各种信息能够得到更广泛的应用。

　　人类的记忆是层次网状结构，知识的获取采用联想方式，不同的联想检索必然会导致选择不同的路径。尽管我们可能对某一对象具有相同的概念，但由于文化基础和受教育背景，以及时间、地点的不同，产生联想的结果也就千差万别，这种联想方式实际上表明了信息的结构空间及其动态时间特性。显然，这种互联的网状信息结构用普通的文本是无法管理的，必须采用一种比文本更高层次的信息管理技术，即超文本（Hypertext）。

　　超文本就是类似于人类联想思维的一个非线性的网状结构，没有固定的顺序，也不需要读者必须按某个顺序去阅读。它以节点作为一个信息块，按需要用一定的逻辑顺序链接成非线性的网状结构，提供联想、跳跃式的查询能力，极大地提高获得知识和信息的效率。同时，一般出版物多限于文字和图形，而超文本节点还可以提供声音、图像、动画和动态视频，甚至计算机程序。一般文献的组织和相互参照结构在印刷时就已经定型，而超文本的链和节点则可以动态改变，各个节点中的信息也可以更新，可将新节点加入到超文本结构中，也可以加入到新链路中来反映新的关系，形成新的结构，从老的文献中产生出新的文献。

　　一个典型的超文本系统还应具有一个用于浏览节点、防止迷路的交互式工具，即浏览器，它可以帮助用户在网络中定向和观察信息是如何连接的。在一个由千百个节点组成的超文本网络中，迷路是经常发生的，这时浏览工具就可以帮助用户在网络中寻路和定位。这种良好的交互特性，只有计算机才可能实现，传统印刷文本是无能为力的。因此，可以认为超文本是一种信息管理技术，它以节点作为基本单位。

　　超文本的格式有很多，目前最常使用的是超文本标记语言（Hyper Text Markup Language，HTML）及富文本格式（Rich Text Format，RTF）。我们日常浏览的网页上的链接都属于超文本。

　　随着计算机技术的发展，节点中的数据不仅仅可以是文字，而且还可以是图形、图像、声音、动画和动态视频甚至是计算机程序或它们的组合，这就形成了超媒体。

　　2. 超媒体

　　虽然超文本技术在信息存储、查询、浏览以及知识表达方面相当灵活，而且更适应人的思维和习惯，缩小了计算机和人脑的距离，但由于超文本技术只能处理文本信息，在多媒体信息越来越丰富的今天就显示出它的局限性了。随着多媒体技术的发展，各种各样多媒体接口的引入，使表达信息的形式扩展到用视觉和听觉甚至触觉来表现。多媒体的表现是具有特定含义的，它是一组与时间、形式和媒体有关的动作定义。多媒体表现的交互式特性，可提供用户控制表现过程和存取所需信息的能力，而多媒体和超文本的结合大大改善了信息的交互程度和表达思想的准确性，多媒体的表现又可使超文本的交互式界面更为丰富。

　　简单地说，超媒体＝超文本＋多媒体。 超媒体在本质上和超文本是一样的，只不过超文本技术在诞生的初期管理的对象是纯文本，所以叫做超文本。随着多媒体技术的兴起和发展，超文本技术的管理对象从纯文本扩展到多媒体，为强调管理对象的变化，就产生了超媒体这个词。超媒体是超文本和多媒体在信息浏览环境下的结合。它是对超文本的扩展，除了具有超文本的全部功能以外，还能够处理多媒体和流媒体信息（更多内容可参阅有关资料）。

　　超文本是超媒体的一个子集，而超媒体又是多媒体的一个子集。超文本只是超媒体中以结点为文本信息的一种特例。超媒体是一种内涵更丰富的信息管理技术，它只是多媒体诸多要素中的一个重要组成部分。在多媒体快速发展的今天，人们在使用中已将超文本与超媒体视为同一回事。

3.4.1.3 超文本的分类

（1）微文本，又称小型超文本，是一种在节点之间具有明显链接的文本，它支持对结点信息的浏览。

（2）宏文本，又称大型超文本，它的超链存在于许多不同的文本之间，而不是在一个文本之内，它支持对宏节点的查找与索引。

（3）组文本，是由若干人协同创建或存取的文本。运用组文本可实现"你所见即我所见"的屏幕处理能力。

（4）专家文本，也称动态文本，它是把人工智能的原理结合到超文本系统中的文本。具体的也有智能微文本、智能宏文本和智能组文本的形式。

3.4.1.4 超文本的主要特点和基本特征

1. 超文本主要特点

（1）多种媒体信息。超文本的基本信息单元是节点，它可以包含文本、图形、图像、动画、音频和视频等多种媒体信息。

（2）网络结构形式。超文本从整体来讲是一种网络的信息结构形式，按照信息在现实世界中的自然联系以及人们的逻辑思维方式有机地组织信息，使其表达的信息更接近现实生活。

（3）交互特性。信息的多媒体化和网络化是超文本静态组织信息的特点，而交互性是人们在浏览超文本时最重要的动态特征。

2. 超文本系统的基本特征

（1）超文本的数据库是由"声、文、图"类节点或内容组合的节点组成的网络，内容具有多媒体化。

（2）屏幕中的窗口和数据库中的节点具有对应关系。

（3）超文本的设计者可以很容易地按需要创建节点、删除节点、编辑节点等，同样也可生成链接、完成链接、删除链接、改变链接的属性等操作。

（4）用户可以对超文本进行浏览和查询。

（5）具备良好的扩充功能，接受不断更新的超媒体管理和查询技术，为作者提供新的写作途径。

3.4.2 超文本和超媒体的体系结构

3.4.2.1 超文本的体系结构模型

超文本与超媒体系统的两个模型：

（1）HAM模型：

1988年，由Campbell和Goodman提出HAM（超文本抽象机）模型。HAM模型把超文本系统划分为3个层次：用户界面层、超文本抽象机层、数据库层，如图3-12所示。

① 数据库层。

超文本实质上是一种链式的数据库存取方法，比普通的数据库管理系统更

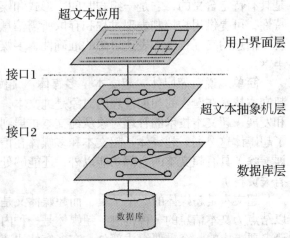

图3-12 超文本和超媒体的HAM模型体系结构

简单。数据库层提供的功能是存储、共享数据和网络访问，处于三层模型的最底层。

其特点是：

◇ 数据库层要保证信息的存取操作对于高层的超文本抽象机来说是透明的。

◇ 数据库还要处理其他传统的数据库管理问题，诸如多用户并发访问、安全、版本问题等。

◇ 与传统数据库不同的是增加了对节点、链的索引与查询。

② 超文本抽象机层。

超文本抽象机层介于数据库层和用户界面层中间，决定超文本系统节点和链的基本特点。它标识每个节点，记录了节点之间链的关系，保存链的类型、链源、链宿等信息，并保存有关节点和链的结构信息，控制数据库层按指定的结构存储、访问数据。超文本抽象机层也决定了超文本系统之间交换信息的能力，在不同的超文本系统之间相互传送或接收信息。超文本抽象机层是实现超文本输入输出格式标准化转换的最佳层次。因为数据库层存储格式过分依赖机器，用户界面层各系统风格差别很大，很难统一，因此需要这样的中间层实现格式的转换。超文本抽象机层可理解为超文本概念模式，它提供了对数据库下层的透明性和对上层用户界面层的标准性。

③ 用户界面层。

用户界面层又称为表现层。负责处理超文本抽象机层中信息的表现，包括用户可以使用的命令，超文本抽象机层信息如何展示，是否要包括总体概貌图来表示信息的组织，以便及时告知用户当前所处的位置等。目前流行的界面风格有命令语言、菜单选项、表格填充、直接操作、自然语言等几类。

（2）Dexter模型。

1988年10月，在美国新罕布尔州的Dexter饭店发起组织了一个研究超文本模型小组，致力于超文本标准化的研究，以后逐渐形成了一个超文本参考模型，简称为Dexter模型，如图3-13所示。

① 成员内部层。

成员内部层描述超文本中成员的内容和结构，对应于各个媒体单个应用成员。从结构上，成员可由简单结构和复杂结构组成。简单结构就是每个成员内部仅由同一种数据媒体构成，复杂结构的成员内部又由各个子成员构成。

② 定位机制。

成员内部层和存储层之间的接口称为定位机制，其基本成分是锚。锚由两部分组成：锚标识和锚值。锚标识是每个锚在成员范围内的标识符，它可以唯一地标识跨越由多个超文本组成的整个网络的成员。

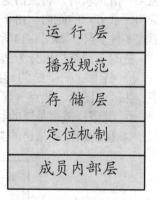

图3-13　超文本和超媒体的
Dexter模型体系结构

③ 存储层。

描述成员之间的网状关系。每个成员都有一个唯一的标识符，称为UID。存储层定义了访问函数，通过UID可以直接访问到该成员。另外，存储层还定义了由多个函数组成的操作集合，用于实时地对超文本系统进行访问和修改。

④ 播放规范。

介于存储层和运行层之间的接口，称为播放规范，它规定了同一数据呈现给用户的不同表现性质，提供确定各个成员在运行时表现的视图和操作权限等内容。

⑤ 运行层。

运行层描述支持用户和超文本交互作用的机制，它可以直接访问和操作在存储层和成员内部层定义的网状数据模型。运行层为用户提供友好的界面。

3.4.2.2　超媒体系统内部的组成

超文本是一种典型的数据库技术，是由节点和表达式之间关系的链组成的信息网络，节点、链、网络、宏节点和热标是组成超媒体的五个要素。

（1）节点（Node或结点）。

是超文本表达信息的一个基本单位，是围绕一个特殊主题组织起来的数据（媒体）集合，它是一种可激活的材料，能表现在用户面前，并且还可以在其中嵌入链，使它能与网络中其他节点相链接。节点大小可变，可以是一个信息块，也可以是信息的一部分，如空间屏幕中某一小的显示区。节点的大小由实际条件决定。节点的内容可以是文本、图形、图像、音频、视频等，也可以是一段程序。导致节点迁移的原因称为链源。文本中的链源称为热字，图像中的链源称为热区。

节点有多种分类方式，按照表现形式可分为：

◇ 表现型：记录各种媒体信息，按其内容不同又可分为文本节点和图文节点等。

◇ 组织型：用于组织并记录节点间的链接关系，起索引目录的作用，是连接超文本网络结构的纽带，即组织节点的节点。

（2）链（link）。

也是组成超文本的基本单位，形式上是从一个节点指向另一个节点的指针，本质上表示不同节点上存在着的信息的联系。链连接着两个节点，它通常是有向的。当用户主动点触某一信息块时，将激活这条链，从而迁移到目的节点。链提供了在超文本结构中进行浏览和探索节点的能力。由于超文本没有规定链的规范与形式，因此目前各超文本系统的链形式多种多样，如图3-14所示。

链的一般结构可分为链源、链宿及链的属性三个部分。

◇ 链源：一个链的起始端称为链源。链源是导致节点信息迁移的原因，可以是热字、热区、图元、热点、媒体对象或节点等。

◇ 链宿：链宿是链的目的所在，在超文本中链宿一般为一个节点。

◇ 链的属性：指链的类型、版本和权限等。

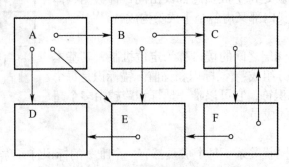

图3-14　具有6个节点和9条链的超文本结构示意图

链的几种类型：

◇ 顺序链，将超文本中的节点按照基本顺序连接在一起，使节点信息在总体上呈现线性结构，如图3-15所示。

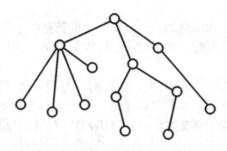

图3-15 顺序链

◇ 结构链，是构成超媒体的主要形式，在建立超媒体系统前需创建基本结构链，它的特点是层次分支明确，如图3-16所示。

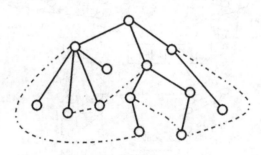

图3-16 结构链

◇ 交叉索引链，将超文本中的节点组织成交叉的网状结构，用热字、热区或热点作为索引链源，链宿为目标节点。它是超文本所特有的，它实现节点的"点"、"域"之间的链接，如图3-17所示。

图3-17 交叉索引链

◇ 节点内注释链，是一种指向节点内部附加注释信息的链。链源可以是热字、热区或热点等，链宿为一注释体，是一个单媒体对象。

◇ 推理链，用于系统的机器推理与程序化。

◇ 隐形链，又称关键字链或查询链。为超文本中的每个节点定义一个或多个关键字，通过对关键字的查询操作即可驱动相应的目标节点。

◇ 执行链，又称按钮，它将超文本系统与高级程序设计生成一个接口，触发按钮可以启动一个计算机程序，以完成特殊的操作。

（3）网络（Web）。

用链把各个节点连接起来就形成了网络（Web）。这种由节点和链构成的网是一个有向图，它与人工智能中的语义网有类似之处。网络的一部分称作子网。它是超文本网络中的一个节点群，有时也把它叫做宏节点。宏节点的概念十分有用，因为当超文本网络非常大时，仅通过一个层次的超文本网络管理会很复杂，因此分层是简化网络拓扑结构的有效方法。

网络具有如下特性功能：

◇ 超文本的数据库是由声、文、图各类节点组成的网络。

◇ 屏幕中的窗口和数据库中的节点是一一对应的。

◇ 支持标准窗口的操作。

◇ 窗口中可含有许多提示符。

◇ 作者可以很容易地创建节点和链接新的节点的链。

◇ 用户对数据库进行浏览和查询。

（4）宏节点。

宏节点是指链接到超文本网络的一个有某种共同特征的子集（子网）。宏节点的引入虽然简化了Web网络结构，但却增加了管理与检索的层次，并且跨越网络的超链接将需要更复杂的协议支持。

宏节点把大的网络分层，简化网络拓扑结构，方便导航等网络管理，是链接在一起的结点群，就是超文本网络的一部分，即子网。用宏文本（Macro text）和微文本（Micro text）概念来表示不同层次的超文本。在计算机网络中，很多超媒体的Web网分散在多台计算机中，这些Web网称为宏节点或者文献，它们之间通过跨越计算机网络的链进行链接，如图3-18所示。

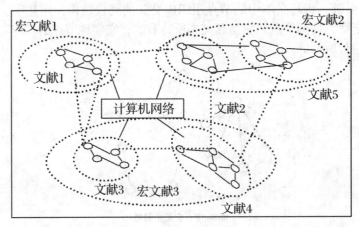

图3-18　宏节点示意图

（5）热标。

热标是超媒体中特有的元素，它确定相关信息的链源，通过它可以引起相关内容的转移。热标可分为热字、热区、热元、热点和热属性五类。

① 热字：热字往往存在于文本当中，把需要进一步解释和含有特殊含义的字、词或词组做成带下划线和特别颜色，与其他内容区别开来，而各保留字和转移目的却不显示出来，读者通过点击这些热字可得到进一步的解释和说明，如图3-19所示。

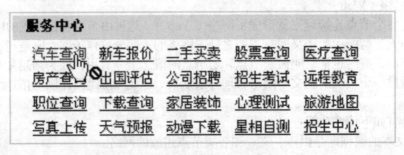

图3-19　浏览器的一个文本热字框

② 热区：它是在图像等静态视觉媒体节点中某一感兴趣的区域，作为触发转移的源点。通常使鼠标标识在进入热区时变形为一种多边形，用户便知道可以转移到另一幅能够更详尽地描述当前图像部位的新图片。如图3-20所示就是网页中一幅分为多个热区的地图，对于不同的省份，对应的地方就是一个热区，当单击某个热区时，就会打开对应省份的详细信息的目标节点。

图3-20　典型热区示意图

③ 热元：主要用于图形节点。由于图形的最基本单位是图元（如一个图、一条线、一个圆等），当图形在超媒体页面中移动时，图元跟着移动。如果为了在另一幅图形中详细描述本图形的某一部分，便可用热元的形式与转换的目标图形相链接。热元在CAD工程设计中的建筑图注释、机器设备联机维护手册等方面有广泛的用途。图3-21则是网页上利用图像作为一组热元的示例，单击某一个图片就可以打开相应的目标节点窗口。

图3-21　浏览器的一个图像热元框

④ 热点：热点是对于具有时间特性的媒体节点而言的，如动画、视频、声音节点，如果用户对其中某一段时间内的信息感兴趣，就记录下这段时间的起止，把这一段（或几帧）信息称为热点。比如，有一段视频影像介绍黄山上的四季美景。用户想要了解仲秋时节的景象，可在时间轴上设定一个[b, a, c]的敏感区间，其中a为仲秋时节，b、a、c按时间顺序排列。那么，用户触发[b, a, c]区间内任一点都有效，都可以调出仲秋前后季节黄山的景色，如图3-22所示。

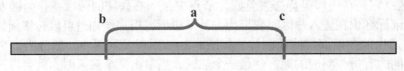

图3-22 热点示意图

⑤ 热属性：热属性是将关系数据库中的属性作为热标来使用。由于数据媒体是一种特定的格式化符号数据，故可把热标定为一个属性，用特定的保留属性字方法指明热标触发后表现的内容。如用 IMAGE属性表示后继各元组中该属性字符为图像对象名。属性中的元组有多个，每个元组又对应不同的内容，所以在把属性当做热标时，要对每一个元组都指明不同的链。

3.4.3 超文本和超媒体的文献模型

文献是文章或文本的组合，它比一般文章和文本带有更多的存储、保留的意味，一旦定形后，静态性较强。超文本的文献模型侧重于超文本的基本特征和一般的层次性结构的描述，它是一种多媒体数据的层次（树状）模型，它的一般结构包括内容组织和版面安排两个方面。

内容组织指如何组织和构造文献的信息内容；版面安排是相对内容的表现形式来说的，即文献的各部分内容如何安排在每一页面（屏幕）上。如把一本书当做文献来看，其内容组织主层次结构是：文献（内容）→章→节→小节→段落（内容实体）。内容实体可以是一段文字或是一个图表。可把版面安排也层次化，以便和内容组织对应，可以分成：文献（版面）→页/整屏→框架/窗口→块/子窗口（内容实体）。

文献模型的基本任务有：

（1）能够表示多媒体文献的内容层次性。

（2）能够表示多媒体文献的版面布局。

（3）能够表示多媒体文献的时间布局。

（4）能够将内容和布局对应起来。

超文本和超媒体的文献模型主要有以下两种模型：ODA和HyTime。

3.4.3.1 ODA模型

是ISO在1988年公布的标准化文献模型，为辅助办公文献的表示和交互而设计，提供了文献的静态描述，以及与其他文献格式的接口。ODA文献结构是层次的、面向对象的，描述ODA文献的结构有：

（1）逻辑结构和布局结构，体现内容与表现的关系，每个文献都有具体的逻辑结构和布局结构。文献的内容层次性用逻辑结构描述，它首先按文献内容划分成逻辑目标，逻辑目标可以是一个一般项，如书中的一节、标题、段落等。文献的版面安排用布局结构描述。它按内容划分为页集、页和页中方框区域，其中定义有嵌套区域的方框区域称为框架，最底层的区域称为块。块是唯一有内容与之相关联的区域。具体结构如图3-23所示。

（2）一般结构和具体结构，体现面向对象的性质，每个文献都有具体的（Specific）逻辑结构和布局结构，而具体结构的建立是由相应的一般（Generic）结构控制的。一般结构是一系列关于对象的定义（对象分为逻辑对象集合和布局对象集合），每个网页结点的对象定义都有一个属性"从属产生器"，用来说明对象如何由其子对象构成，如图3-24和图3-25所示。

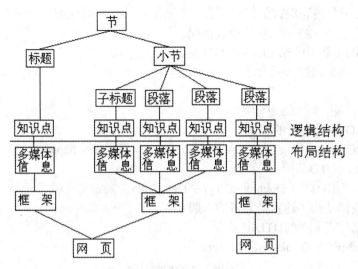

图3-23 逻辑结构和布局结构对应关系

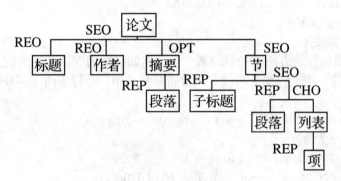

图3-24 一般逻辑结构

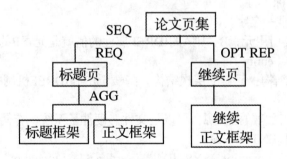

图3-25 一般布局结构

3.4.3.2 HyTime模型

全称Hypermedia Time-based Structuring Language，时基超媒体结构化语言，是一种标准的中性标记语言，用以表示超文本、多媒体、超媒体和时基文献的逻辑结构。1986年由ANSI的一个工作组开发，1992年被ISO采纳成为ISO国际标准。HyTime基于SGML，用HyTime表示的文献与ISO SGML完全一致，HyTime扩展了SGML，使SGML更具抽象性、中立性，且增加了许多关于多媒体应用方面的考虑。

1. SGML

这是标准通用标记语言，它制定了标记语言的标准，奠定了其他超文本标记语言的基础。SGML是标记和内容混排的排版语言。SGML用国际标准化的"标签"（tap）语法来标记一个数据合成体中各块信息的组成情况。

（1）SGML元素（可标记的逻辑体）。

       <元素名> 数据 </元素名>

        ↑   ↑

      起始标签   结束标签

例：一个BOOK类元素的实例

<Book> <Chapter> 数据 <\ Chapter > < Chapter > 数据 < /Chapter ></ Book >

（2）SGML DTD。

在SGML中，用DTD（Document Type Definition）来定义文献（元素）的类型，描述其内部的一般逻辑结构。这就是元素的一般定义。

例："book"类元素的DTD定义

<! ELEMENT Book——（Chapter+）>

<! ELEMENT Chapter ——（Title，Section+）>

<! ELEMENT Title|Section——CDADA>

其中+表示一个或多个。

（3）SGML属性。

SGML用"属性"的方法来表示对某一个元素的必要的非结构化的信息。属性由"属性名"和"属性值"组成。属性名包含在起始标签里面，是标签的一部分而不是数据的一部分。

<Book author="JOGN">…（Chapter）…</Book >

相应地，DTD变为：

<! ELEMENT Book——（Chapter+）>

<! ATTLIST Book author CDATA #REQUIRED>

（4）SGML唯一标识符。

ID：元素本身的唯一名字。

IDREF：元素A要引用元素B，则A的IDREF属性的值就是元素B的ID。

（5）SGML实体（entity）。

◇ SGML支持的结构：元素的层次结构；隐藏于ID和IDREF机制中的有向图式的任意结构；实体结构。

◇ 实体结构：指任意数据资源，可以是文件、硬件子系统、存储缓冲区等。

◇ 定义形式：<! ENTITY...>

例：<! ENTITY "myentity" SYSTEM "user/local/text/myentity">

如果发现"&myentity;"字样，就会启动SGML来引用该实体。

2. Hytime/SGML：元DTD

SGML是Hytime的基础，Hytime利用称为"SGML结构形式"的形式，提高了SGML的抽象性和中立性，可以更好地表示多媒体文献系统的特性。

（1）元DTD。

为解决不同用户开发的DTD间的兼容性问题，提出的更高层次的抽象。它并不描述一个DTD，而在人们建立DTD是给予严格的格式指导，元DTD是一系列组织和包装好了的"SGML结构形式"的构成。

（2）Hytime的3种基本逻辑结构（P–209–）。

◇ SGML层次性元素结构。

◇ Hytime超链接。

◇ Hytime调度结构（时间表：不一定指时间，还可以是任何与数据相关联的约束或说明范畴）。

3.4.4 超文本和超媒体技术存在的问题和发展前景

3.4.4.1 超文本与超媒体存在的问题

超文本与超媒体是一项正在发展中的技术，虽然它有许多独特的优点，但也存在许多不够完善的方面。

（1）信息组织：超文本的信息是以节点作为单位。如何把一个复杂的信息系统划分成信息块是一个较困难的问题。例如一篇文章，一个主题，又可能分成几个观点，而不同主题的观点又相互联系，而为这些联系分割开来，就会破坏文章本身表达的思想。这样，节点的组织和安排就可能要反复调整和组织。

（2）智能化：虽然大多数超文本系统提供了许多帮助用户阅读的辅助信息和直观表示，但因超文本系统的控制权完全交给了用户，当用户接触一个不熟悉的题目时，可能会在网络中迷失方向。要彻底解决这一问题，还需要研究更有效的方法，这实际上是要超文本系统具有某种智能性，而不是只能被动地沿链跳转。超文本在结构上使人工智能有着相似之处，使它们有机地结合将成为超文本与超媒体系统的必然趋势。

（3）数据转换：超文本系统数据的组织与现有的各种数据库文件系统的格式完全不一样。引入超文本系统后，如何为传统的数据库数据转换到超文本中也是一个问题。

（4）兼容性：目前的超文本系统大都是根据用户的要求分别设计的，它们之间没有考虑到兼容性问题，也没有统一的标准可循。所以要尽快制定标准并加强对版本的控制。标准化是超文本系统的一个重要问题，没有标准化，各个超文本系统之间就无法沟通，信息就不能共享。

（5）扩充性：现有的超文本系统有待于提高检索和查询速度，增强信息管理结构和组织的灵活性，以便提供方便的系统扩充手段。

（6）媒体间协调性：超文本向超媒体的发展也带来了一系列需要深入研究的问题，如多媒体数据如何组织，各种媒体间如何协调，节点和链如何表示；对音频和视频这一类与时间有密切关系的媒体引入到超文本中，对系统的体系结构将产生什么样的影响，当各种媒体数据作为节点和链的内容时，媒体信息时间和空间的划分，内容之间的合理组织，都是在多媒体数据模型建立时要认真解决的问题。

3.4.4.2 超文本与超媒体发展前景

"超媒体"开创了"整合资源"的新模式，是新媒体意识与新商业思维的有机聚合。随着3G网络为代表的核心技术的推广引用，我国即将进入"动网文化产业"新时代，传统的文化产业业态将发生根本转变，传媒业也将突破传统媒体的单一形态，朝着"超媒体"方向发展，即实现报纸、广播、电视、杂志、音像、电影、出版、网络、电信、卫星通信等媒介形式深度融合系统开发，实现信息跨媒共享、资源跨行配置、文化跨域交流，并且凸显以媒体为核心的关联产业涟漪式发展。

超媒体是对传统视频通讯技术的发展。在人际交流中，除音频、视频之外，其他形式的信息所占比例越来越大，如电子课件、气象云图、医学图片等，都需要超媒体提供全面的技术支持。超媒体与多媒体的不同在于：前者是由文字、图像、图形、视频和音频五种媒体元素组成的，后者仅包含视频、音频和文字三种元素。超媒体技术是将上述五种媒体元素与Web应用、远程协作、信息播放与存储等技术相结合，共同为用户提供服务的技术。

　　超媒体可以为用户提供更高的人机交互能力，用户可以根据自己的兴趣与信息需要设定路径和速度，甚至修改内容或对内容加注解，可以任意从一个文本跳到另一个文本，并且激活一段声音，显示一个图形，甚至播放一段视频。因此，从本质上讲，超媒体是一种交互式多媒体，而交互式多媒体不一定都是超媒体。它不仅是一种人机交互技术，还涉及内部结构等多方面的整合改造。从应用上讲，超媒体更接近人的思维。通过超媒体，可以提供比超文本链接层次更高的响应，实现更为便利直观的双向交流。

　　超媒体和超文本都以非线性方式组织信息，本质上具有同一性。由于二者都与多媒体密切相关，因而容易混淆。在超文本中，信息的主要形态是文本和图形，以节点形式存储信息，实现相关节点间的非线性、联想式检索。而超媒体是一种在一条条信息间创建明确关系的方法，它把超文本的含义扩展为包含多媒体对象，而且能够实现音频与视频信号的同步。因而，较之超文本，超媒体处于更高层次的"生态位"，它利用超文本技术来管理多媒体信息，成为支持多媒体信息管理的主脑；它能够组织的信息对象繁多，是媒体中的"巨无霸"，完全可以视作"超级媒体"。

3.5　习题

1. 常用文本文件有哪些类型？
2. 文本信息的获取方法有哪几种，分别有什么特点？
3. 扫描仪主要的技术指标有哪些？
4. 什么是超文本？什么是超媒体？
5. 超文本与超媒体系统的两个模型是什么，分别有什么样的体系结构？
6. 超文本与超媒体的发展前景如何？

第4章　音频信息处理技术

4.1　基本概念

声音是通过空气传播的一种连续波，称为声波，有三个要素：音调、音色和音强。

（1）音调：代表了声音的高低。音调与频率有关，频率越高，音调越高，反之亦然。大家也许有这样的经验，当提高磁带录音机的转速时，其旋转加快，声音信号的频率提高，其喇叭放出来的声音音调提高了。同样，在使用音频处理软件对声音的频率进行调整时，也可明显感到音调随之而产生的变化。各种不同的声源具有自己特定的音调，如果改变某种声源的音调，则声音会发生质的改变，使人们无法辨别声源本来的面目。

（2）音色：即特色的声音。声音分纯音和复音两种类型。所谓纯音，是指振幅和周期均为常数的声音；复音则是具有不同频率和不同振幅的混合声音。大自然中的声音绝大部分是复音。在复音中，最低频率的声音是"基音"，它是声音的基调。其他频率的声音称为"谐音"，也叫泛音。基音和谐音是构成声音音色的重要因素。各种声源都具有自己独特的音色，例如各种乐器的声音、每个人的声音、各种生物的声音等，人们就是依据音色来辨别声源种类的。

（3）音强：声音的强度，也被称为声音的响度，常说的"音量"也是指音强。音强与声波的振幅成正比，振幅越大，强度越大。唱盘、CD激光盘以及其他形式声音载体中的声音强度是一定的，通过播放设备的音量控制，可改变聆听时的响度。

4.1.1　声音信号的基本参数

（1）音频：就是声音的电子重现，带宽为20Hz~20kHz的信号称为音频（Audio）信号。

◇ 模拟音频：声音是机械振动。振动越强，声音越大，话筒把机械振动转换成电信号，模拟音频技术中以模拟电压的幅度表示声音强弱。模拟声音在时间和幅度上是连续的。

◇ 声音信号由许多频率不同的信号组成。

例如，用声音录制软件记录的英文单词"Hello"的语音实际波形，如图4-1所示。

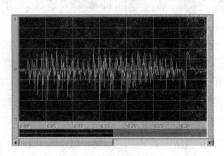

图4-1　模拟音频信号

音频信号可分为两类：语音信号和非语音信号。语音是语言的物质载体，是社会交际工具的符号，它包含了丰富的语言内涵，是人类进行信息交流所特有的形式。非语音信号主要包括音乐和自然界存在的其他声音形式。非语音信号的特点是不具有复杂的语义和语法信息，信息量低，识别简单。

（2）频率：每秒变化的次数，单位Hz。

◇ 亚音信号（Subsonic）　　　< 20 Hz

◇ 音频信号（audio）　　　　20 Hz ~ 20 kHz

◇ 话音（speech）信号　　　　300 Hz ~ 3.4kHz

◇ 超声波（ultrasonic）　　　> 20 kHz

（3）带宽：它用来描述组成复合信号的频率范围。目前常见的音频信号的频率范围如图4-2所示，由图可见：电话信号的频带为200 Hz ~ 3.4 kHz，调幅广播（AM）信号的频带为50 Hz ~ 7 kHz，调频广播（FM）信号的频带为20 Hz ~ 15 kHz，高保真音频信号的频带为10 Hz ~ 20 kHz。

图4-2　常见音频信号的频率范围

（4）幅度（强度）：表现声音的大小。

◇ 参照声：人耳所能觉察的最弱音，$2.83 \times 10\text{-}4$ dyn（达因）/cm2。

◇ 声音强度：声音与参照声之间的差值，以分贝为单位：dB=20lg（A/B）。

◇ 大多数人感觉痛苦的极限为100~120dB。

4.1.2　音频特性

4.1.2.1　掩蔽特性

（1）听觉掩蔽：在人类听觉系统中，一个声音的存在会影响人们对其他声音的听觉能力，使一个声音在听觉上掩蔽了另一个声音，即所谓的"掩蔽效应"。由于掩蔽声的存在，使被掩蔽声的闻域（人刚好可听到声音的响度）必须提高的分贝数被定义为一个声音对另一个声音的掩蔽值。掩蔽效应受四种要素的影响：时间、频率、声压级、声音品质（例如，纯音和噪音）。

（2）频谱掩蔽：频谱掩蔽发生在高电平音调使附近频率的低电平声音不能被人耳听到的情况下。当频率离掩蔽音调越远时，掩蔽效应减弱的速度就越快。可以这样来解释这种效应，雪橇上的铃声可以掩蔽高音碰撞的声音，但不能掩蔽低音鼓的声音。

（3）瞬态掩蔽：声音有一个冲击时间（即幅值随时间推移而增大的时间段）和一个衰退时间（即幅值随时间推移而减小的时间段）。拨小提琴所产生声音的冲击和衰退都很快，而拉小提琴所产生声音的冲击和衰退都很慢。此外，在冲击前和衰退后，声音都有掩蔽效应。前掩蔽时间为50 ~ 200 ms，而后掩蔽时间约为该范围的1/10。

4.1.2.2　失真特性

失真是用得非常广泛的概念，在这里主要用来描述重现声音和原来声音的相差程度。而表示这种相差程度的方法有两种：

（1）失真的主观度量：失真的一个主观评价指标称为平均意见评分（Mean Opinion Score，MOS）。听众根据系统质量的好坏使用N分制给系统打分。例如，在为HDTV选择音频压缩方案时就使用了这种度量方法。表4-1给出了一种常见的5分制系统。

表4-1　常见的5分制系统

平均意见评分	质量等级	主观感觉
5	极好	觉察不到
4	好	觉察得到，但不难听
3	一般	有点难听
2	差	难听，但不反感
1	极差	难以忍受

一方面，MOS确实是度量音频重现的最低限度；另一方面，度量的结果随听众、测试位置和原材料的不同而不同，因此，很难将一组结果和另一组结果相比较。

（2）失真的客观度量：失真的客观度量是一种可以校准和重现的测试，它可对原始信号和重现信号之间的差别进行度量。这里有个问题，就是失真的绝对大小也许和失真声音使人厌烦的程度没有多大关系。现实生活中有一个失真的例子，我们几乎每天都会碰到，但它并不是那么令人厌烦，这个例子就是削波。如果一个纯音（正弦波）通过一个动态范围不足的放大器，那么，放大器也许会将该正弦波的波峰和波谷拉平，这样就产生了一组奇谐波。对于这种类型的失真，原始（或基波）信号和失真之间有一种一致的对应关系，因此，这种失真并不一定使你感到烦躁。

4.1.2.3　声道

单声道（Monophonic）意味着单个声源，而立体声并不表示有两个声源，立体声（Stereophonic）指的是三维听觉效果。为了确定声源位置，大脑要将每个耳朵所听到声音的三个属性进行比较，这三个属性分别是：

（1）幅值（Amplitude）：　如果左耳听到的声音比右耳的大，那么我们就认为声音在左边。

（2）相位（Phase）：　如果人的两耳听到的信号具有相同的相位，那么大脑就认为声音在中部；如果两耳听到信号有180°的相位差，那么声音就不包含方向信息了。

（3）时序（Timing）：声音的传播速度为1英尺／毫秒；如果声音到达右耳的时间比到达左耳的早，我们就认为声源就在右边。

一般来说，如果听众所处的位置刚好是两个声源（例如两个扬声器）的中轴线上，则听众就可以享受三维立体声的效果；否则，听众就会失去完全的立体声效果，因为他距离其中一个声源的距离更短。

声源位置可以通过添加一个中央通道的方法来确定。为此，Dolby公司在20世纪70年代就实现了由四个声道产生三维立体声的效果，这四个声道分别是：左声道、右声道、中央声道、环绕声道。为了使声音更加丰富，现在的立体声剧院（包括家庭剧院）都增加了一个超低音声道，主要目的是增强低音。

4.2 音频信号数字化

音频信息处理主要包括音频信号的数字化和音频信息的压缩两大技术，图4-3为音频信息处理结构框图。音频信息的压缩是音频信息处理的关键技术，而音频信号的数字化是为音频信息的压缩作准备的。音频信号的数字化过程就是将模拟音频信号转换成有限个数字表示的离散序列，即数字音频序列，在这一处理过程中涉及模拟音频信号的采样、量化和编码。对同一音频信号采用不同的采样、量化和编码方式就可形成多种形式的数字化音频。

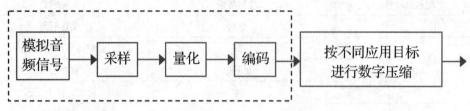

图4-3　音频信息处理结构框图

4.2.1 采样过程

模拟音频信号是一个在时间上和幅值上都连续的信号。采样过程就是在时间上将连续信号离散化的过程，即每隔相等的一段时间抽取一个信号样本。采样频率与声音频率之间有一定的关系，根据奈奎斯特（Nyquist）理论，只有采样频率高于声音信号最高频率的两倍时（fs>=2fmax），才能把数字信号表示的声音还原成为原来的声音，称为无损数字化。根据不同的音频信源和应用目标，可采用不同的采样频率，如8 kHz、11.025 kHz、22.05 kHz、16 kHz、37.8 kHz、44.1 kHz或48 kHz等都是典型的采样频率值。

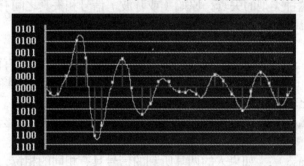

图4-4　采样示意图

4.2.2 量化过程

采样只解决了音频波形信号在时间坐标（即横轴）上把一个波形切成若干个等份的数字化问题，但是还需要用某种数字化的方法来反映某一瞬间声波幅度的电压值大小。该值的大小影响音量的高低。我们把对声波波形幅度的数字化表示称为"量化"。

量化过程也就是将每个采样值在幅度上再进行离散化处理的过程。具体如下：先将整个幅度划分成为有限个小幅度（量化阶距）的集合，把落入某个阶距内的样值归为一类，并赋予相同的量化值。如果量化值是均匀分布的，我们称之为均匀量化；反之，称为非均匀量化。

4.2.2.1　均匀量化

例如，以图4-5所示的原始模拟波形为例进行采样和量化。假设采样频率为1000次/秒，即每1/1000秒A/D转换器采样一次，其幅度被划分成0到9共10个量化等级，并将其采样的幅度值取最接近0~9之间的一个数来表示。图中每个正方形表示一次采样。

D/A转换器从图4-5得到的数值中重构原来信号时，得到图4-6中直线段所示的波形。从图中可以看出，直线段与原波形相比，其波形的细节部分丢失了很多。这意味着重构后的信号波形有较大的失真。

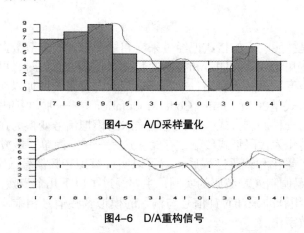

图4-5　A/D采样量化

图4-6　D/A重构信号

4.2.2.2　非均匀量化

对输入信号进行量化时，大的输入信号采用大的量化间隔，小的输入信号采用小的量化间隔，如图4-7所示。

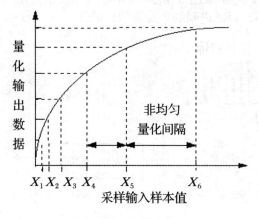

图4-7　非均匀量化

量化会引入失真，并且失真在采样过程中是不可避免的，这就是通常所说的量化噪声。如何减少失真呢？可以直观地看出，我们可以把图中的波形划分成更为细小的区间，即采用更高的采样频率。同时，增加量化精度，以得到更高的量化等级，即可减少失真的程度。比较图4-8两图，采样率和量化等级均提高了一倍，分别为2000次/秒和20个量化等级。在右图中，采样率和量化等级再提高了一倍。从图4-8中可以看出，当用D/A转换器重构原来信号时（图中的轮廓线），信号的失真明显减少，信号质量得到了提高。

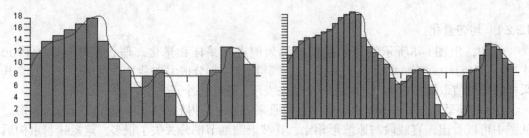

图4-8　失真比较

4.2.3　编码过程

所谓编码，就是按照一定的格式把经过采样和量化得到的离散数据记录下来，并在有用的数据中加入一些用于纠错、同步和控制的数据。在数据回放时，可以根据所记录的纠错数据判别读出的声音数据是否有错，如在一定范围内有错，可加以纠正。编码的形式比较多，常用的编码方式是PCM（Pulse Code Modulation）——脉冲编码调制，是把模拟信号变换为数字信号的一种调制方式，即把连续输入的模拟信号变换为在时域和振幅上都离散的量，然后将其转化为代码形式传输或存储。这是一种最简单、最方便的编码方法。

这样经过采样、量化和编码过程后，就可以实现模拟音频信号数字化了。如图4-9为CD-DA采用脉冲编码调制PCM编码的实例，主要经过了以下几个步骤：

（1）首先用一组脉冲采样时钟信号与输入的模拟音频信号相乘，相乘的结果即输入信号在时间轴上的数字化。

（2）然后对采样以后的信号幅值进行量化。最简单的量化方法是均衡量化，这个量化的过程由量化器来完成。

（3）对经量化器A/D变换后的信号再进行编码，即把量化的信号电平转换成二进制码组，就得到了离散的二进制输出数据序列$x（n）$，n表示量化的时间序列，$x（n）$的值就是n时刻量化后的幅值，以二进制的形式表示和记录。

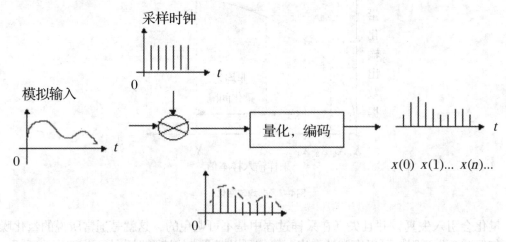

图4-9　CD-DA采用脉冲编码调制PCM编码的实例

4.3　音频信号压缩技术

音频编码的目的在于压缩数据。在多媒体音频数据的存储和传输中，数据压缩是必须的。通常数据压缩造成音频质量的下降、计算量的增加。因此，人们在实施数据压缩时，要在音频质量、数据量、计算复杂度三方面进行综合考虑。

音频信号压缩编码的主要依据是人耳的听觉特性，主要有两点：一是人的听觉系统中存在一个听觉阈值电平，低于这个电平的声音信号人耳听不到；二是人的听觉存在屏蔽效应。当几个强弱不同的声音同时存在时，强声使弱声难以听到，并且两者之间的关系与其相对频率的大小有关。声音编码算法就是通过这些特性来去掉更多的冗余数据，来达到压缩数据的目的。

从20世纪30年代提出PCM（脉冲编码调制）原理以及声码器的概念以来，音频信息压缩编码技术主要是向基于波形和基于参数两个方向发展的。从这个角度出发，音频信息编码技术可分为三类：

（1）波形编码。这种方法主要基于语音波形预测，它力图使重建的语音波形保持原信号的波形状态。它的优点是编码方法简单、易于实现、适应能力强、语音质量好等，缺点是压缩比相对来说较低，需要较高的编码速率。常用的波形法编码技术有增量调制（DM）、自适应差分脉冲编码调制（ADPCM）、子带编码（SBC）和矢量量化编码（VQ）等。

（2）参数编码。这种方法主要基于参数的编码方法。与波形编码不同的是，这类编码方法通过语音信号的数学模型对语音信号特征参数（主要是指表征声门振动的激励参数和表征声道特性的声道参数）进行提取及编码，力图使重建的语音信号尽可能保持原信号的语义，而重建的语音信号波形同原信号的波形可能会有较大的区别。基于这种编码技术的编码系统一般称为声码器，它主要用于在窄带信道上提供4.8 KB/s以下的低速语音通信和一些对延时要求较宽的应用场合（如卫星通信等）。最常用的参数编码法为线性预测编码（LPC）。

（3）混合编码。这种方法克服了原有波形编码与参数编码的弱点，并且结合了波形编码的高质量和参数编码的低数据率，取得了比较好的效果。混合编码是指同时使用两种或两种以上的编码方法进行编码的过程。由于每种编码方法都有自己的优势和不足，若使用两种，甚至两种以上的编码方法进行编码，可以优势互补，克服各自的不足，从而达到高效数据压缩的目的。无论是在音频信号的数据压缩中，还是后面章节将要描述的图像信号的数据压缩中，混合编码均被广泛采用。

下面，介绍几种常用的编码方式。

4.3.1　增量调制

4.3.1.1　一般增量调制

增量调制（DM）是一种比较简单且有数据压缩功能的波形编码方法。增量调制的系统结构框图如图4-10所示。在编码端，由前一个输入信号的编码值经解码器解码可得到下一个信号的预测值。输入的模拟音频信号与预测值在比较器上相减，从而得到差值。差值的极性可以是正也可以是负。若为正，则编码输出为1；若为负，则编码输出为0。这样，在增量调制的输出端可以得到一串1位编码的DM码。增量调制编码过程示意图如图4-11所示。

在图4-11中，纵坐标表示输入的模拟电压，横坐标表示随时间增加而顺序产生的DM码。图中虚线表示输入的音频模拟信号。从图4-11中可以看到，当输入信号变化比较快时，编码器的输出无法跟上信号的变化，从而会使重建的模拟信号发生畸变，这就是所谓

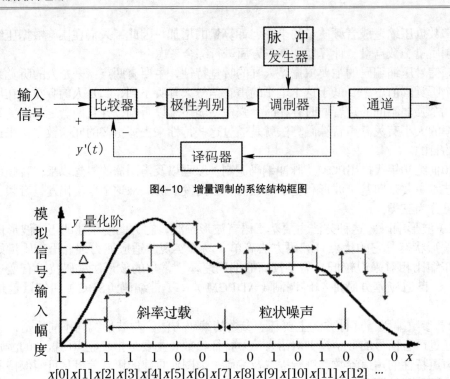

图4-10 增量调制的系统结构框图

图4-11 增量调制编码过程示意图

的"斜率过载"。可以看出，当输入模拟信号的变化速度超过经解码器输出的预测信号的最大变化速度时，就会发生斜率过载。增加采样速度可以避免斜率过载的发生。但采样速度的增加又会使数据的压缩效率降低。

从图4-11中还能发现另一个问题：当输入信号没有变化时，预测信号和输入信号的差会十分接近，这时，编码器的输出是0和1交替出现的，这种现象就叫做增量调制的"散粒噪声"。为了减少散粒噪声，就希望使输出编码1位所表示的模拟电压Δ（又叫量化阶距）小一些，但是，减少量化阶距Δ会使在固定采样速度下产生更严重的斜率过载。为了解决这些矛盾，促使人们研究出了自适应增量调制（ADM）方法。

4.3.1.2 自适应增量调制（ADM）

从前面分析可以看出，为减少斜率过载，希望增加阶距；为减少散粒噪声，又希望减少阶距。于是人们就想，若是能使DM的量化阶距Δ适应信号变化的要求，必须是既降低了斜率过载又减少了散粒噪声的影响。也就是说，当发现信号变化快时，增加阶距；当发现信号变化缓慢时，减少阶距。这就是自适应增量调制的基本出发点。

在ADM中，常用的规则有两种：一种是控制可变因子M，使量化阶距在一定范围内变化。对于每一个新的采样，其量化阶距为其前面数值的M倍。而M的值则由输入信号的变化率来决定。如果出现连续相同的编码，则说明有发生过载的危险，这时就要加大M。当0，1信号交替出现时，说明信号变化很慢，会产生散粒噪声，这时就要减少M值。其典型的规则为

$$M=\begin{cases} 2 & y(k)=y(k-1) \\ 1/2 & y(k)\neq y(k-1) \end{cases}$$

另一类使用较多的自适应增量调制称为连续可变斜率增量（CVSD）调制。其工作原理如下：如果调制器（CVSD）连续输出三个相同的码，则量化阶距加上一个大的增量，也就是说，因为三个连续相同的码表示有过载发生。反之，则量化阶距增加一个小的增量。CVSD的自适应规则为

$$\Delta(k) = \begin{cases} \beta\Delta(k-1)+P & y(k)=y(k-1)=y(k-2) \\ \beta\Delta(k-1)+Q & \end{cases}$$

式中，β 可在0~1之间取值。可以看到，β 的大小可以通过调节增量调制来适应输入信号变化所需时间的长短。P和Q为增量，而且P要大于等于Q。

采用ADM系统可以十分简单地实现32~48KB/s的数据率，而且话音质量也很高。

4.3.2 自适应差分脉冲编码调制

4.3.2.1 非均匀PCM（μ律压扩方法）

若输入的音频信号是话音信号，使用8 kHz采样频率进行均匀采样，而后再将每个样本编码为8位二进制数字信号，则我们就可以得到数据率为64 KB/s的PCM信号，这就是典型的脉冲编码调制。采用非均匀量化编码的实质在于减少表示采样的位数，从而达到数据压缩的目的。其基本思路是：当输入信号幅度小时，采用较小的量化间隔；当输入信号幅度大时，采用较大的量化间隔。这样就可以做到在一定的精度下，用更少的二进制码位来表示采样值。这种对小信号扩展、大信号压缩的特性可用下式表示：

$$y=\text{sgn}(x)\frac{\ln(1+\mu|x|)}{\ln(1+\mu)}$$

式中：x为输入电压与A/D变换器满刻度电压之比，其取值范围为$-1~+1$；$\text{sgn}(x)$为 x 的极性；μ 为压扩参数，其取值范围为100~500，μ 越大，压扩越厉害。通常，将此曲线叫做 μ 律压扩特性。

另外一种常用的压扩特性为A律13折线，它实际上是将 μ 律压扩特性曲线以13段直线代替而成的。我国和欧洲采用的是A律13折线压扩法，美国和日本采用的是 μ 律。对于A律13折线，一个信号样值的编码由两部分构成：段落码和段内码。

在非均匀PCM编码中，存在着大量的冗余信息。这是因为音频信号邻近样本间的相关性很强。若采用某种措施，便可以去掉那些冗余的信息，差分脉冲编码调制（DPCM）是常用的一种方法。

4.3.2.2 差分脉冲编码调制（DPCM）

差分脉冲编码调制的中心思想是对信号的差值而不是对信号本身进行编码。这个差值是指信号值与预测值的差值。预测值可以由过去的采样值进行预测，其计算公式如下所示：

$$\hat{y}_0=a_1y_1+a_2y_2+\cdots+a_Ny_N=\sum_{i=1}^{N}a_iy_i$$

式中，a_i 为预测系数。因此，利用若干个前面的采样值可以预测当前值。当前值与预测值的差为

$$e_0=y_0-\hat{y}$$

差分脉冲编码调制就是将上述每个样点的差值量化编码，而后用于存储或传送。由于

相邻采样点有较大的相关性，预测值常接近真实值，故差值一般都比较小，从而可以用较少的数据位来表示，这样就减少了数据量。

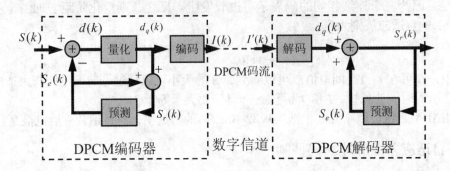

图4-12　DPCM系统原理框图

4.3.2.3　自适应差分脉冲编码调制（ADPCM）

为了进一步提高编码的性能，人们将自适应量化器和自适应预测器结合在一起用于DPCM之中，从而实现了自适应差分脉冲编码调制（ADPCM）。其简化的框图如图4-13所示。自适应量化器首先检测差分信号的变化率和差分信号的幅度大小，而后决定量化器的量化阶距。自适应预测器能够更好地跟踪语音信号的变化。因此，将两种技术组合起来使用，从而可以提高系统性能。

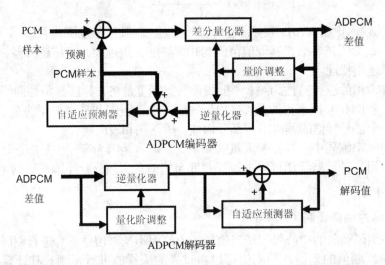

图4-13　ADPCM系统原理框图

4.3.3　子带编码（SBC）

人耳由于对不同频段的声音的敏感度不一样，因此在编码前，首先用一组带通滤波器将输入的音频信号分成若干个连续的频段，并将这些频段称为子带。然后，再分别对这些子带中的音频分量进行采样和编码，对敏感的频段用多的位数表示，反之，则用少的位数表示，达到压缩的目的。最后，再将各子带的编码信号组织到一起进行存储或送到信道上传送。子带编码的原理框图如图4-14所示。

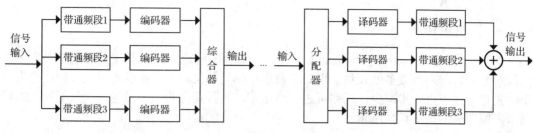

图4-14　子带编码的原理框图

　　子带编码能够实现较高的压缩比，而且具有较高的质量，因此，得到了比较广泛的应用。

4.3.4　变换域编码

　　变换域编码先将信号进行某种函数变换，把信号从一种描述空间变换到另一种可用较少元素表述的空间，用变换系数来描述，这些系数之间的相关性明显下降，且能量常常集中于低频或低序系数区域中，容易实现码率的压缩，降低实现难度。也就是将输入信号直接转换到频域，然后在频域划分各频段，根据不同的频段能量大小分配码字，然后编码，收方解码后再用相应的反变换转换成时域信号。

　　与子带编码类似，变换域编码也是一种"频域"编码。事实上，只有采用离散傅立叶变换（FFT）或离散余弦变换（DCT），变换后的各系数才真正代表频率分量。由于DCT接近最佳变换Karhunen-Loeve变换（KLT），因而语音变换域编码基本上都采用DCT，在这个意义上可以称语音变换域编码为频域编码。

　　在语音编码系统中，为了适应语音信号的非平稳性，通常都要采用自适应处理技术。自适应变换域编码（ATC）一词通常指自适应比特分配和自适应量化，特别是指自适应比特分配。由于分块处理，前向自适应更适合变换域编码，自适应信息需要以边信息的形式传送给接收端，以供解码用。由于边信息占用一部分速率，因此需要研究高效率的自适应方法，尽量少用一些比特来传送边信息，以省下更多的比特用来对系数进行量化。图4-15为自适应变换域编解码原理框图，其中包含了边信息支路，它们用来提供自适应量阶及自适应比特分配信息。

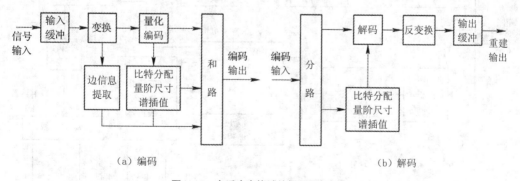

（a）编码　　　　　　　　　　　　　　（b）解码

图4-15　自适应变换域编解码原理框图

　　变换域编码的特点是：能量主要集中在信号的低频或低序区域，使大多数变换系数为零或很小的数值。若在信源质量允许的条件下，可以舍弃能量较小的系数，或分配其很少的比特——这就是正交变换能实现高压缩率的根本原因。

4.3.5 矢量量化

矢量量化VQ（Vector Quantization）是一种有损的编码方案，其主要思想是当把多个信源符号联合起来形成多维矢量，再对矢量进行标量量化时，自由度将更大，同样的失真下，量化级数可进一步减少，码率可进一步压缩。这种量化叫做矢量量化。矢量量化编码及解码原理框图如图4-16所示。

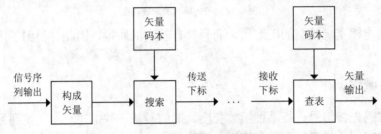

图4-16 矢量量化编码及解码原理框图

矢量量化编码不一定是对语音样值进行处理，也可以对语音的其他特征进行编码，比如G.723.1标准中，合成滤波器系数转化为线谱对（Linear Spectrum Pair, LSP）系数后采用的就是矢量编码法。因此，矢量量化的用途是很广的。

4.3.6 线性预测编码（LPC）

前面我们已介绍过线性预测编码（LPC）方法为参数编码方式。参数编码的基础是人类语音的生成模型，通过这个模型，提取语音的特征参数，然后对特征参数进行编码传输。

在线性预测编码LPC中，将语音信号简单地划分为浊音信号和清音信号。根据语音信号的短时分析和基音提取方法，可以用若干的样值对应的一帧来表示短时语音信号。这样，逐帧将语音信号用基音周期Tp、清/浊音（u/v）判决、声道模型参数ai和增益G来表示。对这些参数行量化编码，在接收端再进行语声的合成。见图4-17。

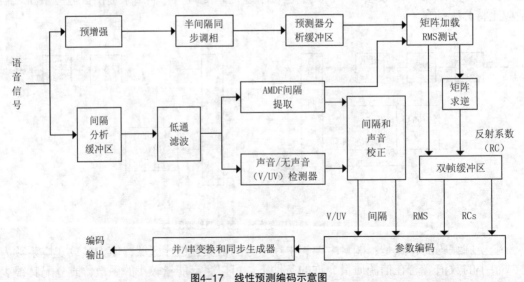

图4-17 线性预测编码示意图

4.4 语音压缩编码标准

经过近二三十年的努力，人们已在语音信号压缩编码方面取得了很大进展，开发出了许多压缩方法，其中的一些已成为国际或地区的编码标准，表4-2所示的是按波形编码、参数编码和混合编码三类编码方法分类的具有代表性的标准。

表4-2 数字音频编码算法、标准简表

	算法	名称	码率（KB/s）	标准	制定组织	制定时间	应用领域	质量
波形编码	PCM（A/μ）	压扩法	64	G.711	ITU	1972	PSTN ISDN	4.3
	ADPCM	自适应差值量化	32	G.721	ITU	1984		4.1
	SB ADPCM	子带 ADPCM	64/56/48	G.722	ITU	1988		4.5
参数编码	LPC	线性预测编码	2.4		NSA	1982	保密语音	2.5
	CELPC	码激励 LPC	4.8		NSA	1989		3.2
混合编码	VSELPC	矢量和激励 LPC	8	GIA	GTIA	1989	移动通信	3.8
	RPE-LTP	长时预测规则码激励	13.2	GSM	GSM	1983	语音信箱	3.8
	LD-CELP	低延时码激励 LPC	16	G.728	ITU	1992	ISDN	4.1
	MPEG	多子带感知编码	128	MPEG	ISO	1992	CD	5.0

4.4.1 G.711标准

G.711标准是1972年制定的电话质量的PCM语音压缩标准，采样频率为8 kHz，每个样值采用8位二进制编码，因此其速率为64 KB/s。推荐使用A律或μ律的非线性压扩技术，将13位的PCM按A律、14位的PCM按μ律转换成8位编码，其质量相当于12比特线形量化。标准规定选用不同解码规则的国家之间，数据通路传送按A律解码的信号。使用μ律的国家应进行转换，标准给出了μA编码的对应表。标准还规定，在物理介质上连续传输时，符号位在前，最低有效位在后。本标准广泛用于数字语音编码。

4.4.2 G.721标准

G.721标准是ITU-T于1984年制定的，主要目的是用于64 KB/s的A律和μ律PCM与32 KB/s的ADPCM之间的转换。它基于ADPCM技术，采样频率为8 kHz，每个样值与预测值的差值用4位编码，其编码速率为32 KB/s，ADPCM是一种对中等质量音频信号进行高效编码的有效算法之一，它不仅适用于语音压缩，而且也适用于调幅广播质量的音频压缩和CD-I音频压缩等应用。

4.4.3 G.722标准

G.722标准旨在提供比G.711或G.721标准压缩技术更高的音质，G.722编码采用了高低两个子带内的ADPCM方案，即使用子带ADPCM（SB-ADPCM）编码方案。高低子带的划分以4 kHz为界，然后再对每个子带内采用类似G.721标准的ADPCM编码。它是1988年ITU-T为调幅广播质量的音频信号压缩制定的标准。G.722能将224 KB/s的调幅广播质量的音频信号压缩为64 KB/s，主要用于视听多媒体和会议电视等。G.722压缩信号的带宽范围为50 Hz ~ 7 kHz，比特率为48 KB/s、56 KB/s、64 KB/s。在标准模式下，采样频率为16kHz，幅度深度为14 bit。

4.4.4　G.728标准

G.728标准是一个追求低比特率的标准，其速率为16 KB/s，其质量与32 KB/s的 G.721标准相当。它使用了LD-CELP（低延时码激励线性预测）算法。另外，G.721方案是对每个取样值进行预测并自适应量化，而本方案则是对所有取样值以矢量为单位处理，并且应用了线性预测和增益自适应的最新理论与成果。

G.728是低速率（56 ~ 128 KB/s）ISDN可视电话的推荐语音编码器，由于它具有反向自适应特性，可实现低时延，被认为复杂度较高。由于自适应反向滤波器，因而G.728具有帧或包丢失隐藏措施，对随机比特差错有相当强的承受力，超出任何其他语音编码器。并且，一个码字中的全部10个比特对比特差错的敏感度基本相同。

4.4.5　G.729标准

G.729标准是ITU-T为低码率应用设计而制定的语音压缩标准，其码率为8 KB/s，算法相对比较复杂，采用码激励线性预测（CELP, Code Excitation Linear Prediction）技术，同时为了提高合成语音质量，采取了一些措施，具体的算法要比CELP复杂一些，通常称为共轭结构代数码激励线性预测（CS-ACELP, Conjugate Structure Algebraic Code Excited Linear Prediction）。

4.4.6　G.723.1标准

ITU-T颁布的语音压缩标准中码率最低的G.723.1标准主要是用于各种网络环境中的多媒体通信的。它仍是基于分析／合成（A/S）编码原理的。它与G.729标准的主要不同在于：

（1）分析帧长是30 ms，且分成4个子帧。每个子帧分别进行LPC分析，但仅仅最后一个子帧的LPC系数量化编码；基音估计每两个子帧进行一次。G.729中分析帧长为10ms，分成两个子帧。所以，G.723.1编解码时延更大。

（2）自适应码书和固定码书增益量化是分别进行的，前者采用矢量量化，后者用标量量化，没有像G.729那样，两个增益都采用共轭结构码书。

（3）激励有两种，分别为多脉冲激励（高速率时）和代数码激励（低速率时），而G.729只有代数码激励。所以G.723.1可以有多速率选择，能适应网络资源情况变化。

4.4.7　GSM音频编码标准

GSM是欧洲电信管理局（European Telecommunication Administration）下属的一个工作小组CEPT-CCH-GSM（Group Special Mobile）的缩写。GSM是欧洲采用的移动电话的压缩标准，它采用的算法为长时预测规则码激励（RPE-LTP, Regular-Pulse Excitation/Long Term Prediction），采样频率为8 kHz，运行速率为13 KB/s。

由于GSM在参数编码过程中采用了主观加权最小均方误差准则逼近原始波形，具有原始波形的特点，因此有较好的自然度，并对噪声及多人讲话环境不敏感。同时它采用了长时预测、对数面积比（LAR）量化等一系列措施，使其具有较好的语音质量，其主观评分（MOS）达3.8。

4.4.8 MPEG音频编码标准

MPEG声音标准规定其音频采样率可选择为32 kHz、44.1 kHz或48 kHz；音频带宽可选择15 kHz和20 kHz，其中15 kHz对应的采样频率为32 kHz，20 kHz对应的采样频率为44.1 kHz和48 kHz；压缩码率可选择32～320 KB/s的一些特定比特率。它支持单声道、双声道、立体声和联合立体声四种声音模式。值得注意的是，MPEG声音压缩的方案是有损的，但是它们可达到感觉上的无损品质。

4.5 音乐合成和MIDI

4.5.1 音乐合成

音乐合成器是电脑音乐系统中最重要的设备之一。大家知道，电子乐器是靠电子电路产生波动的电流送到扬声器发声。声音的发源地就是合成器。MIDI音乐的发声完全依赖于合成器。

产生MIDI音乐的方法有很多，用得较多的方法有两种：一种是频率调制（Frequency Modulation，FM）合成法；另一种是音乐样本合成法，也称为波形表（Wavetable）合成法。

4.5.1.1 FM合成原理

自1976年应用调频（FM）音乐合成技术以来，其音乐已经很逼真。FM合成器生成音乐的工作原理主要是把几种音乐的波形用数字来表达，并且用数字计算机而不是用模拟电子器件把它们组合起来，通过数模转换器（Digital to Analog Convertor，DAC）来生成音乐。我们可以采用这种方法得到具有独特效果的"电子模拟声"，创造出丰富多彩的声音，是真实乐器所不具备的音色，这也是FM音乐合成方法特有的魅力之一。使用FM合成法来产生各种逼真的音乐是相当困难的，有些音乐几乎不能产生。

FM合成方法成本较低，但产生的音效与实际乐器发出的声音听起来总感觉到不一样，只能是"很相像"。FM合成的声音单调，缺乏真实乐器声的饱满和力度的变化，只要实际听一下真实的钢琴声和FM合成的钢琴声就不难体会到这种差别。声卡中使用FM技术的典型合成器芯片是日本Yamaha公司生产的OPL-2和OPL-3。后者可合成20种双声道的立体音乐。

4.5.1.2 波形表合成技术

为改变FM合成音乐的不足，1984年又开发出另一种更真实的音乐合成技术—波形表（Wavetable）合成。人们对真实乐器发出的声音进行采样后，将数字音频信号存储在ROM芯片或者是硬盘中（称其为波形表，又称前者为硬波表，后者为软波表），进行合成时再将相应乐器的波形记录播放出来，这就是波形表合成技术。显然，这种方法可以产生更加丰富逼真的音乐。但和波形文件一样，它需要大量的存储空间（通常要有2～4M）来记录真实音乐，因此一般同时要采用数据压缩技术。

带波形表合成的芯片一般也能完成FM合成的所有功能，这主要是为了兼容原有的合成芯片，如Yamaha公司的OPL-4就是该类芯片。使用软件波形表时一般要随声音卡提供存有波形表的软盘（或光盘），在使用前要将波形表安装到硬盘中。

目前这两种音乐合成技术都应用于多媒体计算机的音频卡中。许多的声音卡如SoundBlaster（声霸卡）都配备了音乐创作和演奏软件，提供FM音乐驱动程序，并可利用文字编辑器写成类似简谱格式的文件，然后生成FM音乐文件。也可以通过格式转换，把其他格式（如MIDI）音乐文件转换成FM音乐文件。

4.5.2　MIDI系统

4.5.2.1　MIDI定义

电子乐器数字接口（Musical Instrument Digital Interface，MIDI）是利用在音乐合成器、乐器和计算机之间交换音乐信息的一种国际硬件和软件标准。MIDI是乐器和计算机使用的标准语言，是一套指令（即命令）的约定，它指示合成器（即MIDI设备）要进行的工作，如演奏音符、变换音色、生成音响效果等。利用MIDI文件演奏音乐，所需的存储量最少。例如同样10分钟的立体声音乐，MIDI文件长度不到70KB，而波形文件（.WAV）要差不多100MB。

MIDI标准规定了不同厂家的电子乐器与计算机连接的电缆和硬件。它还指定从一个装置传送数据到另一个装置的通信协议。这样，任何电子乐器，只要有处理MIDI信息的处理器和适当的硬件接口，都能变成MIDI装置。MIDI间靠这个接口传递消息而进行彼此通信。实际上消息是乐谱（score）的数字描述。当一组MIDI消息通过音乐合成芯片演奏时，合成器解释这些符号，并产生音乐。很显然，MIDI给出了另外一种得到音乐声音的方法，但是关键在于作为媒体应能记录这些音乐的符号，相应的设备能够产生和解释这些符号。

MIDI的音乐符号化过程实际上就是产生MIDI协议信息的过程。MIDI协议提供了一种标准的和有效的方法，用来把演奏信息转换成电子数据。协议信息由状态信息和数据信息组成。定义和产生音乐的MIDI消息和数据存放在MIDI文件中，每个MIDI文件最多可以存放16个音乐通道的信息。音序器捕捉MIDI消息并将其存入文件中，而合成器依据要求将声音按照所要求的音色、音调等合成出来。

4.5.2.2　MIDI术语

（1）MIDI文件。

记录MIDI信息的标准文件格式，由一系列指令组成。MIDI文件中包含音符、时值和多达16个通道的乐器定义。文件中含有每个音符的信息，包括键、通道、持续时间、音量和力度。

（2）通道（Channels）。

MIDI规范可为16个通道提供数据，其中每个通道都对应一个逻辑合成器。Microsoft用通道中的前10个作为扩充合成器，13~16通道作为基本合成器。

（3）音序器（Sequencer）。

可用来记录、播放和编辑MIDI文件的计算机程序或电子设备。多数音序器可输入、输出MIDI文件。

（4）合成器（Synthesizer）。

合成器是通过数字化乐器产生音乐的计算机芯片或外设。这种数字化乐器用以取代录音装置或真实乐器。多数声卡上的数字信号处理器（DSP）就是这样一种芯片，DSP可生成并修改波形，然后通过一个声音生成器和扬声器输出。合成器发生的质量取决于两个因素，一是合成器芯片可同时演奏独立波形的个数，二是合成器电路中的存储空间。

（5）乐器（Instrument）。

乐器是合成器可产生的一种特定的声音。对于不同的合成器，乐器的音色号和声音质量也不同。

（6）复音（Polyphony）。

复音是指一个合成器每次可支持的最多音符个数。例如，具有6音符复音的四种乐器合成器，可同时演奏分布于四个不同声音的6个音符。

（7）音色（Timbre）。

音色即音质，是由形成该音色频率的组合决定的。低音提琴、钢琴或长号的声音均为其各自的音色。

（8）音轨（Track）。

一种把MIDI数据分成单独组与并行组的文件概念，通常用通道来分隔，0号格式的MIDI文件将这些音轨混合成一个音轨，1号格式的MIDI文件保留不同的音轨。MIDI音乐通常由多个音轨组成，每个音轨能够演奏一种不同的合成乐器，合成器为每个音轨分配乐器。

（9）合成音色映射程序（Patch Mapper）。

它是一种软件，能够将与某合成器相关的乐器合成音色重新分配给相应的标准合成音色号。Windows中的映射程序可将乐器合成音色映射到任意MIDI设备上。

4.5.2.3 MIDI的应用

首先在现代音乐制作上，MIDI的地位已不可取代，不论是影视音乐还是广告音乐，MIDI部分事实上占了主要地位，而真实乐器是表现旋律的载体。MIDI的优势在于易修改性，传统乐器无法达到的声效，优良的音质和宽动态。

MIDI音乐的普及（主要是因为电脑和INTERNET），使许多从事音乐教育的人认识到，MIDI还可以应用于音乐教学上。我们传统的教学过分依赖纸、笔、黑板，但是当MIDI这项现代科技摆在我们面前的时候，通过特殊软件的支持，我们可以用电脑设备和MIDI设备学习视唱练耳（EARMASTER）、和声（TONICA）、作曲（CAKEWALK或MUSICATER），我们可以自己制作声乐的伴奏，我们也可以自己打印谱子（ENCORE或FINALE或贝音）。

在其他一些国家，MIDI被用于更广泛的领域。在日本，甚至有MIDI卡拉OK厅，伴奏用的是MIDI文件而非碟片。通过INTERNET很容易得到最新的歌曲伴奏。MIDI文件很小，在网上传播很适合，虽然它有个缺点就是不同的播放器放出来完全不一样，但是大家使用统一标准的话，也可以正常聆听。当然，MIDI乐器不是用来取代传统乐器的，它只是用来扩展我们的音乐形象的。

4.6 IP电话技术

4.6.1 IP电话的实现方式

IP电话有多种实现方式，如电话机到电话机或PC、PC到电话机或PC和以太电话机到以太电话机或PC等。最初实现方式是PC到PC，即利用IP地址发出呼叫，并采用语音压缩打包传送方式，在Internet上实现实时话音传送。其中，话音压缩、编解码和打包等处理过程均由PC中的处理器、声卡和网卡等硬件资源完成，这种方式与公用电话通信方式存在较多差异，且限定在Internet上，所以局限性较大。

电话机到电话机实现方式是：首先通过程控电话交换机将传统电话机连接到IP电话网关上，通过电话号码在IP网上呼叫，发送端网关鉴别主叫用户，在翻译电话号码/网关IP地址后，发出IP电话呼叫，并与最近的被叫网关连接，同时完成话音编码和打包，最后接收端网关实现拆包、解码和连接被叫。

在电话到PC或PC到电话的实现方式中，由网关负责IP地址和电话号码的对应和翻译，并完成话音编解码和打包。以太电话机是一种新型IP电话终端设备，它通过以太网络接口直接连接至Internet，可通过IP地址或E.164标准电话号码，直接呼叫普通电话机或PC。

4.6.2 IP电话的系统构成

目前，IP电话系统主要由IP电话终端、网关和网守等几部分构成，如图4-18所示。其中，IP电话终端有传统电话机、配备有IP电话软件（如Netmeeting）的多媒体PC机和以太电话机等。如果使用传统电话机，则需要通过网关设备或适配器进行数据转换，才能形成IP网数据包。IP电话网关为IP网络与电话网之间提供接口，用户通过PSTN本地环路与IP网关相连，该网关负责把模拟信号转换为数字信号，并压缩打包，形成可以在Internet上传输的IP分组语音信号，然后通过Internet传送至被叫用户的网关端，由被叫端网关对IP数据包进行解包、解压和解码，还原为可识别的模拟语音信号，再通过PSTN传送至被叫方的终端。实际上，网守是IP电话网的智能集线器，是整个系统的服务平台，负责系统的管理、配置和维护，提供拨号方案管理、安全性管理、集中账务管理、数据库管理及备份和网络管理等功能。其中，网管系统负责管理整个IP电话系统，包括设备的控制及配置、数据配给、拨号方案管理及负载均衡和远程监控等。计费系统负责计算用户呼叫费用，并提供相应的单据和统计报表，计费系统可由IP电话系统制造商提供，也可以由第三方制作（此时需IP电话系统制造商提供编程接口）。

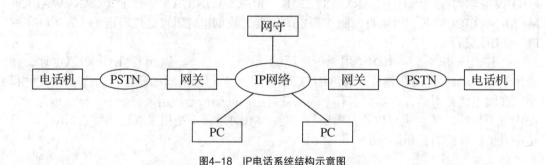

图4-18　IP电话系统结构示意图

4.6.3 IP电话的关键技术

IP电话的基本原理是：由专门设备或软件将呼叫方的话音/传真信号采样并数字化、压缩打包，经过IP网络传输到对方，对方的专门设备或软件接收到话音包后，进行解压缩还原成模拟信号送给电话听筒或传真机。IP电话是一种利用Internet作为传输载体实现计算机与计算机、普通电话与普通电话、计算机与普通电话之间进行话音通信的技术。IP电话是一个复杂的系统工程，涉及的技术也很繁杂。

4.6.3.1 音频压缩技术

IP电话技术的基础是音频压缩技术，话音的分组传送通常要求网络提供充足的带宽，所以对现有的多数IP网络而言，话音压缩技术是实施IP话音通信的关键所在。前面我们介绍的采用CS-ACELP算法（Conjugate Structured-Algebraic Code Excited LinerPredictive：共轭结构代数码激励线性预测）的G.729、采用ADPCM算法的G.728、采用LD-CELP算法的G.726以及采用MP-MLQ算法的G.723/G.723.1，都可作为IP电话的音频压缩标准。目前采用较多的是G.729和G.723/G.723.1。

编码压缩方法由ITU-T统一制定，并标准化。它的压缩能力由DSP的处理能力决定，通常DSP的处理能力用MIPS（Millions of Instructions PerSecond）来度量。编码压缩仅负责对实际传输的IP分组数据进行压缩，它不负责对IP头压缩，一般，IP/UDP头（包括地址信息和控制信息）要耗去7KB/s左右的带宽，如果有些IP路由器支持IP包头的压缩，那么带宽损耗可以降低到2~3KB/s。在实际选择语音压缩的算法时，要综合考虑各种因素。例如，高比特率可以保证良好的话音品质，但要占用大量存储空间，耗费更多的系统资源；而过低的比特率又会影响话音的品质和增加延时。所以在较低比特率的前提下保持较好的话音质量，是选择压缩算法的原则。目前改进后的H.323选择G.723.1作为默认的话音编码标准。

4.6.3.2 IP电话的传输延时问题

IP音频流传输的实时性要求很高，要实现交互式的应用。ITU-T把24ms定为传输延时的上限，超过了这个上限就采用回声消除系统。实时的感觉取决于用户的体验，来回延时通常应当在200~1000 ms之间，这就要求单向传输延时低于100~500 ms。端到端的延时是指通过网络传输的所有延时，包括在源系统中等待媒体或网络准备好所花费的时间，延时是支持音频实时网络的一个主要性能参数。实际上，在各种信息类型中音频对网络延时最为敏感，通常采用以下办法解决音频延时问题。

IP网络使用TCP和UDP两种上层协议。使用TCP时，由TCP判断数据是否已经完整地传送到接收方，然后决定是否需要重传，直到所有的信息全部完整传送到接收方。这样便引入了延时，且该延时是不确定的。传递信息的时间将比"信息长度除以数据速率"所得出的时间长。当一个数字音频信号通过网络发出时，位流就包含非常精确的时间关系。通常，位流被分成块（称为帧、元素或组，这依赖于采用何种网络技术）。如果那些数据块之间的时间关系没有被考虑（即如果某些数据块比其他数据块传输到达得较早或较迟），那么产生的音频就会失真，就好像声音是由不能平滑转动的录音机产生的。解决这个问题的简单方法是，如果在接收端存在输入缓冲器，那么音频数据块可以暂时存放在这个缓冲器中，接收系统等待一段时间（称为延时偏差），在开始播放之前，音频数据流的一部分暂时被存放。

输入缓冲器必须经过归档处理（Filing Process），在延时偏差后，读缓冲器的机制被称为消耗过程，当然开始时消耗过程不必等缓冲器满。实际上，延时偏差通常比完全填满平衡缓冲器所需的最小时间短。

4.6.3.3 分组语音技术

传统的电话网是以电路交换的方式传输语音的，它需要的基本带宽为64 KB/s。而要在基于IP的分组网络上传输语音，就必须对模拟的语音信号进行特殊的处理，使处理后的信号可以适合在面向无链接的分组网络上传输，这项技术称为分组语音技术。

4.6.3.4　静噪抑制技术

所谓静噪抑制技术，是指检测到通话过程或传真过程中的安静时段，并在这些安静时段停止发送语音包。大量的研究表明，在一路全双工电话交谈中，只有36％～40％的信号是活动的或有效的。当一方在讲话时，另一方在听，而且讲话过程中有大量显著的停顿。通过静噪抑制技术，大量的网络带宽节省下来用于其他话音或数据通信。

4.6.3.5　回声消除技术

当IP电话系统与 PSTN互联时，涉及有混合线圈的2/4线转换电路，就会产生回声。当回声返回时间超过10ms时，人耳就可听到明显的回声了，干扰正常通话。对于时延相对较大的IP网络环境，时延很容易就达到50ms，因此必须应用回声消除技术清除回声。回声消除主要采用回波抵消方法，即通过自适应方法估计回波信号的大小，然后在接收信号中减去此估计值以抵消回波。回波抵消功能一般由网关完成。

4.6.3.6　话音抖动处理技术

IP网络的一个特征就是网络延时与网络抖动，这可能导致IP电话音质下降。网络延时是指一个IP包在网络上传输所需的平均时间，网络抖动是指IP包传输时间的长短变化。当网络上的话音延时（加上声音采样、数字化、压缩延时）超过200ms时，通话双方一般就愿意倾向采用半双工的通话方式，一方说完后另一方再说。另一方面，如果网络抖动较严重，那么有的话音包因迟到被丢弃，会产生话音的断续及部分失真，严重影响音质。为了防止这种抖动，人们采用了抖动缓冲技术，即在接收方设定一个缓冲器，话音包到达时首先进入缓冲器暂存，系统以稳定平滑的速率将话音包从缓冲器中取出、解压，播放给受话者。这种缓冲技术可以在一定限度内有效处理话音抖动，并提高音质。

4.6.3.7　话音优先技术

话音通信实时性要求较高。为了保证提供高音质的IP电话通信，在广域网带宽不足（拥挤）的IP网络上，一般需要话音优先技术。当WAN带宽低于512KB/s时，一般在IP网络路由器中设定话音包的优先级为最高，这样，路由器一旦发现话音包，就会将它们插入到IP包队列的最前面优先发送。这样，网络的延时与抖动情况对话音通信的影响均将得到改善。

另一种技术是采用资源预留协议（RSVP）为话音通信预留带宽。只要有话音呼叫请求网络，就能根据规则为话音通信预留出设定带宽，直到通话结束，带宽才释放。但是，在企业IP网上，人们一般并不使用RSVP，而采用优先级技术。几乎所有品牌的路由器均支持一些优先级技术。将话音包的优先级定为最高级别，任何时候，路由器只要发现有话音包，就将延迟对数据包的发送，这对于LAN数据包的影响可以忽略，因为话音的15KB/s与LAN的10～100MB/s 带宽相比是极少的，而且在LAN上没有话音包优先。对于WAN数据传输的影响就看具体情况了，在低速的WAN链路上（28.8～256 KB/s），数据一般是非实时的，如电子邮件或文件传输，数据包的延迟并不在意。对于相对较高速的WAN链路（256 KB/s以上），数据可能有实时性要求，如通过WAN进行记录级的文件操作。但话音通信所占的带宽仅占整条WAN链路的几个百分点，话音包的流量与WAN带宽相比是可以忽略的。

实际上，对IP包采取优先级规则，在WAN上有机地结合数据与话音通信，是对WAN

带宽的更充分有效的利用。在低速链路上，数据一般是非实时的、后台的，在较高速链路上不会有大量的实时话音流量与大量的实时数据流量相冲突。

4.7　习题

1. 数字音频采样和量化过程所用的主要硬件是（　　）。
    A. 数字编码器
    B. 数字解码器
    C. 模拟到数字的转换器（A/ D转换器）
    D. 数字到模拟的转换器（D/ A转换器）

2. 音频卡是按（　　）分类的。
    A. 采样频率　　　B. 声道数　　　　C. 采样量化位数 D. 压缩方式

3. 两分钟双声道，16位采样位数，22.05kHz采样频率声音的不压缩的数据量是（　　）。
    A. 5.05MB　　　B. 10.58MB　　　C. 10.35MB　　　D. 10.09MB

4. 目前音频卡具备以下（　　）功能。
    ① 录制和回放数字音频文件　　　② 混音
    ③ 语音特征识别　　　　　　　　④ 实时解/压缩数字单频文件
    A. ①③④　　　B. ①②④　　　C. ②③④　　　D. 全部

5. 1984年公布的音频编码标准G.721，它采用的是（　　）编码。
    A. 均匀量化　　　　　　　　B. 自适应量化
    C. 自适应差分脉冲　　　　　D. 线性预测

6. MIDI的音乐合成器有（　　）。
    ① FM　　　　　② 波表　　　　③ 复音　　　　④ 音轨
    A. 仅①　　　　B. ①②　　　　C. ①②③　　　D. 全部

7. 下列采集的波形声音质量最好的是（　　）。
    A. 单声道、8位量化、22.05 kHz采样频率
    B. 双声道、8位量化、44.1 kHz采样频率
    C. 单声道、16位量化、22.05 kHz采样频率
    D. 双声道、16位量化、44.1 kHz采样频率

8. 简述音频信号压缩技术。

9. 简述音频编码的分类及常用编码标准。

10. 什么是MIDI? 其应用是什么?

11. 简述IP电话的关键技术有哪些。

第5章 图形图像信息处理技术

5.1 基本知识

向量多媒体计算机信息处理中用到最多的是图形与图像处理。图形与图像是对一个实际物体的一种特殊表现形式，具有直观、形象和易于理解的特点。本章主要介绍静态的平面图像的基本概念和数据处理方法。这些概念和方法也同样是三维动画与视频图像的基础。我们将在这一章学习图形与图像的定义、图像的获取方法、图像压缩编码方法及图像处理软件Photoshop的使用技巧。

5.1.1 图形与图像

计算机绘制的图像有两种：向量图形和位图。它们构成了活动图像的基础。它们的共同特点是都属于视觉媒体，是能被我们眼睛所观察到的。

5.1.1.1 向量图形

向量图形是用指令形式存在的图形，用指令来描述图形中的直线、圆、弧、矩形及其形状和大小等，也可用更为复杂的形式表示图像中的曲面、光照、材质等效果。显示图形时从文件中读取指令并转化为屏幕上的形状。图5-1是几个向量图形的例子。

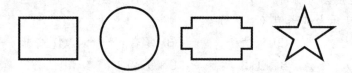

图5-1 向量图形

向量图形最大的优点是不需要对图上每一点进行量化保存，只需让计算机知道所描绘对象的几何特征即可。比如，对于一个圆，只要知道它的半径和圆心的坐标，计算机便可调用相应的函数画出图形。所以图形需要的内存空间相对较小。

但向量图形也有一个缺点就是当图形复杂时，每调用一次费时相当大。因为它是通过执行指令一条一条地生成图形。尤其是在生成三维图形时除了要画线条外，还要处理光照、着色等效果，花费时间就更多了。实用中往往是先用向量方法生成图形，然后转换成位图来使用。

著名的软件AutoCAD及3dsmax等均是向量图形的代表。正是因为向量图形是靠指令来生成的，具有容易控制的特点。所有的图形均可用数字来表达，所以我们可以用它来设计工程图及制作二维动画或三维动画。它也适合作建筑绘图和版面设计等。

5.1.1.2 位图图像

位图由计算机的内存位来组成，这些位定义图像中每个像素点的颜色和层次。位图可直接存入内存并在显示器上显示出来，其显示速度要比向量图形快得多，但位图占的内存空间要比向量图大得多。

位图图像是指在空间和亮度上已经离散化了的图像，可以把一幅位图图像理解为一个矩阵，矩阵中的任一元素都对应图像上的一个点，在内存中对应于该点的值为它的灰度。这个数字矩阵的元素就称为像素，像素的灰度层次越多则图像越逼真。一般照片都是用位图图像来表示，它适合于做电视图像和动画等。图5-2为位图图像的例子。

图5-2　位图图像

5.1.2　颜色的基本概念

5.1.2.1　亮度、色调和饱和度

彩色可用亮度、色调和饱和度来描述，人眼看到的任意彩色光都是这三个特性的综合效果。

（1）亮度是发射光或物体反射光明亮度程度的量度。

（2）色调是由于某种波长的颜色光使观察者产生的颜色感觉，每个波长代表不同的色调。它反映颜色的种类，决定颜色的基本特性，例如红色、棕色等都是指色调。某一物体的色调是指该物体在日光照射下所反射的各光谱成分作用于人眼的综合效果，对于透射物体则是透过该物体的光谱综合作用的结果。

（3）饱和度是颜色强度的度量。对于同一色调的彩色光，饱和度越深，颜色越鲜明或者越纯。例如红色和粉红色的区别，虽然这两种颜色有相同的主波长，但一种也许是混合了更多的白色在里面，因此显得不太饱和。饱和度还与亮度有关，因为若在饱和的彩色光中增加白光的成分，则增加了光能，因而变得更亮了，但它的饱和度却降低了。

通常把色调、饱和度统称为色度，上述内容总结为亮度表示某彩色光的明亮程度，而色度则表示颜色的类别与深浅程度。

5.1.2.2　三基色（RGB）原理

自然界常见的各种颜色光，都可由红（R）、绿（G）、蓝（B）三种颜色按不同的比例相配而成，这就是色度学中最基本的原理——三基色原理。

三基色的选择必须遵循一条规律：任何一种颜色都不能由其他两种颜色合成。因为人的眼睛对红、绿、蓝这三种色光最敏感，因此，以这三种颜色作为基色相配来获得彩色得到了最为广泛的应用，如图5-3所示。

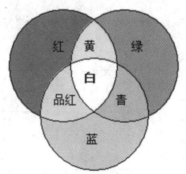

图5-3　相加混色之三基色及其补色

把三种基色光按不同的比例相加称之为相加混色。例如某种颜色和这三种颜色之间的关系可用下面的式子来描述：

R（红色的百分比）+ G（绿色的百分比）+ B（蓝色的百分比）= 颜色

用公式表达如下：

红色（100%）+ 绿色（100%）+ 蓝色（0%）= 黄色
红色（100%）+ 蓝色（100%）+ 绿色（0%）= 品红
绿色（100%）+ 蓝色（100%）+ 红色（0%）= 青色
红色（100%）+ 绿色（100%）+ 蓝色（100%）= 白色

我们称青色、品红和黄色为红、绿、蓝三色的补色，从图5-3中还可以看出：红色+青色=绿色+品红= 蓝色+黄色= 白色。

5.1.3　色彩的空间表示

在多媒体系统中常涉及用几种不同的色彩空间表示图形和图像的颜色，如计算机显示时采用RGB彩色空间或色彩模型，在彩色全电视数字化时使用YUV色彩模型，彩色印刷时采用CMYK模式等。不同的彩色空间对应不同的应用场合，在图像的生成、存储、处理及显示时对应不同的彩色空间，需要作不同的处理和转换。

5.1.3.1　RGB彩色空间

由于某种颜色可以由红（R）、绿（G）、蓝（B）三种色光按不同的比例相加混色来得到，如果将R、G、B看成三个变量，就形成RGB三维彩色空间。在多媒体计算机中，用得最多的是RGB彩色空间 。不管其中采用什么形式的彩色空间表示方法，多媒体系统最终的输出一定要转换成RGB空间表示。

对任意彩色光F，其配色方程可写成：

$$F=r[R]+g[G]+b[B]$$

其中r、g、b为三色系数，r[R]、g[G]、b[B]为F色光的三色分量。任意一种色光，其色度可由相对色系数中的任意两个唯一地确定。因此，各种彩色的色度可以用二维函数表示。用r和g作为直角坐标系中两个直角坐标所画的各种色度的平面图形，就叫RGB色度图，如图5-4所示。

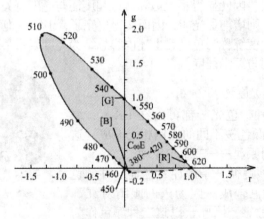

图5-4　RGB彩色空间

5.1.3.2　HSI色彩空间

HSI色彩空间指从人的视觉系统出发，用色调（Hue）、色饱和度（Saturation或Chroma）和亮度（Intensity或Brightrless）来描述色彩。HSI色彩空间可以用一个圆锥空间模型来描述，其中以亮度I为纵轴，色调H为绕着圆锥截面度量的色环，色饱和度S为穿过中心的半径横轴。亮度值是沿着圆锥的轴线度量的，沿着圆锥轴线上的点表示完全不饱和的颜色。按照不同的灰度等级，最亮点为纯白色，最暗点为纯黑色。圆锥截面的圆周一圈上的颜色为完全饱和的纯颜色，如图5-5所示。

人的视觉对亮度的敏感程度远强于对颜色浓淡的敏感程度，当图像亮度有变化时视觉反应明显，而当颜色浓淡有变化时视觉往往没有反应。

由于HSI色彩空间更接近人对色彩的认识和解释，因此采用HSI方式能够减少彩色图像处理的复杂性，提高处理速度。

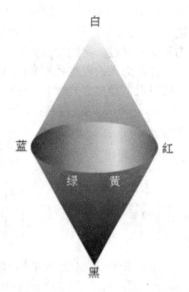

图5-5　颜色立体图

在图像处理和计算机视觉中，大量算法都可在HSI色彩空间中方便地使用，它们可以分开处理而且是相互独立的。因此，用HSI色彩空间可以大大简化图像分析和处理的工作量。

HSI色彩空间和RGB色彩空间只是同一物理量的不同表示法，因而它们之间存在着转换关系，如公式5-1所示。彩色图像的获取可采用RGB空间，图像的编辑可采用HSI空间。

$$H= \frac{1}{360} \left[90-\arctan\left(\frac{F}{\sqrt{3}}\right)+(0，G>B；180，G<B)\right] \tag{5-1}$$

$$F= \frac{2R-G-B}{G-B}$$

其中：
$$S=1- \frac{\min(R，G，B)}{I}$$

$$I= \frac{R+G+B}{3}$$

5.1.3.3　YUV和YIQ彩色空间

在彩色电视制式中，图像是通过YUV和YIQ空间来表示的。PAL彩色电视制式使用YUV模型，Y表示亮度，UV用来表示色差，U、V是构成彩色的两个分量。YUV彩色空间中，三管彩色摄像机或CCD摄像机就是把拍摄的彩色图像，经分色棱镜分成R0G0B0信号，然后进行放大和γ校正得到RGB，再经过矩阵变换电路得到亮度信号Y、色差信号R-Y和B-Y，发送端将Y、R-Y及B-Y三个信号进行编码，用同一信道发送出去。

YUV表示法中，亮度信号（Y）和色度信号（U、V）是相互独立的。其中，Y信号分量构成黑白灰度图，U、V信号构成另外两幅单色图。利用YUV分量之间的独立性原理，黑白电视能接收彩色电视信号，解决了黑白电视和彩色电视的兼容问题。

YUV表示法可以利用人眼的特性来降低数字彩色图像所需的存储容量。

美国、日本等国家采用的NTSC电视制式选用YIQ彩色空间，Y仍为亮度信号，I、Q仍为色差信号，与U、V不同的是，在它们之间存在着一定的转换关系。人眼的彩色视觉特性表明，人眼分辨红、黄之间的颜色变化的能力最强，而分辨蓝色与紫色之间的变化的能力最弱。通过一定的变换，I对应于人眼最敏感的色度，而Q对应于人眼最不敏感的色度。

在考虑人的视觉系统和阴极射线管（CRT）的非线性特性之后，RGB和YUV的对应关系可以近似地用方程式5-2表示：

$$Y = 0.299R + 0.587G + 0.114B$$
$$U = -0.147R - 0.289G + 0.436B \quad (5-2)$$
$$V = 0.615R - 0.515G - 0.100B$$

或者写成矩阵的形式：
$$\begin{bmatrix} Y \\ U \\ V \end{bmatrix} = \begin{bmatrix} 0.299 & 0.587 & 0.114 \\ -0.147 & -0.289 & 0.436 \\ 0.615 & -0.515 & -0.100 \end{bmatrix} \begin{bmatrix} R \\ G \\ B \end{bmatrix}$$

RGB和YIQ的对应关系用方程式5-3表示：

$$Y = 0.299R + 0.587G + 0.114B$$
$$I = 0.596R - 0.275G - 0.321B \quad (5-3)$$
$$Q = 0.212R - 0.523G + 0.311B$$

5.1.3.4 YCrCb彩色空间

YCrCb彩色空间是由YUV彩色空间派生的一种颜色空间，主要用于数字电视系统，是数字视频信号的世界标准。基本上，YCrCb代表和YUV相同的彩色空间。在这两个彩色空间中，Y表示明亮度，也就是灰阶值；而U和V表示的则是色度，作用是描述影像色彩及饱和度，用于指定像素的颜色。"亮度"是通过RGB输入信号来创建的，方法是将RGB信号的特定部分叠加到一起。"色度"则定义了颜色的两个方面——色调与饱和度，分别用Cr和Cb来表示。其中，Cr反映了RGB输入信号红色部分与RGB信号亮度值之间的差异。而Cb反映的是RGB输入信号蓝色部分与RGB信号亮度值之同的差异。

数字域中的彩色空间变换与模拟域的彩色空间变换不同。它们的分量使用Y、Cr和Cb来表示，与RGB空间的转换关系如公式5-4所示：

$$Y = 0.299R + 0.578G + 0.114B$$
$$Cr = (0.500R - 0.4187G - 0.0813B) + 128 \quad (5-4)$$
$$Cb = (-0.1687R - 0.3313G + 0.500B) + 128$$

5.1.3.5 CMY彩色空间

印刷机或彩色打印机就不能用RGB颜色来印刷或打印，它只能使用一些能够吸收特定的光波而反射其他光波的油墨或颜料来实现。油墨或颜料的三基色是青（cyan）、品红（magenta）和黄（yellow），简称为CMY。青色对应蓝绿色，品红对应紫红色。理论上说，任何一种由颜料表现的色彩都可以用这三种基色按不同的比例混合而成，这种色彩表示方法称CMY色彩空间表示法。由CMY混合的色彩又称为相减混色，如图5-6所示。

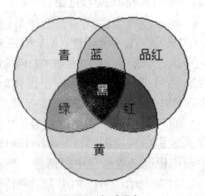

图5-6 相减混色

CMY又写成CMYK。在实际应用中，一幅图像在计算机中用RGB空间或其他空间表示并处理，最后打印输出时要转换成CMY空间表示。

5.2 图像的压缩技术

5.2.1 数据压缩编码简介

图像数据压缩的主要依据有两个：一是图像数据中有许多重复的数据，使用数学方法来表示这些重复数据就可以减少数据量；另一个依据是人眼睛对图像细节和颜色的辨认有一个极限，把超过极限的部分去掉，也就达到了数据压缩的目的。

基于数据冗余的压缩技术是无损压缩技术，而基于人眼视觉特性的压缩技术是有损压缩技术。实际上，图像压缩技术是各种有损和无损压缩技术的综合实现。

常见的图像数据冗余有：

（1）空间冗余：在任何一幅图像中，均有由许多灰度或颜色都相同的邻近像素组成的区域，它们形成了一个性质相同的集合块，即它们相互之间具有空间（或空域）上的强相关性，在图像中就表现为空间冗余。例如，图5-7中白色桌子上放了一个鲜花的挂件，除了挂件之外，其余的地方全部是相同的白色，这就是说，桌面所有像素与相邻颜色信息完全相同，在统计上是冗余的。冗余的像素数据可以压缩，甚至相邻颜色极为接近的数据也可以压缩，只要掌握适度就可以保证图片的良好视觉效果。

（2）结构冗余：在有些图像的纹理区，图像的像素值存在着明显的分布模式。例如，方格状的板图案等，我们称此为结构冗余。已知分布模式，可以通过某一过程生成图像，如图5-8所示。

图5-7 空间冗余　　　　　　　　　　　　　　图5-8 结构冗余

（3）时间冗余：这是序列图像（电视图像、运动图像）表示中经常包含的冗余。图像序列中两幅相邻的图像有较大的相关，这反映为时间冗余。

（4）视觉冗余：人类视觉系统的一般分辨能力估计为26灰度等级，而一般图像的量化采用的是28的灰度等级。像这样的冗余，我们称之为视觉冗余。由于人类的视觉系统对图像场的敏感性是非均匀和非线性的，在记录原始的图像数据时，对人眼看不见或不能分辨的部分进行记录显然是不必要的，因此，我们可以利用人类视觉的这个特性降低视觉冗余。

（5）知识冗余：有些图像的理解与某些知识有相当大的相关性。例如，狗的图像有固定的结构，比如，狗有四条腿，头部有眼、鼻、耳朵，有尾巴等。这类规律性的结构可由先验知识和背景知识得到，我们称此类冗余为知识冗余。

（6）图像区域的相同性冗余：它是指图像中的两个或多个区域所对应的所有像素值相同或相近，从而产生的数据重复性存储，这就是图像区域的相似性冗余。在以上情况下，记录了一个区域中各像素的颜色值，则与其相同或相近的区域就不需要再作记录了。向量量化（Vector quantization）方法就是针对这种冗余性的图像压缩编码方式。

5.2.2 数据压缩方法的分类

5.2.2.1 编码分类

根据编解码后数据是否一致来进行分类，数据压缩的方法一般被划分为两类：

（1）可逆编码（无损编码）。此种方法的解码图像与原始图像严格相同，压缩比在2:1~5:1之间。主要编码有Huffman编码、算术编码、行程长度编码等。

（2）不可逆编码（有损编码）。此种方法的解码图像与原始图像存在一定的误差，但视觉效果一般可以接受，压缩比可以从几倍到上百倍调节。常用的编码有变换编码和预测编码。

5.2.2.2 常用编码

根据压缩的原理分为如下几种：

（1）预测编码。它是利用空间中相邻数据的相关性来进行压缩数据的。通常，图像中局部区域的像素是高度相关的，因此可以用先前像素的有关灰度知识来对当前像素的灰度进行估计，这就是预测。如果预测是正确的，则不必对每一个像素的灰度都进行压缩，而是把预测值与实际像素值之间的差值经过熵编码后发送到接收端，接收端通过预测值+差值信号来重建原像素。

预测编码可分为线性预测编码和非线性预测编码。通常用的方法有脉冲编码调制（PCM）、增量调制（DM）、差分脉冲编码调制（DPCM）等。DPCM基本原理是基于图像中相邻像素之间的相关性，每个像素可通过与之相关的几个像素来进行预测，如图5-9所示。

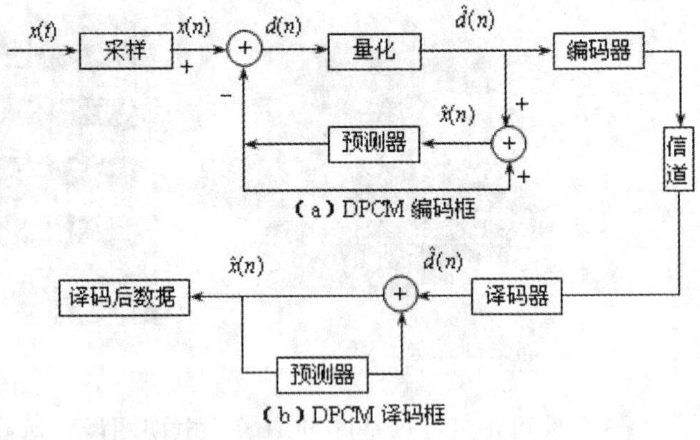

图中$x(n)$为采样的声音或图像数据，$\tilde{x}(n)$为$x(n)$的预测值，$d(n) = x(n) - \tilde{x}(n)$是实际值和预测值的差值，$\hat{d}(n)$是$d(n)$的量化值，$\tilde{x}(n)$是引入量化误差的$x(n)$。

图5-9 DPCM原理图

预测编码可以获得比较高的编码质量，并且实现起来比较简单，因此被广泛地应用于图像压缩编码系统。但是它的压缩比不高，而且精确的预测有赖于图像特性的大量的先验知识，并且必须进行大量的非线性运算，因此一般不单独使用，而是与其他方法结合起来使用。例如，在JPEG中使用了预测编码技术对DCT直流系数进行编码。

（2）变换编码。该方法将图像时域信号转换为频域信号进行处理。这种转换的特点是把在时域空间具有强相关的信号转换到频域上时在某些特定的区域内能量常常集中在一起，数据处理时可以将主要的注意力集中在相对较小的区域，从而实现数据压缩。一般采用正交变换，如离散余弦变换（DCT）、离散傅立叶变换（DFT）。图5-10显示了一个变换编解码过程的示意图。

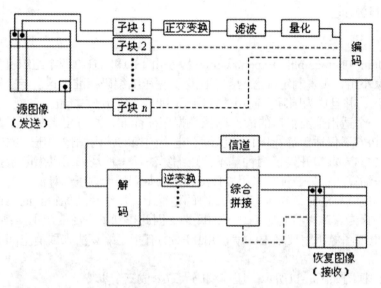

图5-10　变换编解码示意图

变换编解码系统通过发送端将原始图像分割成1到n个子图像块，每个子图像块送入到正交变换器作正交变换，变换器输出变换系数经过滤波、量化、编码后送到信道，传输到接收端，接收端作解码、逆变换、综合拼接，恢复出空域图像。变换编码的性能取决于子图像的大小、正交变换的类型、样本的选择和量化器的设计。

人们通过对大量自然景物图像的统计分析发现，绝大部分图像信号在空间域中像素之间的相关性是很大的。它们经过正交变换以后，其能量主要集中在低频部分；而且经过正交变换后的变换系数之间的相关性大大降低。

变换编码的基本思路就是利用上述特点，在编码时略去某些能量很小的高频分量，或在量化时对方差较小的分量分配以较少的比特数，以降低码率。另外，变换编码还可以根据人眼对不同频率分量的敏感程度而对不同系数采用不同的量化台阶，以进一步提高压缩比。

（3）量化与向量量化编码。对模拟信号进行数字化时要经历一个量化的过程。为了使整体量化失真最小，就必须依据统计的概率分布设计最优的量化器。最优的量化器一般是非线性的，已知的最优量化器是Max量化器。我们对元点进行量化时，除了每次仅量化一个点的方法外，也可以考虑一次量化多个点的做法，这种方法称为向量量化。即利用相邻数据间的相关性，将数据系列分组进行量化。

（4）信息熵编码。依据信息熵原理，让出现概率大的信号用较短的码字表示，反之用较长的码字表示。常见的编码方法有Huffman编码、Shannon编码以及算术编码。

（5）子带（subband）编码。将图像数据变换到频率后，按频率分带，然后用不同的量化器进行量化，从而达到最优的组合。或者分布渐进编码，在初始时，对某一个频带的信号进行解码，然后逐渐扩展到所有频带。

5.3 静态图像压缩标准

5.3.1 JPEG标准

5.3.1.1 JPEG

JPEG（Joint Photographic Experts Group） 是由 ISO和ITU–T两个组织机构联合组成的一个图像专家小组，负责制定静态的数字图像数据压缩编码标准，这个专家组开发的算法称为JPEG算法，并且成为国际上通用的标准，因此又称为JPEG标准。

JPEG是一个适用范围很广的静态图像数据压缩标准，既可用于灰度图像，又可用于彩色图像。JPEG不仅适于静止图像的压缩，电视图像的帧内图像的压缩编码也常采用此算法。目前JPEG专家组开发了两种基本的压缩算法：一种是采用以离散余弦变换DCT为基础的有损压缩算法；另一种是采用以预测技术为基础的无损压缩算法。

使用有损压缩算法时，在压缩比为25:1的情况下，压缩后还原得到的图像和原始图像相比较，非图像专家难以找到它们之间的区别，因此得到了广泛的应用。例如在V–CD和DVD–Video电视图像压缩技术中，就使用JPEG的有损压缩算法来取消空间方向上的冗余数据。

JPEG算法框图如图5–11所示，压缩编码大致分成三个步骤：

（1）使用正向离散余弦变换（Forward Discrete Cosine Transform，FDCT）把空间域表示的图变换成频率域表示的图。

（2）使用加权函数对DCT系数进行量化，这个加权函数对于人的视觉系统是最佳的。

（3）使用哈夫曼可变字长编码器对量化系数进行编码。

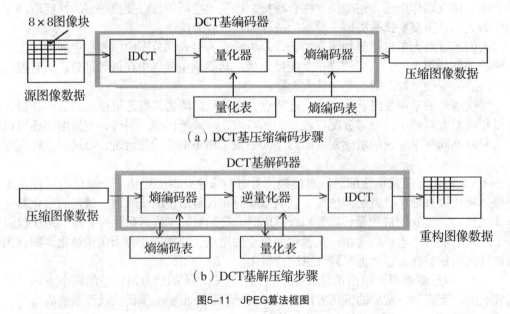

（a）DCT基压缩编码步骤

（b）DCT基解压缩步骤

图5–11 JPEG算法框图

5.3.1.2 JEPG定义的四种操作模式

（1）顺序（Sequential）方式，将图像分为8×8的块，然后进行DCT、量化和熵编码。

（2）渐进（Progressive）方式，算法与方法与顺序方式类似，不同的是，先传送部分DCT信息，使收端尽快获得一个粗略图像，然后再将剩余系数传送，逐渐获得清晰的图像。

（3）无损方式（Lossless），采用一维或二维的DPCM编码，传送差值。

（4）分层（Hierachical）方式，将输入图像的分辨率逐渐降低，形成一系列分辨率递减的图像。先从低分辨率的底层图像开始编码，然后将经过内插的底层图像作为上层图像的预测值，再对差值进行编码。

5.3.2 MPEG标准

MPEG将帧率为30帧/秒或25帧/秒的帧序列图像以三种类型的图像表示，如图5-12所示。

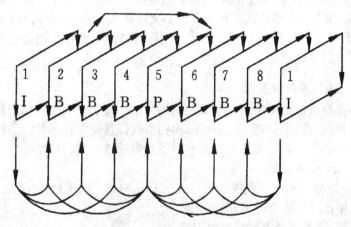

图5-12 MPEG帧序列图像类型

其中，I图表示帧内图，以静止图像压缩技术处理传送；P图称为预测图，它是由帧内图I或预测图P由前向预测方法产生，对预测误差有条件地传送；B图称为插补图，它可根据前面和后面的双向预测产生，增加B图的数目会减少参考图I与参考图P之间的相关性，这样对提高压缩比有益，而对图像质量有损失。所以，I图、B图、P图之间的时间间隔根据被压缩视频画面的复杂度和重建图像的质量要求来综合考虑决定。对大多数类型的图像景物而言，参考图之间用大约1/10秒的间隔隔开。

MPEG用于减少空域冗余信息的技术与JPEG标准采用的方法基本相同，分三个阶段进行：

（1）作DCT变换，计算变换系数。

（2）对变换系数进行量化。

（3）对变换系数进行编码。

视频压缩算法必须有与存储相适应的性质，即能随机访问、快进/快退检索、倒放、音像同步、有容错能力、延时控制在150ms之内、具有可编辑性以及灵活的视频窗口格式。

5.4 图像的获取与处理

把自然的影像转换成数字化图像的过程叫做"图像获取过程"，图像获取过程的实质是进行模/数（A/D）转换，即通过相应的设备和软件，把作为模拟量的自然影像转换成数字量。

获取图像的方法非常多，一个重要途径是使用专用计算机扩展设备，如扫描仪、数码照相机等对图像进行获取。除硬件设备外，还需要设备驱动程序、图像处理工具等软件。

5.4.1　获取的途径

图像的获取途径主要有两个：

（1）利用彩色扫描仪和数码照相机等设备进行模/数转换。对于收集的图像素材，如印刷品、照片以及实物等，使用彩色扫描仪对照片和印刷品进行扫描，经过少许的加工后，即可得到数字图像。使用数码照相机可直接拍摄景物，再传送到计算机中进行处理。

（2）从数字图像库或网络上获取图像。数字图像库通常采用光盘作为数据载体，多采用PCD文件格式和JPG文件格式。其中，PCD文件格式是Kodak公司开发的Photo—CD光盘格式，JPG文件格式是压缩数据文件格式。国际互联网络的某些网站也提供合法的图片素材，有些需要支付少量的费用。

5.4.1.1　用彩色扫描仪来获取图像

用扫描仪获得高质量的图像依靠正确的扫描方法、设定正确的扫描参数、选择合适的颜色深度，以及后期的技术处理。ScanWizard扫描软件是现在相当普及的扫描软件，该软件具有编辑和修改功能，能够节约原本需在图像处理软件内进行修整的时间。下面，简单介绍一下ScanWizard扫描软件的功能。

（1）进行预扫描。单击"预视"键可完成真正扫描之前的预视结果，然后选择最后需扫描的范围，单击"扫描"键可开始扫描。

（2）可以检查图像被修改过后的RGB值。

（3）可建立多项扫描。

（4）可选择扫描图像的类型。它既可以按原格式进行扫描，也可以用别的格式扫描。例如：彩色图像也可采用灰度及线条方式进行扫描。

（5）在预视提示下，图像可通过设置窗口中的图像增强工具进行调整。这些工具能调整诸如图像的亮度、对比度、暗调和高光或中间调、饱和度以及运用其他滤波器的特殊效果等。在图像增强对话框中，可实时对比处理前后的效果，且能直接切换至其他增强工具，该功能是ScanWizard扫描软件的主要特点。

5.4.1.2　用数码相机获取图像

数码相机和传统相机一样，也是由镜头、快门和光圈等部分组成，只不过传统照相机将影像存放到感光胶片上，而数码相机则将影像存储在内存上。

利用数码相机获取自然影像和使用传统光学照相机差不多，其主要需解决硬件参数配置、取景和构图、光线运用、镜头参数调整、数据传送等问题。

5.4.2　图像加工处理过程

常见的图片加工技术手段主要有：

（1）色调调整：修正由于拍摄光线不足、照相机自身结构等原因而产生的偏色现象。

（2）增加锐度：扫描形成的图片通常锐度不够，适当增加图片的锐度，可提高清晰度。

（3）修版：去掉图片中的斑点、瑕疵和修补缺损等。

（4）分辨率转换：根据不同的使用场合，转换成相应的分辨率。

（5）彩色深度转换：在大多数情况下，通常进行高比特颜色深度到低比特颜色深度的转换。例如某图像在扫描时选择的是24bit颜色深度（224=16777216色），如果用于显示，则要转换成8bit的颜色深度（28=256色）。

（6）颜色模式转换：图像有若干种颜色模式，最常用的是RGB彩色模式和CMYK彩色模式。如果RGB模式图像用于印刷，则要转换成CMYK彩色模式。

图像的处理须通过图像处理软件完成，图像处理软件可对图像进行常规处理，例如图像尺寸的放大与缩小、翻转、旋转、亮度调整、对比度调整等；如果采用稍微复杂的特殊算法，还可以生成很多特殊的图像效果，例如水纹涟漪效果、油画效果、扭曲效果等。目前使用最广泛的是专业图像处理软件Photoshop。

5.5 图像处理软件Photoshop

5.5.1 Photoshop 概述

Photoshop 是美国Adobe公司开发的用于印刷和网络图像制作的一种功能强大的图像设计和处理软件。Photoshop不但有运行于Windows的版本，还有运行于苹果操作系统的版本。它是集图形创作、文字输出、效果合成、特技处理等诸多功能于一体的绝佳图像处理工具，被形象地称为"图像处理超级魔术师"。

作为图像处理工具，Photoshop着重在效果处理上，即能对原始图像进行艺术加工，并有一定的绘图功能。Photoshop能完成色彩修正，修饰缺陷，合成数字图像以及利用自带的滤镜功能创作各种艺术效果等。

1990年，Adobe公司开始推出Adobe Photoshop。

1996年，Adobe公司推出Adobe Photoshop4.0。

1998年，Adobe公司推出功能更加强大的Adobe Photoshop5.0版本，Adobe Photoshop5.0成了当时一流的图像设计与制作工具。

2002年，Adobe Photoshop7.0有了真正的重大改进，在此之前，Photoshop处理的图片绝大部分还是来自于扫描，实际上Photoshop上面大部分功能基本与从20世纪90年代末开始流行的数码相机没有什么关系。版本7.0增加了Healing Brush等图片修改工具，还有一些基本的数码相机功能如EXIF数据、文件浏览器等。

在其后的发展历程中，Photoshop 8.0的官方版本号是CS，9.0的版本号变成了CS2，10.0的版本号则变成了CS3，以此类推，最新版本是Adobe Photoshop CS5。

本书将结合Adobe PhotoshopCS3来学习 Photoshop的使用。

5.5.2 Photoshop的界面和基本概念

5.5.2.1 Photoshop操作界面

Photoshop CS3的操作界面组成如图5-13所示。工作界面主要包括标题栏、菜单栏、工具栏、工具箱、调板和工作区等。

标题栏
菜单栏
工具栏
工具箱
调板
图像窗口
工作区

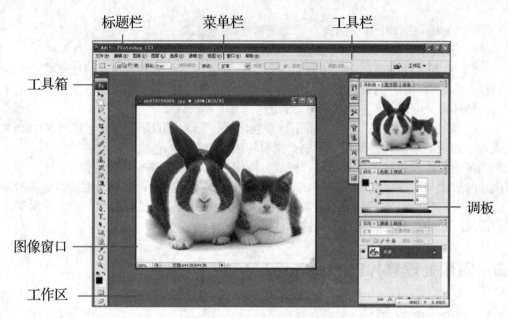

图5-13 Photoshop CS3工作界面

（1）标题栏。

标题栏位于界面的最上方，主要显示软件图标、名称“Adobe Photoshop CS 3”、窗口最大化按钮、最小化按钮和关闭按钮。在标题栏上单击鼠标右键会出下一个下拉列表，如图5-14所示，可以对窗口大小进行控制，作用与标题栏右上方的3个按钮功能相同。

还原(R)
移动(M)
大小(S)
最小化(N)
最大化(X)
关闭(C) Alt+F4

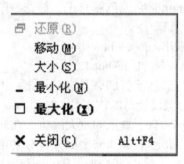

图5-14 下拉列表

（2）菜单栏。

菜单栏位于标题栏的下方，包括10个菜单命令，如图5-15所示。用户可以利用这些菜单命令对图像进行调整和处理。用户单击菜单命令，将会弹出下拉菜单。如果子菜单处于灰色状态，说明此时的命令在当期状态不可用；如果子菜单右侧有一个黑三角符号，说明该菜单项下还有子菜单。

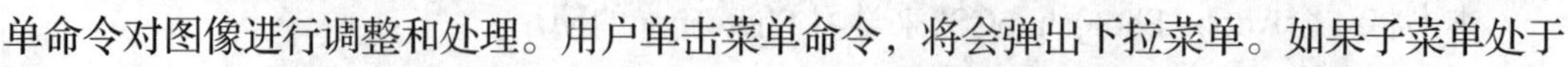

文件(F) 编辑(E) 图像(I) 图层(L) 选择(S) 滤镜(T) Analysis 视图(V) 窗口(W) 帮助(H)

图5-15 菜单栏

（3）工具栏。

工具栏位于菜单栏下方，在工具箱中选择某一个工具后，系统将在工具属性栏中显示该工具的相应参数，用户可在该工具属性栏中进行参数的调整。以矩形选框工具为例，当用户点击矩形选框工具按钮时，对应的工具属性为图5-16，用户可以设置选框的选取重叠方式、羽化像素大小等。

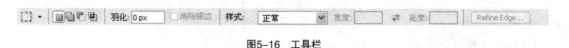

图5-16　工具栏

（4）工具箱。

工具箱是学习Photoshop软件的重点，工具箱中涵盖了选区制作工具、绘图修图工具、颜色设置工具及控制工作模式和画面显示模式工具等。在操作界面上，工具箱以长条显示，当单击工具箱上方的按钮时，可以恢复为短双条显示。具体如图5-17所示。另外，工具箱中某种工具右下角的黑色小三角符号，表示该工具位置上存在一个工作组。

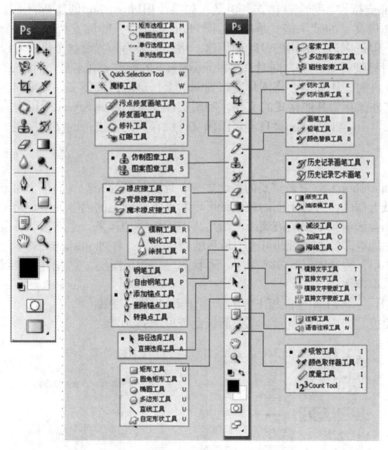

图5-17　短双条工具箱模式及内置子命令

（5）调板。

默认状态下，调板区位于界面右侧，用户可以通过调板区控制图像的颜色、样式等，还可以观察图像的图层、历史记录、路径、动作等相关操作，如图5-18所示。

图5-18　调板显示图

（6）工作区。

Photoshop软件界面窗口中大片的灰色区域为工作区，工具箱、调板、图像窗口等都位于工作区内，在具体的工作中，用户可以调节图像窗口的显示比例，使其充满整个工作区，便于对图像的修改和操作。

5.5.2.2　基本概念

1. Photoshop的文件格式

Photoshop支持许多种文件格式，但是，如果使用Photoshop创建新的图像文件的话，会发现这个图像文件的默认格式是PSD。除Photoshop外，能够支持显示这个文件格式的软件并不多，但是应该在编辑图像时使用这一格式，因为一方面这个格式可以使用户在多次修改文件时感到得心应手，同时许多Photoshop下的操作都依赖于这个格式。当需要最后输出图像文件时，比如需要将图片发布到网页上，这时再选择文件菜单的存储为命令将PSD格式的文件保存为其他格式的文件。利用文件菜单的存储为Wed所用格式，可以将文件保存为Wed页面。Photoshop会自动将图像文件保存为网页支持的文件格式，同时大大减小文件的大小。

2. 图层

图层是Photoshop CS3中最重要的概念之一。什么是图层呢？我们打个比方：在一张张透明的玻璃纸上作画，透过上面的玻璃纸可以看见下面纸上的内容，但是无论在上一层上如何涂画都不会影响到下面的玻璃纸。最后将玻璃纸叠加起来，通过移动各层玻璃纸的相对位置或者添加更多的玻璃纸即可改变最后的合成效果。在Photoshop CS3中常用的图层类型包括背景图层、普通图层、文本图层、形状图层、效果图层、蒙板图层和调节图层。

图层的基本操作：

◇　新建图层：单击图层面板下方的"创建新的图层"按钮。

"图层面板"如图5-19所示。图层面板命令见图5-20。

图5-19　图层面板　　　　　　　图5-20　图层面板命令

◇ 复制图层：在图层面板中直接将选中的图层拖到图层面板下方"创建新的图层"按钮上，或者选择图层面板弹出菜单中的"复制图层"命令。

◇ 删除图层：选择需要删除的图层，直接拖到面板上的"删除图层"按钮处，或者选择面板弹出菜单中的"删除图层"命令。

◇ 调整图层的顺序：图层的叠放顺序会直接影响图像显示的效果。上面的图层总是会遮盖下面的图层，可以通过图层面板来改变图层的顺序。首先选取要移动的图层，执行"图层/排列"命令，从弹出的子菜单选择一个命令执行，或者使用鼠标直接在图层面板拖动来改变图层的顺序。

◇ 链接图层：图层的链接命令使我们可以同时对同一图像的多个图层进行旋转和自由变形等操作以及对不相邻图层进行合并。打开一张分层的图像，在图层面板上选中某层作为当前层所要链接层前面的方框，当出现链接图标时，表示链接图层与当前作用层链接在一起了。

◇ 合并图层：在一幅图像中，图层越多文件尺寸也越大。因此我们可以将一些基本上不用改动的图层或一些影响不大的图层合并在一起，以减少磁盘的使用空间，提高操作效率。选择要合并的图层，在图层面板右侧的下拉菜单中选择合并方式，其中提供了3种合并图层的方式，即"向下合并"、"合并可见图层"和"拼合图层"。

3. 蒙板

蒙板是Photoshop处理图像很重要的一种高级技术，其主要用途有两个：一个是用来隔离和保护图像中的某一部分区域，使之不受编辑修改等操作影响，与建立选区的作用类似，可以将图像的修改局限在图像的某一区域中；另一个是控制不同图层之间的显示效果。

Photoshop的蒙板主要有两种模式：快速蒙板模式和图层蒙板模式。

（1）快速蒙板模式。

快速蒙板作为让用户创建和查看图像的临时蒙板，可以将图像的任何选区作为蒙板进行编辑。将选区作为蒙板编辑的优点是几乎可以使用任何Photoshop工具或滤镜修改蒙板。例如，可以使用矩形选框工具创建一个矩形选区，进入快速蒙板模式并使用画笔扩展或收缩选区。画笔颜色为白色，选区被扩大；画笔颜色为黑色，蒙板区域被扩大。

（2）图层蒙板模式。

图层蒙板是浮在图层之上的一块挡板，它不改变图层中的图像像素，只是用来控制该层图像各部分的透明效果。使用图层蒙板的功能对图像合成大有帮助。添加图层蒙板的方法有两个，一个是利用图层控制面板，另一个是利用"图层"菜单。

利用图层控制面板添加蒙板的方法是：首先在图层面板上选中要添加蒙板的图层，接着在面板的下面用鼠标单击添加蒙板图标，在该层缩略图后面就会出现白色的方块，即为该层添加了白色蒙板（层中的图像没有变化）。若按住Alt键的同时用鼠标单击添加蒙板图标，则在该层缩略图后面就会出现黑色的方块，即为该层添加了黑色蒙板（层中的图像完全不显示）。

利用"图层"菜单添加图层蒙板的方法是：执行"图层"→"添加图层蒙板"命令，选择显示全部，生成的就是白色蒙板；选择隐藏全部，生成的是黑色的蒙板。

可以利用"蒙板"隔绝出一个受保护的区域，只允许对未被遮挡的区域进行修改。蒙板效果即遮照物（即蒙板）作用于被遮照物（即作用图层），遮照物是以8位灰度通道形式存储，如图5-21所示，其中：

黑色的部分：完全不透明，被遮照物不可见。

白色的部分：完全透明，被遮照物可见。

灰度的部分：半透明，被遮照物隐约可见。

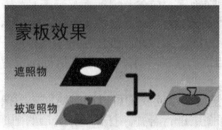

图5-21　蒙板效果图

4. 通道

通道用来存储不同类型信息的灰度图像。其次，通道还可以用来存放选区和蒙板，让用户以更复杂的方法操作和控制图像的特定部分。

打开一幅图像即会自动创建颜色信息通道。如果图像有多个图层，则每个图层都有自身的一套颜色通道。通道的数量取决于图像的模式，与图层的多少无关。图5-22为一幅RGB颜色模式的图像4个默认通道和2个Alpha通道。默认通道为红色（R）、绿色（G）、蓝色（B）各一个通道，它们分别包含了此图像红色、绿色、蓝色的全部信息。另外一个默认通道为RGB复合通道，改变RGB中的任一个通道的颜色数据，都会马上反映到复合通道中。在操作中，我们可以创建Alpha通道，将选区存储为8位灰度图像放入通道面板中，用来处理、隔离和保护图像的特定部分。

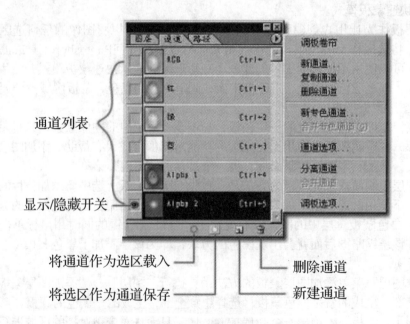

图5-22　通道面板

5. 切片

切片是Photoshop为了支持网络图像的编辑引进的一个新的处理图片的方法。为了加快网页上图片的下载和显示，可以利用切片将图像分为几个功能区域。每个功能区域在保存时可以使用不同的格式，比如需要动画的部分采用GIF格式，而其他部分使用JPEG格式可以获得较好的显示效果，这样就大大减小了图片的尺寸。每一个切片都可以包含自己的设置，甚至可以为某一个切片设置超链接，这样，当图片保存为Web页面时，切片所对应的图像区域就自动具有了超链接属性。

切片的类型主要有以下几种：

◇　使用切片工具创建的切片称为用户切片。

◇　从图层创建的切片称为基于图层的切片。

◇　创建新的用户切片或基于图层的切片时，将生成占据图像其余区域的附加自动切片，换句话说，就是自动切片填充图像中用户切片或基于图层的切片未定义的空间。每次添加或编辑用户切片或基于图层的切片都要重新生成自动切片。

使用切片可以将编辑图像分成许多的功能区域。将图像存为Web页时，每个切片作为一个独立的文件存储，文件中包含切片自己的设置、颜色调板、链接、翻转效果及动画效果。使用切片可以加快下载速度。处理包含不同数据类型的图像时，切片也非常有用。例如，如果需要以GIF格式优化图像的某一区域以便支持动画，而图像的其余部分以JPEG格式优化效果更好时，就可以使用切片隔离动画。

5.5.3　Photoshop基本操作

5.5.3.1　新建、打开、关闭、保存文件

（1）新建文件。

新建文件，执行菜单"文件"/"新建"命令或者快捷键【Ctrl+N】，弹出"新建"对话框，如图5-23所示，可以在"新建"对话框中进行各项设置。设置好参数后，单击"确定"按钮或直接按下【Enter】键，即可以建立一个新文件。

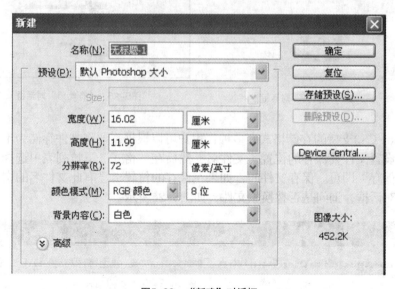

图5-23　"新建"对话框

在参数设置中，分辨率越高，图像越清晰，文件也越大。如果仅仅是适用于计算机或是网络发行，则只需要72像素即可；如果用于打印，只需要150像素；如果用于印刷，则

最小应达到300像素的分辨率，否则会导致图像像素化。

（2）打开文件。

执行"文件"/"打开"命令或者按快捷键【Ctrl+O】，也可以双击Photoshop工作区桌面，弹出"打开"对话框，如图5-24所示。在"查找范围"下拉列表中，选择查找图像存放的位置，在"文件类型"下拉列表中选择要打开的图像文件格式，如果选择"所有格式"选项，那么所有格式的文件都会显示在对话框中。双击要打开的文件或者单击"打开"按钮，即可以打开图像。

如果要一次打开多个文件，可以单击第一个文件，然后按住【Shift】键，再单击要打开的最后一个文件，这样可以选择多个连续文件。如果要打开多个不连续的文件，按住【Ctrl】键，单击要打开的文件即可。

（3）保存文件。

对Photoshop文件编辑处理以后，要及时保存，便于后续使用。执行"文件"/"存储"命令或者按住快捷键【Ctrl+S】，打开"存储为"对话框，如图5-25所示。

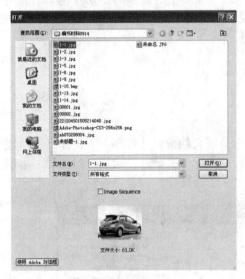

图5-24 "打开"对话框

图5-25 "存储为"对话框

Photoshop CS3支持的存储格式有多种，用户可以根据需要将文件存储为不同的格式，在对话框中设置文件要保存的位置、文件名，然后在"格式"下拉列表中选择要存储的格式，单击"保存"即可。保存文件时，如果在保存的位置上已有此文件名的文件，则会弹出一个提示对话框，询问是否替换原文件，如图5-26所示。

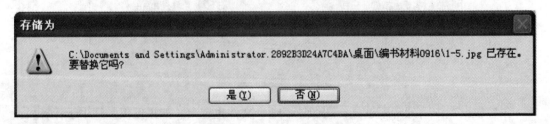

图5-26 "存储为"提示对话框

（4）关闭文件。

在Photoshop CS3中，对图像处理保存以后，可将其关闭。选择菜单"文件"／"关闭"命令或按快捷键【Ctrl+W】。用户也可以按【Ctrl+F4】组合键关闭当前窗口。如果用户打开了多个窗口，想把它们全部关闭，可选择菜单"文件"／"全部关闭"命令，或者按快捷键【Alt+Ctrl+W】即可。

5.5.3.2 调整图像显示大小

使用Photoshop CS3时，用户可以改变图像的显示比例来使工作更加便捷，通常可以使用窗口快捷按钮、工具箱缩放工具等进行调整。调整图形显示大小是，用户可以使用工具箱的缩放工具🔍调节，在图像中单击即可将图像放大，此时光标显示为🔍，若按住【Alt】键在图像中单击则可将图像缩小，此时光标显示为🔍，也可通过属性工具栏进行选择🔍。缩放操作时，每单击一次左键，图像就会缩小或放大一倍。如图5-27所示。

图5-27 放大工具属性栏

放大一个指定的区域时，应先选择缩放工具🔍，然后把缩放工具定位在要观察的区域，按住鼠标左键拖拉，使鼠标画出的矩形框圈选住所需的区域，然后松开鼠标左键，这个区域就会放大或者缩小显示并填满图像窗口。

当然，用户也可以只用组合键【Ctrl++】或者【Ctrl+-】来逐次放大或者缩小图像，如果要将图像窗口放大填满整个屏幕，则可以在"缩放"工具的属性栏中单击适合屏幕按钮[适合屏幕]，然后选中"调整窗口大小以满屏显示"复选框，这样在放大图像时窗口就会和屏幕尺寸相适应。单击实际像素按钮[实际像素]，图像以实际像素比例显示。单击打印尺寸按钮[打印尺寸]，图像以打印分辨率显示。

用户也可以通过"导航器"控制面板对图像进行放大或缩小。单击控制面板右下方"缩小"按钮▲或者"放大"按钮▲可以逐次缩小或放大图像。拖拉小三角形滑块可以自由调整图像的比例，在左下角的数值框中直接输入数值后回车也可以调整图像的比例，如图5-28所示。

（a）"导航器"控制面板

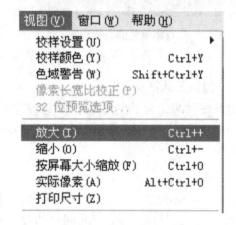

（b）"视图"菜单栏

图5-28

5.5.3.3 更改屏幕显示模式

Photoshop CS3中，提供了4种不同的屏幕显示模式，分别是标准屏幕模式、最大化屏幕模式、带有菜单栏的全屏模式和全屏模式，如图5-29所示。同样，可以利用快捷键【F】切换屏幕显示模式，连续按住【F】键便可在4种显示模式之间转换，效果图见5-30（a）到（d）所示。

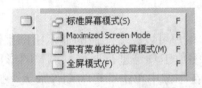

图5-29 屏幕显示模式按钮及其子命令

（a）标准屏幕模式　　　　　　　　　　　（b）最大化屏幕模式

（c）带有菜单栏的全屏模式　　　　　　　（d）全屏模式

图5-30 多种屏幕显示模式

5.5.3.4 隐藏工具箱及调板

处理图片时，为了在编辑过程中查看整体效果，可以将工具箱、调板和属性栏进行隐藏，按住【Tab】键可以实现此种转化。另外，【Shift +Tab】组合键可以单独对调板进行显示隐藏控制。

5.5.3.5 抓手工具

在Photoshop CS3中，抓手工具主要是用来移动画布，以改变图像在窗口中的显示位置。双击抓手工具按钮，图像将自动调整大小以适合屏幕的显示范围。选中抓手工具，属性栏将显示如图5-31所示的状态。通过点击属性栏中的3个按钮，即可调整显示图像。当窗口小于画布大小的时候，用户可以通过抓手工具在窗口中左右移动画布。如果窗口等于或大于画布时，则无效。在操作中，用户也可以通过快捷键达到与之相同的功能。当用户进行图像编辑时，点击空格键就可以转换为抓手工具。

图5-31　抓手工具属性栏

5.5.3.6　调整画布大小与方向

图像画布尺寸的大小是指当前图像周围工作区间的大小，用户可以通过"图像"/"画布大小"菜单项，然后在弹出的"画布大小"对话框中对图像进行裁剪或者增加空白区。如图5-32所示。

图5-32　画布大小对话框

"当前大小"选项组显示的是当前文件的大小和尺寸。

"新建大小"选项组用于重新设定图像画布的大小，其中利用"定位"选项则可以调整图像在新画面中的位置，可偏左、居中或者左上角等。如图5-33所示。

图5-33　画布扩展示意图

如果用户设置的尺寸小于原尺寸，则按所设宽度和高度沿图像四周裁剪，反之则在图像四周增加空白区。增加空白区时，背景层的扩展部分将以当期背景色填充，其他层的扩展部分将为透明区。效果如图5-34所示。

（a）调整画布前　　　　　　（b）调整画布后

图5-34

画布大小设定好以后，用户可以通过"图像"/"旋转画布"等命令来控制画布的呈现方式，如图5-35所示。

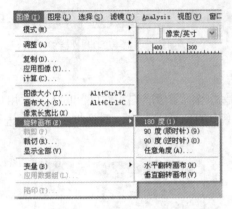

图5-35 "旋转画布"子菜单

5.5.3.7 裁剪图像

虽然用户可以利用设置画布大小来裁剪图像，但这种方式不太直观，在Photoshop中，我们可以使用"裁切"工具。裁切图像前，先选择"裁切"工具，然后在图像中单击裁切区域的第一个角点，并拖动光标至裁切区域的对角点，如图5-36所示。

图5-36 裁切图像

用户如果选定裁切区域时同时按下【Shift】键，则可以选择一正方形区域；如果同时按下【Alt】键，则选取以开始点为中心的裁切区域；若同时按下【Shift+Alt】组合键，则选取以开始点为中心的正方形裁切区域；在拖动"裁切"工具时按住【Ctrl】键，可防止选框吸附在图片边框上。选定裁切区域后，为了更明显地查看裁切的效果，可以在选定裁切区域后的属性栏中设置不透明度。

5.5.3.8 标尺和参考线

使用标尺与参考线可以便于用户将图像元素放于指定位置当中，执行"视图"/"标尺"菜单命令，单击图像窗口中的标尺并将其水平或垂直拖曳即可。在默认的情况下，标尺的单位是厘米，用户可以执行"编辑"/"首选项"/"单位和标尺"菜单命令，在其对话框中设置其他单位等，如图5-37所示。同时，也可在"首选项"中设置其他属性，包括界面、文件处理、性能、显示与光标、透明度与色域、单位与标尺、参考线网格切片与计

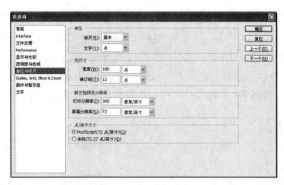

图5-37　"单位与标尺"设置框

数、增效工具和文字。

如果要拖曳参考线的位置，可按住【Ctrl】键将光标放置在参考线上，然后拖曳参考线到新位置即可。用户还可以根据需求通过"视图"菜单中选择相应的菜单对参考线进行新建、锁定和删除等命令。

5.5.3.9　还原和重做

用户在处理图像时，可能经常要使用还原和重做，常用的方法有以下几种：

方法一：使用菜单命令。

在进行图像处理时，最近所进行的操作会出现在"编辑"菜单中的第一条位置上。该位置开始的内容为"还原"菜单项，当执行了某项操作后则变为"还原……操作"，单击该菜单，系统将撤销前面所进行的操作，此时菜单项将变为"重做状态更改"，单击该菜单项又将重复前面所进行的操作，该菜单项将变为"还原状态更改"。另外，利用菜单栏"前进一步"/"后退一步"也可执行还原命令，但只能撤销最近进行的一步操作，如图5-38所示。

图5-38　"编辑"菜单命令还原与重做

方法二：使用历史记录控制面板。

历史记录控制面板是一个具有多次恢复功能的面板，系统默认值为最多恢复20次，单击"窗口"/"历史记录"菜单项即可显示历史记录控制面板。如图5-39所示。

图5-39　"历史记录"控制面板

在历史记录控制面板中单击记录过程中的任意一个画面，图像就会恢复到该画面的效果，单击灰色的退回画面，则可以重新返回该画面的效果。选择历史记录控制面板下拉菜单中的"向前一步"或者"后退一步"都可以向下或向上移动一个画面。单击创建新快照按钮，可以将当前状态的图像保存为新快照，使用新快照可以在历史记录被清除后对图像进行恢复。单击按钮，可以为当前状态的图像或者快照复制一个新的图像文件。

5.5.4 Photoshop实例

5.5.4.1 图像合成

（1）执行"新建/打开"命令，打开如图5-40所示的背景图片，将以这幅图片为背景加入各种动物的图片。

图5-40 背景图片

（2）打开如图5-41所示的海鸥图片，由于图片的边缘比较明显，可选择工具箱中的"磁性索套工具"，在图像中沿着海鸥的边缘选取整个海鸥区域。为了柔化选区，执行"选择/羽化"命令，在弹出的羽化对话框中，将羽化值设为10，然后使用快捷键Ctrl+C复制选区。

图5-41 海鸥图片

（3）回到背景图片，使用快捷键【Ctrl+V】将海鸥粘贴到背景图片中，这时，系统将自动生成"图层1"以放置海鸥图片。执行"编辑/变换"命令，调整海鸥图片在背景图像中的比例，调整后的效果如图5-42所示。

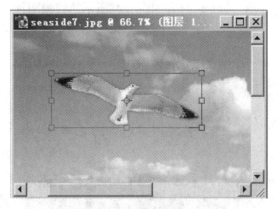

图5-42　变换后图片效果

（4）打开如图5-43所示的海豚图片，运用处理海鸥图片时的方法选取并复制海豚区域，选择后将其复制到背景图片中，系统同样会自动生成"图层2"来放置海豚图片。

图5-43　海豚图片

（5）执行"编辑/变换/缩放"命令，调整海豚图片在背景图片中的比例，这时的图像效果如图5-44所示。选择工具条中的"移动工具"将海豚图片移动到合适的位置，这样就完成了操作。

图5-44　改变比例

5.5.4.2　蒙板的使用

（1）执行"新建/打开"命令，打开如图5-45所示的背景图片。

图5-45　背景图片

（2）单击图层面板中的"创建新的图层"按钮，新建一个图层，按键盘上的D键将前景色设为黑色，用"油漆桶工具"，将图层1填充为黑色，如图5-46所示。

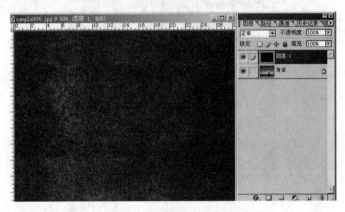

图5-46　将图层1填充为黑色

（3）选择"椭圆选框工具"，在图层1中画一个椭圆，如图5-47所示。

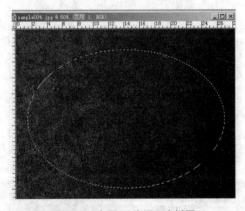

图5-47　在图层1中画一个椭圆

（4）单击菜单栏中的"选择/反选"命令，然后再单击菜单栏中的"选择/羽化"命令，将羽化值设为50，如图5-48所示。然后单击"好"按钮完成羽化操作。

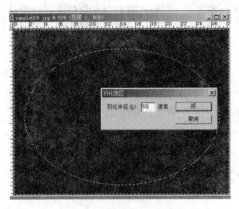

图5-48 将羽化值设为50

（5）单击图层面板下方的"添加图层蒙板"按钮，完成操作，如图5-49所示。

图5-49 完成操作后的效果

5.6 习题

1. 阐述矢量图形与位图图像的区别。
2. 电脑三原色是哪三种颜色？电脑三原色叠加后的颜色是什么颜色？
3. 在网络上应采用什么格式的图片？提供印刷的图片应采用什么格式？
4. 图像分辨率的单位是什么？阐述其意义。
5. 什么是冗余？多媒体信息数据中存在的冗余数据有多少种，分别是什么？
6. Photoshop中的什么工具可以直接将改过的画面恢复到打开文件的画面状态？
7. 含有多个图层的图像可以存储为JPG格式文件吗？
8. 图层的前后位置可以掉换吗？

第6章　动画的编辑与制作

动画是多媒体产品中最具有吸引力的素材，具有表现力丰富、直观、易于理解、吸引注意力、风趣幽默等特点。动画制作需要两方面的知识：其一，动画的绘画与制作知识；其二，动画制作软件的使用知识。

6.1　动画的基本概念

6.1.1　动画的发展史

2.5万年前的石器时代洞穴上的野牛奔跑分析图是人类试图捕捉动作的最早证据，在一张图上把不同时发生的动作画在一起，这种"同时进行"的概念间接显示了人类"动"的欲望。图6-1为达·芬奇的黄金比例人体图，上画的四只胳膊，表示双手上下摆动的动作。中国绘画史上，艺术家有把静态绘画赋予生命的传统，如《六法论》中主张的气韵生动，聊斋《画中仙》中人物走出卷轴等（虽然得靠想象力弥补动态）。这些和动画的概念都有相通之处，但真正发展出使图上的画像动起来的功夫，还是在遥远的欧洲。

图6-1　黄金比例人体图

18世纪中期，两位科学家西蒙·里特·史坦弗（Simon Ritter von Stampfer）和约瑟夫·普拉泰奥（Joseph Plateau）博士在其独立研究中偶然得到了一个令人吃惊的发现。当史坦弗在奥地利开发他的里特诡盘（Ritter phenakistiscope）时，普拉泰奥正在比利时发明着他的频闪观测仪（stroboscope），这是两种最早用来观看动画的奇妙装置。

1828年，法国人保罗·罗盖特首先发现了视觉暂留。他发明了留影盘。它是一个被绳子或木杆在两面间穿过的圆盘。盘的一个面画了一只鸟，另外一面画了一个空笼子。当圆盘被旋转时，鸟在笼子中出现了。这证明了当眼睛看到一系列图像时，它一次保留一个图像。

1831年，法国人Joseph Antoine Plateau把画好的图片按照顺序放在一部机器的圆盘上，圆盘可以在机器的带动下转动。这部机器还有一个观察窗，用来观看活动图片效果。在机器的带动下，圆盘低速旋转。圆盘上的图片也随着圆盘旋转。从观察窗看过去，图片似乎动了起来，形成动的画面，这就是原始动画的雏形。

1906年，美国人J.Steward制作出一部接近现代动画概念的影片，片名叫《滑稽面孔的幽默形象（Humorous Phase of a Funny Face）》。他经过反复琢磨和推敲，不断修改画稿，终于完成了这部接近动画的短片。

1908年，法国人Emile Cohl首创用负片制作动画影片。所谓负片，是影像与实际色彩恰好相反的胶片，如同今天的普通胶卷底片。采用负片制作动画，从概念上解决了影片载体的问题，为以后动画片的发展奠定了基础。

1909年，美国人Winsor Mccay用一万张图片表现一段动画故事，这是迄今为止世界上公认的第一部像样的动画短片。从此以后，动画片的创作和制作水平日趋成熟，人们已经开始有意识地制作表现各种内容的动画片。

1915年，美国人Eerl Hurd创造了新的动画制作工艺，他先在塑料胶片上画动画片，然后再把画在塑料胶片上的一幅幅图片拍摄成动画电影。多少年来，这种动画制作工艺一直被沿用着。

1928年，世人皆知的华特·迪士尼（Walt Disney）创作出了第一部有声动画《威利汽船》；1937年，又创作出第一部彩色动画长片《白雪公主和七个小矮人》。他逐渐把动画影片推向了巅峰，在完善了动画体系和制作工艺的同时，还把动画片的制作与商业价值联系起来，被人们誉为商业动画之父。直到如今，他创办的迪士尼公司还在为全世界的人们创造出丰富多彩的动画片，可以说是20世纪最伟大的动画公司。

20世纪80年代，通过利用传统技术与计算机技术的联姻，动画长片又一次经历了复兴，此时的电视动画则陷入了窘境。很多制片公司转型成集团企业。传说中的动画师制片人被踢出制片公司的大门，为的是给商学院的毕业生腾出位置。盈亏变成各家公司的首要考虑。美国的很多动画师失去工作，电视动画的偏执也因此而大打折扣。可悲的是，这种现象一直持续到今天。虽然廉价的海外劳动力为动画公司提供了更为经济的解决方案，但他们并不能灵活机智地运用诸如Flash这样的动画技术。在本世纪之交，没有哪一个动画电视节目是完全在美国国内由大牌的好莱坞厂商制作完成的。

1995年，皮克斯公司制作出第一部三维动画长片《玩具总动员》，使动画行业焕发出新的活力。

6.1.2 动画的视觉原理

动画是通过连续播放一系列画面，给视觉造成连续变化的画面。它的基本原理与电影、电视一样，都是利用了一种视觉原理。当我们观看电影、电视或动画片时，画面中的人物和场景是连续、流畅和自然的。但当我们仔细观看一段电影或动画胶片时，看到的画面却一点儿也不连续。只有以一定的速率把胶片投影到银幕上才能有运动的视觉效果，这种现象是由视觉暂留造成的。动画和电影正是利用人眼的这一视觉暂留特性。

医学已证明，人类的眼睛具有"视觉暂留"的特性，就是说当人的眼睛看到一幅画或一个物体后，它的影像就会投射到我们的视网膜上，如果这件物体突然移开，它的影像仍会在我们的眼睛里停留一段极短的时间，在1/24秒内不会消失，这时如果有另一个物体在这段极短的时间内出现，我们将看不出中间有断续的感觉，这就是"视觉暂留"的原理。

6.1.3 动画的构成规则

动画的构成规则主要有以下三点：

（1）动画由多画面组成，并且画面必须连续。

（2）画面之间的内容必须存在差异。

（3）画面表现的动作必须连续，即后一幅画面是前一幅画面的继续。

动画的表现手法也要遵循一定的规则：

（1）在严格遵循运动规律的前提下，可进行适度的夸张和发展。

（2）动画节奏的掌握以符合自然规律为主要标准。

（3）动画的节奏通过画面之间物体相对位移量进行控制。

6.1.4 传统动画的制作

动画制作因人而异，每个人的制作都有一套自己的方法，不同的国家和不同的设备也同样造成不同的制作过程，但是总体来说传统动画在制作过程中的基本原理都是一样的，大致上我们可以将传统动画的制作过程分为下面几个主要的过程：

1. 总体设计

和所有产品的生产过程一样，动画也是从构想点子开始的。动画在制作之前不可缺少的一个步骤，就像是我们在做任何事情之前都必须要先考虑这件事究竟该怎样去做一样，我们在制作动画之前也必须要有个总体的规划，这就是总体设计，具体来说分为以下几个步骤：

（1）剧本。所谓剧本，就是制作影片的故事情节和人物对话，这里我们要清楚的一点是，动画影片和一般的影片有一些区别的地方，动画影片注重故事画面以及画面动作的视觉表现而不注重复杂的对话，对话尽量精而少。动画通常都是通过滑稽的动作和夸张的视觉冲击来激发观众的想象。

（2）故事板。故事板大致和我们现在看到的连环画有点儿类似，就是我们根据剧本情节将剧本描述的动作表现出来。故事板由若干片段组成，每一片段由系列场景组成，一个场景一般被限定在某一地点和一组人物内，而场景又可以分为一系列被视为图片单位的镜头，由此构造出一部动画片的整体结构。故事板在绘制各个分镜头的同时，作为其内容的动作、道白的时间、摄影指示、画面连接等都要有相应的说明。一般30分钟的动画剧本，若设置400个左右的分镜头，将要绘制约800幅图画的图画剧本——故事板。如图6-2所示，这是日本关于游戏《最终幻想》的故事板。

图6-2 游戏《最终幻想》的故事板

（3）制作进度表。这里是由总负责人或者导演对整个影片制作过程进度以及人员调配方面所使用的。

2. 设计制作

有了上面这些工作的准备后，我们接下来就可以进行具体的设计制作阶段了。

（1）设计。设计的工作是在确定的故事板基础之上，确定背景、前景及道具的形式和形状，完成场景环境和背景图的设计、制作。依据动画片具体的分类又分为不同的实际制作形式，但是都必须进行故事中造型的不同角度以及动作的描绘。这也方便了其他动画人员在制作时的参考。

（2）音响。动画中的画面和动作需要音响的衬托，所以一般情况下进行动画设计制作之前必须首先进行音响的录音，这样我们才可以将画面中的动作与音响完全匹配。具体制作中，编辑人员将录好的声音精确地分解到每一幅画面位置上，即第几秒（或第几幅画面）开始说话、说话持续多久等。最后要把全部音响历程（或称音轨）分解到每一幅画面位置与声音对应的条表，供动画人员参考。

3. 具体创作

具体的创作阶段可以说是制作动画中最重要的一个阶段，假如我们将整个动画制作过程比喻为艺术品雕塑的过程，那么可以这样理解：具体创作过程就是雕塑过程中塑造肌肉的过程。它也可以分成下面几个步骤来完成：

（1）原画的创作。就是由动画设计师设计绘画出动画中的关键画面，接下来由被称为助理动画师的人员来绘制两个动作画面之间的一个画面，其他的动画师再内插完成动作之间的连接画面。如图6-3所示，我们可以看到这个环节中的整个工作制作过程与人员分配的情况。

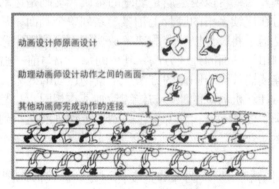

图6-3　原画的创作

（2）中间插画的制作。中间插画是指两个重要位置或框架图之间的图画，一般就是两张原画之间的一幅画。 在这里我们必须要注意的一点就是，当动画师进行动作之间的连接画面制作时，一定要注意的就是这些内插的连续动作的画要符合指定的动作时间，使之能表现得接近自然动作。

（3）誊清和描线。前面绘制的画面一般都是由动画师用铅笔绘制的草图，最终都必须使用特制的静电复印机将草图移印到醋酸胶片上，然后再用手工给移印在胶片上的画面的线条进行描墨工作。

（4）着色。最后一步就是进行画面的着色工作了，这样我们的动画片才是彩色的。

4. 拍摄制作阶段

拍摄制作的过程就是将我们前面制作好的画面，使用特殊的拍摄设备制作成动画片的过程，具体分为：

（1）检查。检查是拍摄阶段的第一步。在每一个镜头的每一幅画面全部着色完成之后，拍摄之前，动画设计师需要对每一场景中的各个动作进行详细的检查。

（2）拍摄。动画片的拍摄，使用中间有几层玻璃层、顶部有一部摄像机的专用摄制台。拍摄时将背景放在最下一层，中间各层放置不同的角色或前景等。

（3）编辑。编辑是后期制作的一部分。编辑过程主要完成动画各片段的连接、排序、剪辑等。

（4）录音。编辑完成之后，编辑人员和导演开始选择音响效果配合动画的动作。在所有音响效果选定并能很好地与动作同步之后，编辑和导演一起对音乐进行复制。再把声音、对话、音乐、音响都混合到一个声道上，最后记录在胶片或录像带上。这是一个集体合作的结果，一个集体创作的效率直接影响着整个动画制作过程的品质与效率。

6.2　电脑动画

6.2.1　电脑动画的基本概念

电脑动画又称为计算机动画，是在传统动画的基础上，使用计算机图形图像技术而迅速发展起来的一门高新技术。动画使得多媒体信息更加生动，富于表现。广义上看，数字图形图像的运动显示效果都可以称作动画。在PC机上可以很容易地实现简单动画。

动画与运动是分不开的，可以说运动是动画的本质，动画是运动的艺术。从传统意义上说，动画是一门通过在连续多格的胶片上拍摄一系列单个画面，从而产生动态视觉的技术和艺术，这种视觉是通过将胶片以一定的速率放映的形式体现出来的。一般来说，动画是一种动态生成一系列相关画面的处理方法，其中的每一幅与前一幅略有不同。

电脑动画是采用连续播放静止图像的方法产生景物运动的效果，即使用计算机产生图形、图像运动的技术。计算机动画的原理与传统动画基本相同，只是在传统动画的基础上把计算机技术用于动画的处理和应用，并可以达到传统动画所达不到的效果。由于采用数字处理方式，动画的运动效果、画面色调、纹理、光影效果等可以不断改变，输出方式也多种多样。

电脑动画区别于计算机图形、图像的重要标识是动画使静态图形图像产生了运动效果。小到一个多媒体软件中某个对象、物体或字幕的运动，大到一段动画演示，光盘出版物片头、片尾的设计制作，甚至到电视片的片头、片尾，电视广告，直至计算机动画片，如《狮子王（Lion King）》等。

从制作的角度看，电脑动画可能相对较简单，如一行字幕从屏幕的左边移入，然后从屏幕的右边移出，这一功能通过简单的编程就能实现。电脑动画也可能相当复杂，如动画片《侏罗纪公园》，需要大量专业计算机软硬件的支持。从另一方面看，动画的创作本身是一种艺术实践，动画的编剧、角色造型、构图、色彩等的设计需要高素质的美术专业人员才能较好地完成。总之，电脑动画制作是一种高技术、高智力和高艺术的创造性工作。

6.2.1.1　电脑动画的分类

就动画性质而言，电脑动画可以分为两大类：

1. 按动画性质分类

（1）帧动画：是指模拟以帧为基本单位的传统动画，很多帧组成一部动画片，占动画产品的98%。帧动画借鉴传统动画的概念，每帧的内容不同，当连续播放时，形成动画视觉效果。制作帧动画的工作量非常大，电脑特有的自动动画功能只能解决移动、旋转等基本动作过程，不能解决关键帧问题。帧动画主要用在传统动画片的制作、广告片的制作以及电影特技制作等方面，如图6-4所示。

图6-4 帧动画

（2）矢量动画：经过电脑运算而确定运行轨迹和形状的动画，其画面只有一帧，主要表现变换的图形、线条、文字和图案。矢量动画通常采用编程方式和某些矢量动画制作软件来完成。

2. 按动画的实现形式分类

如果按照动画的实现形式分类，则可以分为二维动画、空间动画和变形动画三类。

（1）二维动画：是帧动画的一种，它沿用传统动画的概念，具有灵活的表现手段、强烈的表现力和良好的视觉效果。

（2）空间动画：又叫"三维动画"，可以是帧动画，也可以制作成矢量动画。主要表现三维物体和空间运动。它的后期加工和制作往往采用二维动画软件来完成。

（3）变形动画：也是帧动画的一种，它具有把物体形态过渡到另外一种形态的特点。形态的变换与颜色的变换都经过复杂的计算，形成引人入胜的视觉效果。变形动画主要用于影视人物、场景变换、特技处理、描述某个缓慢变化的过程等场合。

6.2.1.2 电脑动画的特点

动画（Animation）和视频（Video）都是由一系列的静止画面按照一定的顺序排列而成的，这些静止画面称为帧（Frame）。电脑动画和视频的主要差别类似图形与图像的区别，即帧图像画面的产生方式有所不同。总结起来，有以下几个特点：

（1）所有动画必须经过电脑的运算和处理。

（2）电脑软件是动画制作的必要条件，并提供自动动画功能。

（3）电脑动画以文件形式保存，采用国际标准的FLC和GIF89a格式。

6.2.2 常见的动画文件格式

6.2.2.1 GIF格式

GIF（Graphics Interchange Format）即"图形交换格式"，Internet上大量采用的彩色动画文件多为这种格式的文件，也称为GIF89a格式文件，画面尺寸随显示模式而定。

GIF（Graphics Interchange Format）是CompuServe公司在1987年为了制定彩色图像传输协议而开发的图像文件格式。GIF Construction Set for Windows（简称为GIFCON）是Alchemy Mindworks公司开发的一种能够处理和创建GIF格式文件的功能强大的工具集成软件。用GIFCON能够创建包含多幅图像的GIF文件，灵活地控制各个图像的显示位置、显示时间、透明色等，达到各种简单动画的效果。但是，GIFCON本身并没有编辑处理图像的功能，因此创建一个GIF动画需要预先准备好各图像素材。

（1）GIF文件结构。

GIF文件格式采用了可变长度的压缩编码和其他一些有效的压缩算法，按行扫描迅速解码，且与硬件无关。它支持256种颜色的彩色图像，并且在一个GIF文件中可以记录多幅图像。

（2）GIFCON的功能。

根据GIF文件的结构，GIFCON允许用户把各种图像块集成在一起，并可以单独设置各个图块的控制和显示方式，由此达到各种不同的简单动画效果。GIFCON的用途主要包括：

① 创建简单动画。

GIFCON可以把多个图像块（Image Block）组合在一个GIF文件中，构造这种多幅图像GIF文件的先决条件是预处理好需要的图块，这可以通过各种图像处理软件完成。如果各图块大小相同，并按显示的先后顺序插入，显示窗口与图块大小一样，图块都无位移，则每一图块相当于传统动画中的不同帧，由此可以构造出简单帧动画。

由于在GIF文件中各个图块可以具有不同的大小和不同的显示位置，每个图块都由其相应的控制块（Control Block）来控制该图块的显示延时时间、消隐方式等参数。也就是说，每一图块都需要单独控制，并且可以具有不同的延时和消隐方式如消失、保留、被背景取代等。显然，这种控制和显示比传统帧动画更灵活多变，可以在较大的背景图上构造出小前景图沿一条路径运动的效果。

② 创建透明的GIF文件。

在GIF图像的控制块中可以设定该图像是否透明并可选定一种颜色作为透明色。这一特性不仅适用于多图块的GIF文件，也适用于单图块的静态GIF格式图像。透明特性特别适于GIF图像叠加在另一幅大背景中。因为图像文件都必须是按矩形尺寸存储，如果把前景和背景叠在一起，并要求前景是一个独立的物体或移动的物体，则要设定前景图块的背景为透明。

③ 在图像中插入文字。

在GIFCON中通过文本块可以定义叠加在图块上的文字。在文本块之前要插入一个控制块以定义文本的显示位置、文本前景及背景色等参数。如果在控制块中把文本的背景色定义为透明色，则文字可以叠在上一幅图块上。这种相叠并不把两层融合在一起，只是显示时后显示的部分遮挡了以前显示的部分。需要注意的是，某些具有GIF浏览器功能的软件虽然能够浏览GIF动画，但不支持GIF中插入文本的功能。

④ 作为GIF格式图像的浏览器。

普通的图像软件只能静止地显示出GIF文件中的第一帧图像，而GIFCON、IE、Netscape等则可以浏览GIF动画，但不同的GIF浏览器中显示的运动速度可能不同，因此设计动画时要根据应用环境调整图块的延时时间。

（3）GIFCON的使用。

GIFCON的主要功能包括打开、新建、编辑、浏览和保存GIF文件。通过GIFCON的界面，可以对GIF文件的构成内容和参数进行插入和调整。因此，了解了GIF文件的基本格式，按照图像显示的顺序依次插入各个图像帧，并设置好对应的参数，就能构成简单的GIF动画。

6.2.2.2　FLIC（FLI/FLC）格式

FLIC是Autodesk公司在其出品的Animator Pro/3D Studio等2D/3D动画制作软件中采用

的彩色动画文件格式，FLIC是FLC和FLI的统称，其中，FLI是最初的基于320×200像素的动画文件格式，而FLC则是FLI的扩展格式，采用了更高效的数据压缩技术，其分辨率也不再局限于320×200像素。动画文件的体积随动画的长度而变化，动画画面越多，体积越大，反之亦然。由于其代码效率高、通用性好，被大量地用在多媒体产品中。

6.2.2.3　SWF格式

SWF是Macromedia公司的产品Flash的矢量动画格式，它采用曲线方程描述其内容，不是由点阵组成内容，因此这种格式的动画在缩放时不会失真，非常适合描述由几何图形组成的动画，如教学演示等。

6.2.2.4　AVI格式

是Microsoft公司开发的一种符合RIFF文件规范的数字音频与视频文件格式，该方式的压缩率较高，可将音频和视频混合到一起。受视频标准的限制，该格式的动画画面分辨率是固定的，当显示器的分辨率很高时，该格式的画面尺寸就显得很小。

6.2.3　动画制作软件

动画的制作方法有：
（1）利用编程实现。
（2）多媒体创作工具中的动画制作模块。
（3）专门的动画制作软件。
计算机动画的关键技术体现在计算机动画制作软件及硬件上。不同的动画效果取决于计算机动画软、硬件的不同功能。动画制作软件通常具备大量的编辑工具和效果工具，用来绘制和加工动画素材。不同的动画制作软件用于制作不同形式的动画，虽然制作的复杂程度不同，但动画的基本原理是一致的。动画的创作本身是一种艺术实践，动画的编剧、角色造型、构图、色彩等的设计都需要高素质的美术专业人员。

6.2.3.1　二维动画

二维动画是二维平面的动画，常用于影视制作、教学演示、互联网应用等。常用的二维动画制作软件有：
（1）传统动画制作。
Animator Studio为Autodesk公司推出的Windows版二维动画制作软件，集动画制作、图像处理、音乐编辑、音乐合成等多种功能于一体。Animation Stand非常流行二维卡通软件。Morph动画变形软件Morph用于制作变形动画，简单易学 。
（2）Flash动画软件。
Flash使用矢量图形制作动画，具有缩放不失真、文件体积小、适合在网上传输等特点。可嵌入声音、电影、图形等各种文件，还可与JS等相结合进行编程，进行交互性更强的控制。
目前，Flash在网页制作、多媒体开发过程中得到广泛应用，已成为交互式矢量动画的标准。
（3）GIF动画制作。
GIF动画以其制作简单、适用广泛，在网页动画中的地位无可替代。目前GIF动画制作软件非常多。

◇ Ulead Gif Animator：是制作Gif动画工具中功能最强大、操作最简单的动画制作软件之一。利用这种专门的动画制作程序，可以轻松方便地制作出自己需要的动画来。

◇ ImageReady：它不仅具有Photoshop强大的图形处理能力，而且还可以创作富有动感的GIF动画，有趣的动态按键，漂亮的网页，ImageReady完全有能力独立完成从制图到动画的过程。

◇ Fireworks：是Macromedia公司推出的一款编辑矢量位图的综合工具。在Fireworks中，你可以创建动画广告条、动画标识、动画卡通等多种类型的动画图像。

6.2.3.2 三维动画

三维动画属于造型动画，可以模拟真实的三维空间。通过计算机构造三维几何造型，并给表面赋予颜色、纹理，然后设计三维形体的运动、变形，调整灯光的强度、位置及移动，最后生成一系列可供动态实时播放的连续图像。三维动画可以实现某些形体操作，如平移、旋转、模拟摄像机的变焦、平转等。3ds max、Maya等软件用于制作各种各样的三维动画，如三维造型动画、文字三维动画、特技三维动画等。

但在实际的动画制作中，一个动画素材的完成往往不只使用一个动画软件，是多个动画软件共同编辑的结果。

6.3 二维动画制作技术

二维动画制作是一门专门的学科，需要经过长时间的学习和实践，现在许多大学本科课程中增设了该学科。不过，电脑动画的制作与纯粹的动画制作有所不同，电脑动画软件有丰富的编辑工具和校准工具，很多工具的标准化程度和自动化程度很高，利用这些工具，可以比较轻松地绘制图形、进行精准的画面定位、自动生成某种形式的动画等，效率较高。

6.3.1 Animator Pro简介

电脑动画制作的学习，要从二维动画开始，而要学习二维动画制作，要从Animator Pro软件开始。因为Animator Pro软件具有与传统动画相似的制作平台，通过这一平台，可以了解动画的制作观念、过程和基本方法，对于进一步学习动画制作有很好的铺垫作用。

Animator Pro软件有以下几个特点：

◇ 帧动画制作软件，最大帧数4000。

◇ 用途：二维动画制作、网页动画前期制作、三维动画后期制作。

◇ 硬件环境：内存≥32MB，显示模式≥ 16bit增强色。

◇ 系统生成文件格式：

GIF：图片文件（256色，96dpi分辨率）

CEL：剪贴板文件（系统自用文件，图片、动画序列）

FLC：标准动画文件

◇ 绘画工具和效果工具组合使用。

6.3.2 浏览与调入动画

如图6-5所示。

（1）选择"Ani / Browse"菜单。

（2）单击动画图标。

（3）单击[Play]和[Ok]观看动画。

（4）单击[Load]和[Ok]调入动画。

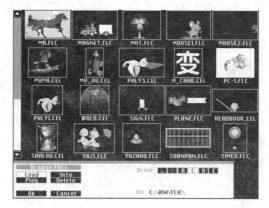

图6-5　浏览画面

6.3.3　画面绘制

6.3.3.1　更换颜色

（1）选择当前颜色：鼠标左键单击取样板、调色盘或当前颜色框。

（2）更换取样板颜色：鼠标右键单击取样板，左键单击屏幕上某颜色，如图6-6所示。

图6-6　颜色样板

6.3.3.2　选择画笔粗细

（1）鼠标右键单击画笔位置。

（2）调节粗细和笔尖形状。

（3）鼠标右键单击画面空白处结束，如图6-7所示。

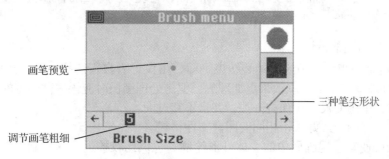

图6-7　画笔

6.4 变形动画制作技术

变形动画是帧动画的一种，用以产生离奇的、魔幻般的艺术效果，被广泛地应用于影视特效制作、广告设计领域。

变形指景物形体变化，它是使一幅图像在1~2秒内逐步变化到另一幅完全不同的图像的处理方法。这是一种较复杂的二维图像处理，需要对各像素点的颜色、位置作变换。变形的起始图像和结束图像分别为两幅关键帧，从起始形状变化到结束形状的关键在于自动生成中间形状，即自动生成中间帧。基本原理就是根据首、尾画面给定的位置、颜色参数进行数字变换。

图像的变形可以采用插值算法来实现。最简单的插值就是对图像的每个像素的色彩值直接进行插值，以实现渐隐渐现效果。但这种技术还不能满足图像变形的要求。由于两幅相差很大的图像之间的对应关系很难直接建立，因此通常的方法是首先建立图像与某种特征结构的对应关系，然后通过对特征结构的插值达到对图像本身的变形插值。

6.4.1 变形动画制作的一般过程

6.4.1.1 一般过程

（1）关键帧选取。

选择两幅结构相似、大小相同的画面作为起始和结束关键帧，这样才能比较容易地实现自然、连续的中间变形过程。

（2）设定关键帧特征结构。

在起始和结束画面上确定和勾画出各部分（主要轮廓）的结构对应关系，即从起始画面上的一个点变到结束画面上的另一个对应点的位置，这是变形运算所需要的参数。根据需要，对应点的位置可以任意移动。调整起始帧的对应点位置，可以模拟摄像中的推镜头效果。

（3）参数设置。

包括中间帧的帧数，生成的动画格式和压缩等参数。

（4）动画生成。

系统自动地对当前帧上的每个点作向着结束点方向的步进运动，步进长度为移动距离除以中间帧数，以求出下一帧对应点的位置及颜色，并对其他相邻点作插值处理。对全部点处理完后生成一个新的当前帧画面。如此反复，生成所有的中间帧。

在实际应用中，可以设置连续的多组关键帧，第二组关键帧的起始图像是第一组的结束图像，由此生成从一幅画面变化到第二幅画面，再变化到第三幅画面甚至更多画面的连续变形动画效果。

6.4.1.2 首、尾动画的设计

首、尾画面是变形动画的起始和结束画面，由设计者自行选择，可以用Photoshop等软件加工和处理，使变形动画效果更加理想，但是处理图像时应该遵循一定的规则：

（1）首、尾画面尺寸应保持一致，并且不宜过大。

（2）首、尾画面最好采用相同的图像文件格式。

（3）最好使首、尾画面中的主体外形轮廓、色调比较接近，这样制作而成的动画效果就比较自然。

（4）首、尾画面的背景最好采用黑色，这样有利于变形动画的后期加工和处理。

6.4.2　使用 PhotoMorph制作变形动画

PhotoMorph是North Coast Software公司开发的一个变形效果的Windows软件，它是一个较完整的软件集成环境。其功能包括浏览和简单编辑各种格式的图像；把不同的图像作为关键帧生成AVI格式的变形动画；用AVI播放器演播变形动画的效果等。

6.4.2.1　可读取的文件格式

PhotoMorph可读取和编辑的文件有两类：图像文件和动画编辑文件（或专案文件）。图像文件作为动画的关键帧，在PhotoMorph中可以读取多种格式的图像并进行简单的编辑。该功能主要用于图像浏览，如果要编辑关键帧，最好采用专门的图像处理软件。

6.4.2.2　生成的动画文件格式

由PhotoMorph生成的变形动画可以按静态图像文件逐帧存储，也可以按AVI格式存成一个文件，并配有AVI播放器以播放变形动画的效果。在AVI放映机窗口内可以装入一个AVI文件，并可控制该文件的放映、倒退、快转、倒退一帧或向前一帧等操作。在PhotoMorph环境中只能产生和播放AVI文件，并不能对已有的AVI文件进行再处理或编辑工作。

6.4.2.3　变形动画的编辑

PhotoMorph的动画编辑文件以PMP为后缀，也称为专案（Project）文件，它包括变形动画的起始、结束帧图像指针，变形对应点以及变形动画的其他参数。PMP文件记录的是动画的编辑信息，而不包含关键帧图像数据。通过该文件可对变形动画效果进行重复编辑，但需要同时保留关键帧图像文件。PhotoMorph主窗口上的编辑菜单只能操作图像文件，而PMP专案文件只能由PhotoMorph的专案编辑器，也称为变形动画编辑器进行显示和编辑。专案编辑器是PhotoMorph的主要控制窗口。在该编辑窗口中可装入和保存PMP文件；显示和编辑动画参数；显示和增加关键帧组；编辑关键帧画面上的对应点；生成中间帧图像文件或AVI文件；预览动画各帧；最后可开启AVI放映机浏览动画效果。变形动画效果如图6-8所示。

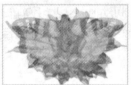

图6-8　变形动画

6.5　网页动画制作技术

6.5.1　Flash简介

6.5.1.1　定义

Flash是Macromedia公司推出的著名的矢量动画制作软件，用它能制作精湛的网页画面。Flash制作的动画，除在网页浏览外，还可以在专门的播放器播放，也可以直接输出为可执行文件、AVI文件、GIF动画或图像。

Flash的制作是以时间轴为主线，方便地控制每一关键帧，还可根据需要，调整每秒显示帧数。

6.5.1.2 优势

由于HTML语言的功能十分有限，无法达到人们的预期设计，以实现令人耳目一新的动态效果，在这种情况下，各种脚本语言应运而生，使得网页设计更加多样化。然而，程序设计总是不能很好地普及，因为它要求一定的编程能力，而人们更需要一种既简单直观又功能强大的动画设计工具，而Flash的出现正好满足了这种需求。Flash动画设计的三大基本功能是整个Flash动画设计知识体系中最重要，也是最基础的，包括绘图和编辑图形、补间动画和遮罩。这是三个紧密相连的逻辑功能，并且这三个功能自Flash诞生以来就存在。

（1）绘图和编辑图形。

绘图和编辑图形不但是创作Flash动画的基本功，也是进行多媒体创作的基本功。只有基本功扎实，才能在以后的学习和创作道路上一帆风顺。使用Flash绘图和编辑图形——这是Flash动画创作三大基本功能的第一位。在绘图的过程中要学习怎样使用元件来组织图形元素，这也是Flash动画的一个巨大特点。

（2）补间动画。

补间动画是整个Flash动画设计的核心，也是Flash动画的最大优点，它有动画补间和形状补间两种形式。用户学习Flash动画设计，最主要的就是学习"补间动画"设计。在应用影片剪辑元件和图形元件创作动画时，有一些细微的差别，你应该完整地把握这些细微的差别。还有补间动画的帧，在制作动画中起主要作用，只有使用帧才能使动画更完美！

（3）遮罩。

遮罩是Flash动画创作中所不可缺少的——这是Flash动画设计三大基本功能中重要的出彩点。使用遮罩配合补间动画，用户可以创建更多丰富多彩的动画效果：图像切换、火焰背景文字、管中窥豹等都是实用性很强的动画。并且，从这些动画实例中，用户可以举一反三地创建更多实用性更强的动画效果。遮罩的原理非常简单，但其实现的方式多种多样，特别是和补间动画以及影片剪辑元件结合起来，可以创建千变万化的形式，你应该对这些形式作个总结概括，从而使自己可以有的放矢，从容创建各种形式的动画效果。

6.5.1.3 Flash的特点

Flash以流控制技术和矢量技术为代表，能够将矢量图、位图、音频、动画和深一层交互动作有机地、灵活地结合在一起，从而制作出美观、新奇、交互性更强的动画效果。较传统动画而言，Flash提供的物体变形和透明技术使得创建动画更加容易，并为动画设计者的丰富想象提供了实现手段；其交互设计让用户可以随心所欲地控制动画，赋予用户更多的主动权。因此Flash动画具有以下特点：

（1）动画短小。Flash动画受网络资源的制约一般比较小，但绘制的画面是矢量格式，无论把它放大多少倍都不会失真。

（2）交互性强。Flash动画具有交互性优势，可以通过单击、选择等动作决定动画的运行过程和结果，是传统动画无法比拟的。

（3）具传播性。Flash动画由于文件小、传输速度快、播放采用流式技术等特点，所以在网络上供人欣赏和下载，具较好的广泛传播性。

（4）轻便与灵巧。Flash动画有崭新的视觉效果，成为新一代的艺术表现形式。比传统的动画更加轻便与灵巧。

（5）人力少，成本低。Flash动画制作的成本非常的低，使用Flash技术制作的动画能够大大地减少人力、物力的资源消耗。同时，在制作时间上也会大大减少。

6.5.2 Flash 应用的几个方面

随着网络热潮的兴起，Flash动画软件版本也开始逐渐升级。强大的动画编辑功能及操作平台更深受用户的喜爱，从而使得Flash动画的应用范围也越来越广泛，其主要体现在以下几个方面。

6.5.2.1 网络广告

网络广告主要体现在宣传网站、企业和商品等方面。用Flash制作出来的广告，要求主题色调要鲜明、文字要简洁，较美观的广告能够增添网站的可看性，并且容易引起客户的注意力而不影响其需求，如图6-9所示。

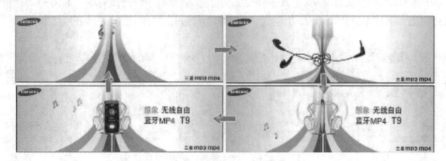

图6-9 网络广告动画

6.5.2.2 网站建设

Flash网站的优势在于其良好的交互性，能给用户带来全新的互动体验和视觉享受。通常很多网站都会引入Flash元素，以增加页面的美观性来提高网站的宣传效果，比如网站中的导航条菜单、Banner、产品展示、引导页等。有时也会通过Flash来制作整个网站，如图6-10所示。

图6-10 Flash网站

Flash导航菜单在网站中的应用是十分广泛的。通过它可以展现导航的活泼性，从而使得网站更加灵活。当网站栏目较少时，可以制作简单且美观的菜单；当网站栏目较多时，又可以制作活泼的二级菜单项目，如图6-11所示。

图6-11　Flash导航条

6.5.2.3　交互游戏

Flash交互游戏，其本身的内容允许浏览者进行直接参与，并提供交互的条件。Flash游戏多种多样，主要包括棋牌类、冒险类、策略类和益智类等多种类型。其中主要体现在鼠标和键盘上的操控。

制作用鼠标操控的交互游戏，主要通过鼠标菜单单击事件来实现。图6-12中展示的是一个"小女孩"学化妆的Flash互动游戏，它就是通过鼠标单击来完成的。

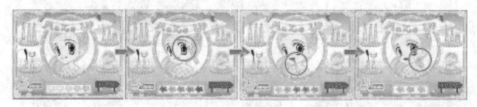

图6-12　鼠标互动性游戏

制作键盘操控的互动游戏，可以通过设置键盘的任意键来操作游戏。图6-13中展示的是一个"空中接人"的Flash互动游戏，它就是通过空格键控制的。

图6-13　键盘互动性游戏

6.5.2.4　动画短片

MTV是动画短片的一种典型，用最好的歌曲配以最精美的画面，将其变为视觉和听觉相结合的一种崭新的艺术形式。制作Flash MTV，要求开发人员有一定的绘画技巧以及丰富的想象力，如图6-14所示。

图6-14 Flash MTV

6.5.2.5 教学课件

教学课件是在计算机上运行的教学辅助软件，是集图、文、声为一体，通过直观生动的形象提高课堂教学效率的一种辅助手段。而Flash 恰恰满足了制作教学课件的需求。如图6-15所示为一个几何体的视图Flash 课件，通过单击"上一步"和"下一步"按钮来控制课件的播放过程。

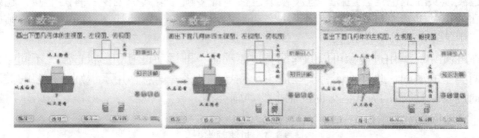

图6-15 Flash教学课件

6.5.3 Flash的基本概念

6.5.3.1 时间轴

时间轴是Flash的一大特点。通过对时间轴上的关键帧的制作，Flash会自动生成运动中的动画帧，节省了制作人员的大部分时间，也提高了效率。在时间轴的上面有一个红色的线，那是播放的定位磁头，拖动磁头可以实现对动画的观察，这在制作当中是很重要的步骤。在时间轴中，使用帧来组织和控制文档的内容。不同的帧对应不同的时刻，画面随着时间的移动逐个出现，就形成了动画。

帧是制作动画的核心，它们控制着动画的时间和动画中各种动作的发生。动画中帧的数量及播放速度决定了动画的长度。其中，最常用的帧类有以下几种。

（1）关键帧。

制作动画过程中，在某一时刻需要定义对象的某种新状态，这个时刻所对应的帧称为关键帧，如图6-16所示。关键帧是变化的关键点，如补间动画

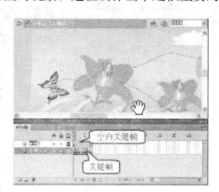

图6-16 关键帧

的起点和终点，以及逐帧动画的每一帧，都是关键帧。关键帧数目越多，文件体积就越大。所以，同样内容的动画，逐帧动画的体积比补间动画大得多。

实心圆点是有内容的关键帧，即实关键帧。无内容的关键帧，即空白关键帧，用空心圆点表示。每层的第1帧被默认为空白关键帧，可以在上面创建内容，一旦创建了内容，空白关键帧就变成了实关键帧。

（2）普通帧。

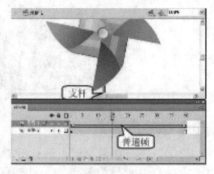

普通帧也称为静态帧，在时间轴中显示为一个矩形单元格。无内容的普通帧显示为空白单元格，有内容的普通帧显示出一定的颜色。例如，静止关键帧后面的普通帧显示为灰色。

关键帧后面的普通帧将继承该关键帧的内容。例如，制作动画背景，就是将一个含有背景图案的关键帧的内容沿用到后面的帧上。如图6-17所示，风车所握的支杆可以通过普通帧来延续，一直显示到结束。

图6-17　添加普通帧

（3）过渡帧。

过渡帧实际上也是普通帧。过渡帧中包括了许多帧，但其中至少要有两个帧：起始关键帧和结束关键帧。起始关键帧用于决定动画主体在起始位置的状态，而结束关键帧则决定动画主体在终点位置的状态。

在Flash中，利用过渡帧可以制作两类过渡动画，即运动过渡和形状过渡。不同颜色代表不同类型的动画，此外，还有一些箭头、符号和文字等信息，用于识别各种帧的类别，可以通过表6-1所示的方式区分时间轴上的动画类型。

表6-1　过渡帧类型

过滤帧形式	说明
	补间动画用起始关键帧处的一个黑色圆点表示；中间的补间帧为浅蓝色背景
	传统补间动画用起始关键帧处的一个黑色圆点表示；中间的补间帧有一个浅紫色背景的黑色箭头
	补间形状用起始关键帧处的一个黑色圆点表示；中间的帧有一个浅绿色背景的黑色箭头
	虚线表示传统补间是断开的或者是不完整的，例如丢失结束关键帧时
	单个关键帧用一个黑色圆点表示。单个关键帧后面的浅灰色帧包含无变化的相同内容，没有任何变化，在整个范围的最后一帧还有一个空心矩形
	出现一个小 a 表明此帧已使用"动作"面板分配了一个帧动作
	红色标记表明该帧包含一个标签或者注释
	金色的标记表明该帧是一个命名锚记

6.5.3.2 图层

图层是Flash中一个非常重要的概念，灵活运用图层，可以帮助用户制作出更多精彩效果的动画。图层类似于一张透明的薄纸，每张纸上绘制着一些图形或文字，而一幅作品就是由许多张这样的薄纸叠合在一起形成的。它可以帮助用户组织文档中的插图，可以在图层上绘制和编辑对象，而不会影响其他图层上的对象。图中6-18中的图层，每一个图层上都有一幅图，每一个图层的内容互不影响。

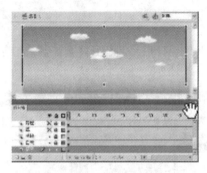

图6-18 图层

图层有4种状态：

（1）活动状态：可以对该层进行各种操作。

（2）隐藏状态：即在编辑时是看不见的。

（3）锁定状态：被锁定的图层无法进行任何操作。

（4）外框模式：处于外框模式的层，其上的所有图形只能显示轮廓。

图层具有独立性，当改变其中的任意一个图层的对象时，其他两个图层的对象保持不变。在操作过程中，不仅可以加入多个层，并且可以通过图层文件夹来更好地组织和管理这些层。如图6-19所示，可以根据每个层的具体内容，重新命名层的名称。

（a）"草地"层及对象内容　　　　　　（b）"白云"层及对象内容

图6-19 层命名

在创建动画时，层的数目仅受计算机内存的限制，增加层不会增加最终输出动画文件的大小。另外，创建的层越多越便于管理及控制动画。Flash包括两种特殊的图层，分别是引导层与遮罩层。

6.5.3.3　场景

场景犹如一个舞台，所有的演员与所有的情节都在这个舞台上进行。舞台由大小、音响、灯光等条件组成，场景也由大小、色彩等设置。对场景的主要操作：

（1）添加一个新场景。

（2）清除某个场景。

（3）为场景改名。

6.5.4　Flash用户界面

由标题栏、菜单栏、时间线窗口、绘图工具箱、舞台工作区、属性设置面板、调色板、组件面板等构成，如图6-20所示。

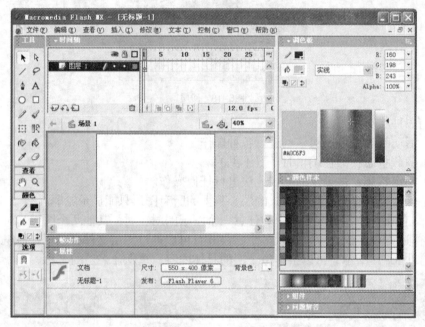

图6-20　Flash用户界面

（1）菜单栏：按照不同的功能，将菜单分成9类。

（2）时间线窗口：是一个用于制作动画的地方，表示各帧的排列顺序和各层的覆盖关系，主要由图层和帧区两部分组成，每层图层都有其对应的帧区，注意上一层图层中的动画将覆盖下层图层中的动画。

（3）绘图工具箱：向用户提供了各种用于创建和编辑对象的工具。

箭头工具：对图形、元件对象进行操作的工具。

选取工具：对图形的形状以及钢笔路径的形式进行修改的工具。

套索工具：具有魔术棒和多边形两种模式。

文本工具：用来输入文本的区域，有静态文本、动态文本和输入文本三种形式，可以通过文本属性面板来设置文本的类型和文字的属性。

钢笔工具：可以用来绘制各种复杂形状的对象。

铅笔工具：用来画线条的工具，可以是直线，也可以是曲线。有直线化、平滑和墨水瓶三种形式。

笔刷工具：用来绘制一些形状随意对象的工具，包括标准绘画、颜料填充、后面绘画、颜料选择和内部绘画五种形式。

自由转换工具：能够对图形或元件进行任意旋转、缩放和扭曲的工具。

填充转换工具：主要用来修改对象填充样式的方向。

墨水瓶工具：用来更改矢量对象线形的颜色和样式。

颜料桶工具：用来更改矢量对象填充区域的颜色。

（4）舞台工作区：对影片中的对象进行编辑、修改的场所。

（5）组件面板：组件面板是用于创建和编辑对象、制作和编辑动画的工具，包括属性面板、动作面板、问题解答面板、信息面板、场景面板、库面板等。

6.5.5 Flash MX的基本操作

6.5.5.1 创建Flash文件

在启动Flash软件后就自动创建了一个文件名为"无标题-1"的Flash文件。

6.5.5.2 修改影片/文档属性

在创作Flash动画之前，先要对屏幕的大小、背景颜色以及播放速度进行设置。

6.5.5.3 导入对象

执行"文件/导入库"菜单命令，将弹出"导入到库"对话框，选择要导入的文件。

6.5.5.4 制作动画

（1）双击时间线上的文本"图层1"，将图层命名为"移动图片"。

（2）打开库面板，将库面板中的"图.jpg"拖到舞台工作区。

（3）用鼠标选择第1帧，单击右键，执行"创建动画动作"命令。

（4）用鼠标单击第25帧，执行"插入/关键帧"命令。

（5）选择第25帧中的图片，调整图片的大小和位置。

6.5.5.5 预览动画

动画创作完毕，执行"控制/测试影片"菜单命令，或按Ctrl+Enter组合键调试影片。

6.5.5.6 保存动画

执行"文件/保存"菜单命令。

6.5.5.7 发布动画

Flash MX支持多种格式的输出，包括swf、html、gif、exe、jpeg等，主要输出的是swf和html格式。

6.5.6 元件与库

元件是Flash中一种比较独特的、可重复使用的对象。在创建动画时，利用元件可以使创建复杂的交互变得更加容易。在Flash中，元件分为3种形态：影片剪辑、图形和按钮。

6.5.6.1 图形元件

图形元件可用于静态图像，并可用来创建连接到主时间轴的可重用动画片段。图形元件与主时间轴同步运行。与影片剪辑和按钮元件不同，用户不能为图形元件提供实例名称，也不能在动作脚本中引用图形元件。

图形元件的对象可以是导入的位图图像、矢量图像、文本对象以及用Flash工具创建的线条、色块等。例如，用户可以执行"创建新元件"命令，打开"创建新元件"对话框。在"名称"文本框中输入元件名称，在"类型"区域中选择"图形"单选按钮，单击"确定"按钮。然后，进入绘图环境，用工具箱中的工具来创建图形，如图6-21所示。

（a）创建图形元件　　　　　　　　（b）添加并在"属性"面板显示元件

图6-21　添加图形元件

6.5.6.2　影片剪辑元件

影片剪辑元件就是大家平时常说的MC（Movie Clip），是一种可重用的动画片段，拥有各自独立于主时间轴的多帧时间轴。用户可以把场景上任何看到的对象，甚至整个时间轴内容创建为一个MC，而且可以将这个MC放置到另一个MC中，用户还可以将一段动画（如逐帧动画）转换成影片剪辑元件。

在Flash中，创建影片剪辑元件的方法同图形元件的创建方法相似，只需在"创建新元件"对话框中选择"影片剪辑"类型。然后，将绘制好的影片剪辑元件拖至舞台中即可。

当然，用户也可以将所创建的图形等元件直接转换成影片剪辑元件。双击影片剪辑元件，可以查看该影片剪辑内包含的对象，如图6-22所示。

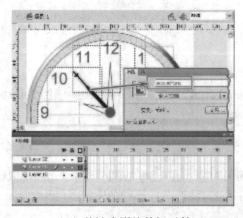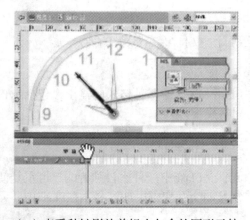

（a）秒针为影片剪辑元件　　　　（b）查看秒针影片剪辑中包含的图形元件

图6-22　影片剪辑元件

用户可以将多帧时间轴看做是嵌套在主时间轴内，它们可以包含交互式控件、声音甚至其他影片剪辑实例。也可以将影片剪辑实例放在按钮元件的时间轴内，以创建动画按钮。此外，可以使用ActionScript对影片剪辑进行改编。

6.5.6.3　按钮元件

使用按钮元件可以创建用于影响鼠标单击、滑过或其他动作的交互式按钮。可以定义与各种按钮状态关联的图形，然后将动作指定给按钮实例。

按钮实际上是4帧的交互影片剪辑。当为元件选择按钮行为时，Flash会创建一个包含4帧的时间轴。前3帧显示按钮的3种可能状态，第4帧定义按钮的活动区域。时间轴实际上并不播放，它只是对指针运动和动作作出反应，跳转到相应的帧，如图6-23所示。

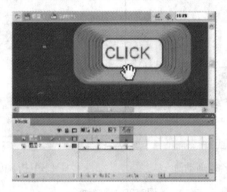

图6-23　按钮时间轴

要制作一个交互式按钮，可把该按钮元件的一个实例放在舞台上，然后给该实例指定动作。必须将动作分配给文档中按钮的实例，而不是分配给按钮时间轴中的帧，如图6-24所示。

（a）鼠标经过第一个按钮　　　　　　　　　（b）鼠标经过最后一个按钮

图6-24　按钮效果

按钮元件的时间轴上的每一帧都有一个特定的功能。

第一帧是弹起状态，代表指针没有经过按钮时该按钮的状态。

第二帧是指针经过状态，代表指针滑过按钮时该按钮的外观。

第三帧是按下状态，代表单击按钮时该按钮的外观。

第四帧是点击状态，定义响应鼠标单击的区域，此区域在SWF文件中是不可见的。

用户可以使用影片剪辑元件或按钮组件创建一个按钮。其中，使用影片剪辑创建按钮时，可以添加更多的帧到按钮或添加更复杂的动画。但是，影片剪辑按钮的文本大小要大于按钮元件；使用按钮组件允许将按钮绑到其他组件上，在应用程序中共享和显示数据。

6.5.7　动画制作

6.5.7.1　逐帧动画

逐帧动画是最基本的动画形式。它最适合于每一帧中的图像都在更改，而非仅仅简单地在舞台中移动的动画，为此，逐帧动画增加文本大小的速度也比补间动画快得多。

逐帧动画就是对每一帧的内容逐个编辑，然后按一定的时间顺序进行播放而形成的动画，如图6-25所示。

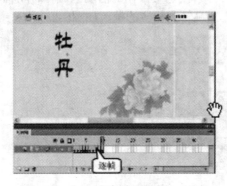
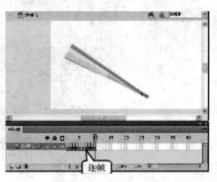

（a）文字笔画动画　　　　　　　　　　（b）折扇的折叠动画

图6-25　逐帧动画

6.5.7.2　补间动画

Flash CS4支持两种不同类型的补间以创建动画：一种是传统补间（包括在早期版本中Flash创建的所有补间），其创建方法与原来相比没有改变；另一种是补间动画，其功能强大且创建简单，可以对补间的动画进行最大限度的控制。

补间动画是一个帧到另一个帧之间对象变化的一个过程。在创建补间动画时，可以在不同关键帧的位置设置对象的属性，如位置、大小、颜色、角色、Alpha透明度等。编辑补间动画后，Flash将会自动计算这两个关键帧之间属性的变化值，并改变对象的外观效果，使其形成连续运动或变形的动画效果。

（1）形状补间。

形状补间可以使形状从一个关键帧变形至另一个关键帧。关键帧中的形状越简单（如从圆形到正方形），变形效果越平滑。从随意涂写的形状过渡成一个正方形就会是完全不同的效果。

在创建平滑的形状变换动画时，形状补间功能格外有用。形状补间功能也可以用于颜色的过渡，它们是制作火苗动画的极佳工具。切记，形状补间无法过渡元件、组或影片剪辑，其关键帧必须是简单的矢量图。

（2）运动补间。

使用运动补间可以把元件、组或可编辑文本从一个位置移动到另一个位置。一旦创建运动补间动画，Flash就会把该元件从所选的起点移动到终点位置。

如果使用倾斜工具扭曲了运动补间动画中的一个关键帧，程序仍然会创建补间帧。用户可以缩放、旋转和倾斜元件的实例，可以仅为了使对象从此处移动到彼处而使用运动补间工具，但该工具的效果远不止这些，其具体用法将在随后的章节中讲解。

（3）增速运动与减速静止。

探索了补间动画的精彩世界之后，读者可能会发现Frame面板中有一个被称为Ease（增、减速）的选项，该功能控制着形状或运动补间动画的加速度。如果不使用该功能，补间动画就会以恒定的速度开始和结束，动画的效果就会显得平淡而且机械。现实生活中不存在以恒定速度运动的生物，增速的补间动画会缓慢开始，在运动的过程中逐渐加速直至结束。减速的补间动画则会快速开始，然后逐渐减慢运动速度直至结束。

如果读者还不熟悉Flash，最好多体验一下这一功能。可以通过使用增、减速的极端值制作出简单的运动补间动画来形成对速度的感知。

（4）转枢元件。

转枢动画非常像牵线木偶，它是建立在一系列锚点之上的。制作元件时，程序会自动计算各个对象的中心点。当把对象转换成元件时，屏幕上会出现小十字线。若想制作转枢动画，设计师或动画师必须把中心点（中心点即对象旋转时所围绕的点）移动到适当的位置。在处理角色动画时，这是一个需要注意的非常重要的点。在转枢动画中，通常是对象之间彼此互为旋转点。例如，手不会绕手掌的中间旋转，而是绕手腕旋转。制作手的元件时，必须使用Free Transform（任意变形）命令编辑中心点。在制作动画的过程中，编辑元件中心点的工作应该交由角色设计师完成。

元件中央的空心点定义的是最初计算的旋转轴。若想编辑计算好的中心点，应该选择Modify（修改）—Transform（变形）—Free Transform（任意变形）命令。如果处理的是复杂角色，无法判断旋转点的位置，那就应该站起来亲自实践这一动作，通过自己的身体感觉出旋转点的位置。对人体和重量的良好感知会有助于理解这些概念。

Free Transform工具不仅能在制作铰链式旋转关节动画时派上用场，还能在倾斜关键帧时提供帮助。可补间的对象类型包括影片剪辑元件、图形元件、按钮元件以及文字字段。例如，在已经添加"背景"图层的文档中，将"猴子"元件从"库"面板拖入到舞台中。然后，将该元件放置到舞台的左侧，为补间动画的起始位置，而该帧为补间动画的起始关键帧，如图6-26（a）所示。

右击第一帧，在弹出的菜单中执行"创建补间动画"命令。此时，Flash将包含补间对象的图层转换为补间图层，并在该图层中创建补间范围，如图6-26（b）所示。

（a）补间动画起始关键帧

（b）创建补间动画

图6-26　补间动画

右击补间范围内的任意一帧（如最后一帧），执行"插入关键帧" | "位置"命令，即会在补间范围内插入一个菱形的属性关键帧。然后将对象拖动到舞台的右侧，并显示补间动画运动路径，如图6-27所示。

图6-27　插入属性关键帧

6.5.7.3　引导动画

为了在绘制时帮助对象对齐，可以创建引导层，然后将其他层上的对象与引导层上的对象对齐。引导层中的内容不会出现在发布的SWF动画中，可以将任何层用做引导层，它是用层名称左侧的辅助线图标表示的。

还可以创建运动引导层，用来控制运动补间动画中对象的移动情况。这样用户不仅仅可以制作沿直线移动的动画，也能制作出沿曲线移动的动画，如图6-28所示。

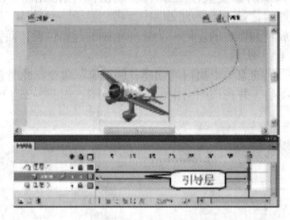

图6-28　引导动画

6.5.7.4　遮罩动画

遮罩动画是Flash中的一个很重要的动画类型，很多效果丰富的动画都是通过遮罩动画来完成的。在Flash的图层中有一个遮罩层类型，为了得到特殊的显示效果，遮罩方的对象可以通过该"视窗"显示出来，而"视窗"之外的对象将不会显示。

在Flash动画中，"遮罩"主要有两种用途：一个作用是用在整个场景或一个特定区域，使场景外的对象或特定区域外的对象不可见；另一个作用是用来遮罩某一元件的一部分，从而实现一些特殊的效果。如图6-29所示为水波效果。

图6-29 遮罩动画

6.6 习题

一、问答题

1．动画图像和静态图像的主要区别是什么？它们在记录方式上有什么不同？

2．什么是二维、三维动画？其根本的区别是什么？

3．帧率对动画的视觉效果以及对动画文件的数据量各有什么影响？

4．Morph变形的效果与哪些因素有关？

5．帧是制作动画的核心，最常用的帧类有哪几种？

6．图层的四种状态是什么？

7．简述利用动画制作软件制作出来的动画包括哪几种。

二、选择题

1．Flash动画是一种基于（　　　　）动画技术的二维动画。

　　A．运动　　　　　B．位图　　　　　C．矢量

2．在Flash中，显示动画的窗口叫（　　　　）。

　　A．时间轴　　　　B．场景　　　　　C．图层

3．如果希望制作一个三角形变为矩形的Flash动画，应该采用（　　　　）动画技术。

　　A．移动补间　　　　　　　　B．形状补间

4．如果希望动画播放到某一帧停止，应该插入（　　　　）。

　　A．静态帧　　　B．停止标识　　　C．stop（）动作

第7章　视频信息处理技术

7.1　视频基础知识

7.1.1　视频

7.1.1.1　视频的定义

视频（Video）就是其内容随时间变化的一组动态图像，所以又叫运动图像或活动图像。它既可提供高速信息传送，也可显示瞬间的相互关系，是一种信息量最丰富、直观、生动、具体的承载信息的媒体。视频与图像既有联系又有区别：静止的图片称为图像（Image），运动的图像称为视频（Video）。

视频信号具有以下特点：

（1）内容随时间的变化而变化。

（2）伴有与画面同步的声音。

7.1.1.2　视频的分类

（1）模拟视频（Analog Video）。

模拟视频是一种用于传输图像和声音的随时间连续变化的电信号。

模拟视频信号的缺点是：视频信号随存储时间、拷贝次数和传输距离的增加衰减较大，产生信号的损失，不适合网络传输，也不便于分类、检索和编辑。

（2）数字视频（Digital Video —DV）。

要使计算机能够对视频进行处理，必须把模拟视频信号进行数字化，形成数字视频信号。视频信号数字化以后，有着模拟信号无可比拟的优点：

① 再现性好。

② 便于编辑处理。

③ 适合于网络应用。

7.1.2　电视信号及其标准

7.1.2.1　电视视频信号的扫描方式

电视视频信号是由视频图像转换成的电信号。任何时刻，电信号只有一个值，是一维的，而视频图像是二维的，将二维视频图像转换为一维电信号是通过光栅扫描实现的，而视频的显示则是通过在监视器上水平和垂直方向的扫描来实现。

扫描方式主要有逐行扫描和隔行扫描两种，黑白电视和彩色电视都用隔行扫描，而计算机显示图像时一般都采用逐行扫描。

（1）逐行扫描方式的每一帧画面一次扫描完成。如图7–1。

◇ 电子束从显示屏的左上角一行接一行地扫描到右下角。

◇ 通过提高场扫描频率来克服大面积闪烁。
◇ 对消除眼睛疲劳有一定的好处，但对图像清晰度一般都没有明显提高。

图7-1　1/25秒一次完成整幅图像的扫描

（2）隔行扫描行方式的每一帧画面由两次扫描完成，即一帧由两个场组成。如图7-2。

◇ 分奇数场和偶数场进行扫描，每次扫描组成一个场。
◇ 就是当图像上下两行的对比度差别很大时产生行间闪烁。

（a）1/50秒完成奇数场　　　（b）1/50秒完成偶数场　　　（c）整幅图像

图7-2　隔行扫描行方式

7.1.2.2　彩色电视制式

彩色电视制式就是彩色电视的视频信号标准。

世界上现行的彩色电视制式有三种：NTSC制、PAL制和SECAM制，它们分别定义了彩色电视机对于所接受的电视信号的解码方式、色彩处理方式和屏幕的扫描频率。它们的对比如表7-1所示。

表7-1　彩色电视信号制式的比较

TV制式	NTSC	PAL	SECAM
帧频（Hz）	30	25	25
行/帧	525	625	625
亮度带宽（MHz）	4.2	6.0	6.0
彩色幅载波（MHz）	3.58	4.43	4.25
色度带宽（MHz）	1.3（I），0.6（Q）	1.3（U），1.6（V）	>1.0（U），>1.0（V）
声音载波（MHz）	4.5	6.5	6.5

（1）NTSC制式。

◇ NTSC（National Television Standard Committe） 是美国国家电视系统委员会在1952年制定的一种兼容的彩色电视制式，在美国、加拿大等大部分西半球国家以及中国台湾及日本、韩国、菲律宾等国家广为使用。

◇ NTSC制采用正交平衡调幅的技术方式，也称正交平衡调幅制。

◇ NTSC制规定水平扫描线有525条，以每秒30帧速率传送。采用隔行扫描方式，每一帧画面由两次扫描完成，每一次扫描画出一个场需要1/60秒，两个场构成一帧。

（2）PAL制式。

◇ PAL（Phase Alternating Line） 是德国1962年制定的一种兼容电视制式。德国、英国等一些西欧国家，新加坡、中国大陆及中国香港，澳大利亚、新西兰等国家采用该制式。

◇ 采用逐行倒相正交平衡调幅的技术方法，克服了NTSC制相位敏感造成色彩失真的缺点。

◇ PAL制规定水平扫描625行，每秒25帧，隔行扫描，每场需要1/50秒。

（3）SECAM 制式。

◇ SECAM（法文：SEquential Coleur Avec Memoire） 称为顺序传送彩色与存储，是由法国在1956年提出，1966年制定的一种新的彩色电视制式。使用SECAM制的国家主要集中在法国、苏联及东欧和中东一带。

◇ 它也克服了NTSC制式相位失真的缺点，采用调频技术，用时间分隔法来传送两个色差信号。

◇ SECAM制规定水平扫描625行，每秒25帧。

1990年，美国通用仪器公司研制出高清晰度电视（HDTV），提出信源的视频信号及伴音信号用数字压缩编码，传输信道采用数字通信的调制和纠错技术，从此出现了信源和传输通道全数字化的真正数字电视，它被称为"数字电视"。

数字电视（DTV）包括高清晰度电视（HDTV）、标准清晰度电视（SDTV）和VCD质量的低清晰度电视（LDTV）。随着数字技术的发展，全数字化的电视HDTV标准将逐渐代替现有的彩色模拟电视。

7.1.2.3 彩色电视机的彩色模型

在PAL彩色电视制式中采用YUV模型来表示彩色图像。其中，Y表示亮度；U 和V表示色差，是构成彩色的两个分量。与此类似，在NTSC彩色电视制式中使用YIQ模型。

YUV表示的亮度信号（Y）和色度信号（U、V）是相互独立的，可以对这些单色图分别进行编码。采用YUV模型的优点之一是亮度信号和色差信号是分离的，使彩色信号能与黑白信号相互兼容。由于所有的显示器都采用RGB值来驱动，所以在显示每个像素之前，需要把YUV彩色分量值转换成RGB值。

7.1.2.4 彩色电视信号的类型

电视频道传送的电视信号主要包括亮度信号、色度信号、复合同步信号和伴音信号，这些信号可以通过频率域或者时间域相互分离出来。电视机能够将接收到的高频电视信号还原成视频信号和低频伴音信号，并在荧光屏上重现图像，在扬声器上重现伴音。

根据不同的信号源，电视接收机的输入、输出信号有三种类型：

（1）分量视频信号与S-Video。

（2）复合视频信号。

（3）高频或射频信号。

7.2　视频的数字化

要让计算机处理视频信息，首先要解决的是视频数字化的问题。对彩色电视视频信号的数字化有两种方法：一种是将模拟视频信号输入到计算机系统中，对彩色视频信号的各个分量进行数字化，经过压缩编码后生成数字化视频信号；另一种是由数字摄像机从视频源采集视频信号，将得到的数字视频信号输入到计算机中直接通过软件进行编辑处理，这是真正意义上的数字视频技术。

目前，视频数字化主要还是采用将模拟视频信号转换成数字信号的方法。

7.2.1　视频的数字化过程

7.2.1.1　采样

由于人的眼睛对颜色的敏感程度远不如对亮度信号灵敏，所以色度信号的采样频率可以比亮度信号的采样频率低，以减少数字视频的数据量。

采样格式分别有4：1：1，4：2：2和4：4：4三种。其中，4：1：1采样格式是指在采样时每4个连续的采样点中取4个亮度Y、1个色差U和1个色差V共6个样本值，这样两个色度信号的采样频率分别是亮度信号采样频率的1/4，使采样得到的数据量可以比4：4：4采样格式减少一半。

7.2.1.2　量化

采样是把模拟信号变成时间上离散的脉冲信号，而量化则是进行幅度上的离散化处理。

在时间轴的任意一点上量化后的信号电平与原模拟信号电平之间在大多数情况下存在一定的误差，我们通常把量化误差称为量化噪波。量化位数愈多，层次就分得愈细，量化误差就越小，视频效果就越好，但视频的数据量也就越大。所以在选择量化位数时要综合考虑各方面的因素。

7.2.1.3　编码

经采样和量化后得到数字视频的数据量将非常大，所以在编码时要进行压缩。视频压缩的目标是在尽可能保证视觉效果的前提下减少视频数据量。视频压缩比一般指压缩后的数据量与压缩前的数据量之比。由于视频是连续的静态图像，因此其压缩编码算法与静态图像的压缩编码算法有某些共同之处，但是运动的视频还有其自身的特性，因此在压缩时还应考虑其运动特性才能达到高压缩的目标。在视频压缩中常需用到以下的一些基本概念：

（1）有损和无损压缩。

在视频压缩中有损（Lossy）和无损（Lossless）的概念与静态图像中基本类似。无损压缩即压缩前和解压缩后的数据完全一致。有损压缩意味着解压缩后的数据与压缩前的数据不一致。在压缩的过程中要丢失一些人眼和人耳所不敏感的图像或音频信息，而且丢失的信息不可恢复。

（2）帧内和帧间压缩。

　　帧内（Intraframe）压缩也称为空间压缩（Spatial compression）。当压缩一帧图像时，仅考虑本帧的数据而不考虑相邻帧之间的冗余信息，这实际上与静态图像压缩类似。帧内压缩一般达不到很高的压缩。

　　帧间（Interframe）压缩是基于许多视频或动画的相邻帧具有很大的相关性。根据这一特性，压缩相邻帧之间的冗余量就可以进一步提高压缩量，减小压缩比。帧间压缩也称为时间压缩（Temporal compression），它通过比较时间轴上不同帧之间的数据进行压缩。

　　（3）对称和不对称编码。

　　对称（symmetric）意味着压缩和解压缩占用相同的计算处理能力和时间，对称算法适合于实时压缩和传送视频，如视频会议等应用。而在一般应用中，可以把视频预先压缩处理好，尔后再播放，因此可以采用不对称（asymmetric）编码。不对称或非对称意味着压缩时需要花费大量的处理能力和时间，而解压缩时则能较好地实时回放，即以不同的速度进行压缩和解压缩。一般地说，压缩一段视频的时间比回放（解压缩）该视频的时间要多得多。

7.2.2　视频编码技术

7.2.2.1　视频编码的定义

　　所谓视频编码方式就是指通过特定的压缩技术，将某个视频格式的文件转换成另一种视频格式文件的方式。目前视频流传输中最为重要的编解码标准有国际电联的H.261、H.263，运动静止图像专家组的M–JPEG和国际标准化组织运动图像专家组的MPEG系列标准，此外，在互联网上被广泛应用的还有Real–Networks的RealVideo、微软公司的WMT以及Apple公司的QuickTime等。

　　MPEG是活动图像专家组（Moving Picture Exports Group）的缩写，于1988年成立，是为数字视/音频制定压缩标准的专家组，目前已拥有300多名成员，包括IBM、SUN、BBC、NEC、INTEL、AT&T等世界知名公司。MPEG组织最初得到的授权是制定用于"活动图像"编码的各种标准，随后扩充为"及其伴随的音频"及其组合编码。后来针对不同的应用需求，解除了"用于数字存储媒体"的限制，成为现在制定"活动图像和音频编码"标准的组织。MPEG组织制定的各个标准都有不同的目标和应用，目前已提出MPEG–1、MPEG–2、MPEG–4、MPEG–7和MPEG–21标准。

7.2.2.2　视频编码的原理

　　视频图像数据有极强的相关性，也就是说有大量的冗余信息。其中，冗余信息可分为空域冗余信息和时域冗余信息。压缩技术就是将数据中的冗余信息去掉（去除数据之间的相关性），压缩技术包含帧内图像数据压缩技术、帧间图像数据压缩技术和熵编码压缩技术。

　　（1）去时域冗余信息。

　　使用帧间编码技术可去除时域冗余信息，它包括以下三部分：

　　① 运动补偿：运动补偿是通过先前的局部图像来预测、补偿当前的局部图像，它是减少帧序列冗余信息的有效方法。

　　② 运动表示：不同区域的图像需要使用不同的运动矢量来描述运动信息。运动矢量通过熵编码进行压缩。

　　③ 运动估计：运动估计是从视频序列中抽取运动信息的一整套技术。

　　注意：通用的压缩标准都使用基于块的运动估计和运动补偿。

（2）去空域冗余信息。

主要使用帧间编码技术和熵编码技术：

① 变换编码：帧内图像和预测差分信号都有很高的空域冗余信息。变换编码将空域信号变换到另一正交矢量空间，使其相关性下降，数据冗余度减小。

② 量化编码：经过变换编码后，产生一批变换系数，对这些系数进行量化，使编码器的输出达到一定的位率。这一过程导致精度的降低。

③ 熵编码：熵编码是无损编码。它对变换、量化后得到的系数和运动信息进行进一步的压缩。

7.2.2.3 视频编码技术

目前监控中主要采用MJPEG、MPEG1/2、MPEG4（SP/ASP）、H.264/AVC等几种视频编码技术。对于最终用户而言，最为关心的主要有：清晰度、存储量（带宽）、稳定性，还有价格。采用不同的压缩技术，将很大程度地影响以上几大要素。

（1）MJPEG。

MJPEG（Motion JPEG）压缩技术，主要是基于静态视频压缩发展起来的技术，它的主要特点是基本不考虑视频流中不同帧之间的变化，只单独对某一帧进行压缩。

MJPEG压缩技术可以获取清晰度很高的视频图像，可以动态调整帧率、分辨率。但由于没有考虑到帧间变化，造成大量冗余信息被重复存储，因此单帧视频的占用空间较大，目前流行的MJPEG技术最好的也只能做到3K字节/帧，通常要8~20K。

（2）MPEG–1/2。

MPEG–1标准主要针对SIF标准分辨率（NTSC制为352×240；PAL制为352×288）的图像进行压缩。压缩位率主要目标为1.5MB/s。较MJPEG技术，MPEG–1在实时压缩、每帧数据量、处理速度上有显著的提高。但MPEG–1也有较多不利的方面：存储容量还是过大、清晰度不够高和网络传输困难。

MPEG–2 在MPEG–1基础上进行了扩充和提升，和MPEG–1向下兼容，主要针对存储媒体、数字电视、高清晰等应用领域，分辨率为：低（352×288），中（720×480），次高（1440×1080），高（1920×1080）。MPEG–2视频相对于MPEG–1提升了分辨率，满足了用户高清晰的要求，但由于压缩性能没有多少提高，使得存储容量还是太大，也不适合网络传输。

（3）MPEG–4。

MPEG–4视频压缩算法相对于MPEG–1/2在低比特率压缩上有显著提高，在CIF（352×288）或者更高清晰度（768×576）情况下的视频压缩，无论从清晰度还是从存储量上都比MPEG–1具有更大的优势，也更适合网络传输。另外，MPEG–4可以方便地动态调整帧率、比特率，以降低存储量。

MPEG–4由于系统设计过于复杂，使得MPEG–4难以完全实现并且兼容，很难在视频会议、可视电话等领域实现，这一点有点儿偏离原来的初衷。另外，对于中国企业来说还要面临高昂的专利费问题，目前规定：

◇ 每台解码设备需要交给MPEG-LA 0.25美元。

◇ 编码/解码设备还需要按时间交费（4美分/天=1.2美元/月 =14.4美元/年）。

（4）H.264/AVC。

H.264集中了以往标准的优点，在许多领域都得到突破性进展，使得它获得比以往标准好得多的整体性能：

◇ 和H.263+和MPEG-4 SP相比最多可节省50%的码率，使存储容量大大降低；

◇ H.264在不同分辨率、不同码率下都能提供较高的视频质量；

◇ 采用"网络友善"的结构和语法，使其更有利于网络传输。

H.264采用简洁设计，使它比MPEG-4更容易推广，更容易在视频会议、视频电话中实现，更容易实现互联互通，可以简便地和G.729等低比特率语音压缩组成一个完整的系统。

7.2.3 常见的数字视频格式及特点

7.2.3.1 AVI

AVI（Audio Video Interleave）是1992年初由Microsoft公司推出的一种符合RIFF文件规范的数字视频格式。在AVI文件中，运动图像和伴音数据是以交织的方式存储，并独立于硬件设备。构成一个AVI文件的主要参数包括视像、伴音和压缩参数等。

（1）AVI数字视频的格式。

① 视像参数。

视窗尺寸（Video size）：AVI的视窗大小可按4:3的比例或随意调整，视窗越大，数据量越大。

帧率（Frames per second）：帧率也可以调整，而且与数据量成正比。不同的帧率会产生不同的画面连续效果。

② 伴音参数。

在AVI文件中，视像和伴音是分别存储的，因此可以把一段视频中的视像与另一段视频中的伴音组合在一起。WAV文件是AVI文件中伴音信号的来源，伴音的基本参数即WAV格式的参数。除此以外，AVI文件还包括与音频有关的其他参数：

a. 视像与伴音的交织参数（Interlace Audio Every X Frames）：AVI格式中每X帧交织存储的音频信号，即伴音和视像交替的频率X是可调参数，X的最小值是1帧，即每个视频帧与音频数据交织组织，这是CD-ROM上使用的默认值。交织参数越小，回放AVI文件时读到内存中的数据流越少，回放越连续。因此，如果AVI文件存储平台的数据传输率较大，则交错参数可设置得高一些，如几帧，甚至1秒。

b. 同步控制（Synchronization）：在AVI文件中，视像和伴音是同步得很好的。但实际上由于处理能力的不够，回放AVI时有可能出现视像和伴音不同步的现象。

③ 压缩参数。

在采集原始模拟视频时可以用不压缩的方式，这样可以获得最优秀的图像质量。生成AVI文件时需要根据应用环境的不同选择合适的压缩参数，而其中AVI压缩算法是首先要确定的参数之一。

（2）AVI的特点。

AVI及其播放器VFW已成为PC机上最常用的视频数据格式，是由于其具有如下的一些显著特点：

① 无硬件视频回放。

根据AVI格式的参数，其视窗的大小和帧率可以根据播放环境的硬件能力和处理速度进行调整。在低档MPC机上或在网络上播放时，VFW的视窗可以很小，色彩数和帧率可以很低；而在高档系统上，可实现质量较好的回放效果。因此，VFW就可以适用于不同的硬件平台。

② 同步控制和实时播放。

通过同步控制参数，AVI可以通过自调整来适应重放环境，如果MPC的处理能力不够高，而AVI文件的数据率又较大，在Windows环境下播放该AVI文件时，播放器可以通过丢掉某些帧，调整AVI的实际播放数据率来达到视频、音频同步的效果。

③ 高效地读取数据。

由于AVI数据的交叉存储，VFW播放AVI数据时只需占用有限的内存空间，播放程序可以一边读取视频数据一边播放，而无须预先把容量很大的视频数据加载到内存中。这种方式不仅可以提高系统的工作效率，同时也可以实现迅速地加载和快速地启动播放程序，减少播放AVI时用户的等待时间。

④ 开放的文件结构。

AVI文件结构不仅解决了音频和视频的同步问题，而且具有通用和开放的特点。它可以在任何Windows环境下工作，而且还具有扩展环境的功能。用户可以开发自己的AVI视频文件，在Windows环境下可随时调用。

⑤ 文件易于再编辑。

AVI一般采用帧内有损压缩，可以用一般的视频编辑软件如Adobe Premiere或MediaStudio进行再编辑和处理。

7.2.3.2 DV

DV是由索尼、松下、JVC等一些厂商联合提出的一种家用数字视频格式。目前非常流行的数码摄像机就是使用这种格式记录视频数据的。它可以通过电脑的IEEE 1394端口传输视频数据到电脑，也可以将电脑中编辑好的视频数据回录到数码摄像机中。这种视频格式的文件扩展名一般是 .avi，所以也叫DV-AVI格式。

7.2.3.3 MOV

AVI文件格式和VFW软件是Microsoft为PC机设计的数字视频格式和应用软件。对于目前世界上的另一大类微机——Apple公司的Macintosh机，Apple公司也推出了相应的视频格式，即MOV（Movie digital video technology）的文件格式，其文件以MOV为后缀，相应的视频应用软件为Apple's QuickTime for Macintosh。该软件的功能与VFW类似，只不过用于Macintosh机。同时，Apple公司也推出了适用于PC机的视频应用软件Apple's QuickTime for Windows，因此在MPC机上也可以播放MOV视频文件。

MOV格式的视频文件也可以采用不压缩或压缩的方式，其压缩算法包括Cinepak、Intel Indeo Video R3.2 和Video编码。其中Cinepak和Intel Indeo Video R3.2算法的应用和效果与AVI格式中的应用和效果类似。而Video格式编码适合于采集和压缩模拟视频，并可从硬盘平台上高质量回放，从光盘平台上回放质量可调。这种算法支持16位图像深度的帧内压缩和帧间压缩，帧率可达10帧/秒以上。

7.2.3.4 MPEG

MPEG（Motion Picture Experts Group） 是运动图像压缩算法的国际标准，它采用有损压缩方法减少运动图像中的冗余信息，在显示器扫描设置为1024×786像素的格式下可以用25帧/秒（或30帧/秒）的速率同步播放视频图像和CD音乐伴音，具有很好的兼容性和最高可达200∶1的压缩比，并且在提供高压缩比的同时，对数据的损失很小。

MPEG包括 MPEG-1、MPEG-2、MPEG-4和MPEG-7。

（1）MPEG-1被广泛地应用在 VCD 的制作和网络上一些可下载的视频片段。

（2）MPEG-2 被应用在 DVD 的制作、 HDTV（高清晰电视广播）及一些高要求的视频编辑、处理上面。

（3）MPEG-4 是一种新的压缩算法，主要应用于视像电话（Videophone）、视像电子邮件（VideoEmail）和电子新闻（Electronicnews）等。

（4）MPEG-7的目标是对日渐庞大的图像、声音信息的管理和迅速搜索。它将对各种不同类型的多媒体信息进行标准化的描述，并将该描述与所描述的内容相联系，以实现快速的搜索。

7.2.3.5　REAL VIDEO

REAL VIDEO（RA、RAM）是Real Networks公司开发的一种流式视频（Streaming Video）文件格式。

流式视频采用一种边传边播的方法，先从服务器上下载一部分视频文件，形成视频流缓冲区后实时播放，同时继续下载，为接下来的播放做好准备。这种边传边播的方法避免了用户必须将整个文件从Internet上全部下载完毕才能观看的缺点。

流式视频主要用来在低速率的广域网上实时传输活动视频影像，可以根据网络数据传输速率的不同而采用不同的压缩比率，从而实现影像数据的实时传送和实时播放。

7.3　数字视频的采集与输出

在多媒体计算机系统中，视频处理一般是借助于一些相关的硬件和软件，在计算机上对输入的视频信号进行接收、采集、传输、压缩、存储、编辑、显示、回放等多种处理。

数字视频素材可以通过视频采集卡将模拟数字信号转换为数字视频信号，也可以从光盘及网络上直接获取数字视频素材。

7.3.1　视频的采集

7.3.1.1　视频采集卡

视频采集系统需要包括视频信号源设备、视频采集设备、大容量存储设备以及配置有相应视频处理软件的高性能计算机系统，如图7-3所示。视频采集卡一般具有多种视频接口，可接收来自录像机、影碟机和摄像机等多种视频信号。

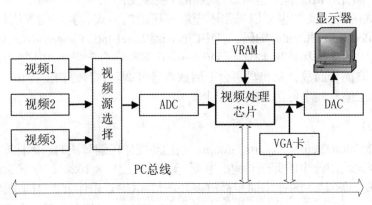

图7-3　视频卡的工作原理框图

从录像机、影碟机、摄像机或其他视频信号源得到的视频信号，经视频接口送入视频采集卡，信号首先经过A/D转换，然后送到多制式数字解码器进行解码。模数转换器

（ADC）又是一个视频解码器，其任务是对视频信号解码和数字化。采用不同的颜色空间可选择不同的视频输入解码器芯片。

经ADC解码后得到YUV信号格式。当以4：2：2格式采样时，每4个连续的采样点中取4个亮度Y、2个色差U、2个色差V的样本值，共8个样本值。YUV信号经过转换可变成RGB信号。然后RGB信号送入视频处理芯片，对其进行剪裁、变化等处理。视频处理芯片是用于视频捕获、播放、显示用的专用控制芯片。

视频信息可实时地存入视频存储器VRAM中，计算机通过视频处理器对帧存储器的内容进行读写操作，帧存储器的视频像素信息读到计算机后，通过编程可以实现各种算法，完成视频图像的编辑与处理。

视频采集卡主要有两种控制方式把视频信号与VGA 信号叠加显示，即色键方式和窗口方式。视频输出的RGB信号与VGA显示卡引过来的RGB信号是完全同步的，用适当的方法交替切换两路信号，即可实现两路输出的叠加。上述两种RGB信号经过 DAC（数模转换器）转换变成模拟信号，并在显示器的窗口中显示。

由于视频信息量巨大，如果直接存储，会占用大量的存储空间。以电视图像为例，电视上一秒钟的图像，其实是由几十幅连续的画面所组成的，如果直接将这些视频信息存储起来，至少也要十几MB的容量。所以视频卡又提供了对视频数字信号的压缩功能，并以压缩的图像文件格式进行存储。当在计算机上播放视频图像时，还得经过解压缩过程，使其还原成图像信息才能播放。

视频采集卡有单工卡和双工卡两种。单工卡只提供视频输入接口，如果只需在PC机上编辑数字化视频，单工卡就可以了。双工卡还提供输出接口，可以把数字化编辑过后的影像拷贝到录像带上。

7.3.1.2 对数码摄像机拍摄的DV进行采集

要对用数码摄像机拍摄的DV进行采集，需要有一块IEEE1394DV采集卡（简称DV采集卡或1394卡），用一条数据线，一头接在电脑的1394接口，一头接在摄像机的DV1394输出口，打开摄像机，把开关选在录、放像的状态，即可用Premiere等视频编辑软件进行采集。

7.3.1.3 从光盘上获取数字视频素材

VCD、DVD是重要的视频素材来源，利用视频转换工具软件可获取这些视频并将其转换为所需的文件格式进行存储和编辑，有些视频播放器也具有视频获取存储功能。例如超级解霸可以从此类格式的视频文件中截取视频片段并将其转换为AVI或MPG格式。

如果我们要使用光盘中的一个完整视频文件，可以从资源管理器中将VCD光盘中Mpegav文件夹下的相应扩展名为DAT的文件直接拷贝到硬盘中，再将扩展名改为MPG的文件即可。对于MPG文件，可以利用Windows自带的媒体播放机打开，然后另存为AVI文件。

7.3.2 视频设备的连接

7.3.2.1 视频信号源设备的连接

作为视频信号源的录像机、影碟机和摄像机等设备都带有复合视频输出端口，有的带有S-Video输出端口。由于视频采集卡提供复合视频输入和S-Video输入端口，因此只要具有复合视频输出或S-Video输出端口的设备都可以为采集卡提供视频信号源，把这些输出端口与采集卡相应的视频输入端口相连就可实现信号的输入。

视频的质量在很大程度上取决于模拟视频信号源的质量及视频采集卡的性能。根据不同的模拟视频信号源应分别选择相应的设备。摄像机可以实时获取动态实景，获取的实景记录在与摄像机配套的录像磁带上，也可以直接通过摄像机的输出端口输出。有的摄像机还具有播放功能，可以播放其录像带上的信号并通过输出端口输出。

7.3.2.2 视频设备与MPC的连接

模拟视频设备与MPC机的连接实际上是与插入主板的采集卡和声卡连接。其连接包括模拟设备视频输出端口与采集卡视频输入端口的连接、模拟设备的音频输出端口与声卡的音频输入端口的连接。如果采集卡只具有视频输入端口而没有伴音输入端口，要同步采集模拟信号中的伴音，必须使用带声卡的计算机，通过声卡来采集同步伴音。

视频采集卡有两种视频输入接口，要注意它们之间的区别，一种是复合视频输入接口，视频信号在输出时要进行编码，将信号压缩后输出，接收时还要进行解码，这样会损失一些信号。还有一种是S视频输入接口（S-Video）。由于S视频信号不需要进行编码、解码，所以没有信号损失，因此使用S-Video端口可以获取更好的图像质量。

视频设备与PC视频采集卡的连接如图7-4所示。

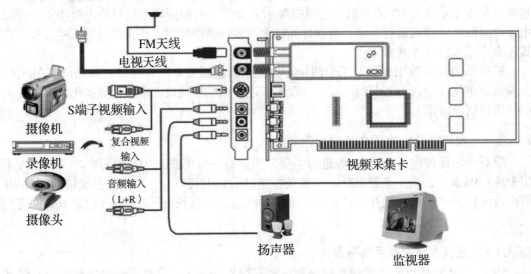

图7-4　视频设备与PC视频采集卡的连接

7.3.3 视频采集的过程

采集视频的过程主要包括如下几个步骤：

（1）准备音频和视频源，把视频源的视频输出端口与采集卡相连、音频输出与声卡相连。

（2）准备好多媒体计算机系统环境，如硬盘的优化、显示设置、关闭其他进程等。

（3）启动采集程序，预览采集信号，设置采集参数。启动信号源，然后进行采集。

（4）播放采集的视频影像，如果丢帧严重可修改采集参数或进一步优化采集环境，然后重新采集。

7.3.4 数字视频的输出

数字视频的输出是数字视频采集的逆过程，即把数字视频文件转换成模拟视频信号输出到电视机显示，或输出到录像机记录到磁带上，这需要用专门的设备来完成数字信号到模拟信号之间的转换。根据不同的应用和需要，这种转换设备也有多种。目前已有集模拟视频采集与输出于一体的视频卡，可以与录像机等设备相连，提供高质量的模拟。

7.4 数字视频的制作与编辑

7.4.1 Premiere简介

Premiere是Adobe System公司推出的非常优秀的非线性视频编辑软件。它可以配合硬件进行视频的捕获和输出，能对视频、声音、动画、图片、文本进行编辑加工，并最终生成电影文件。

7.4.1.1 Premiere 6.5的基本功能

（1）提供了多种编辑技术，使用非线性编辑功能将多种媒体数据综合处理为一个视频文件。

（2）Premiere提供了多种从一个片段到另一个片段的过渡方法，我们可以从中选择过渡效果，也可以自己创建新的过渡效果。

（3）在Premiere中可以很容易地添加音频、混合声音，精确地控制音量的大小，并提供了广泛的音频效果的设置。

（4）可以利用不同的视频轨道进行视频叠加，也可以创建文本和图形并叠加到当前视频片段中。

（5）具有多种活动图像的特技处理功能。使用"运动"使任何静止或移动的图像沿某个路径移动，具有扭转、变焦、旋转和变形等效果，并提供了多种视频效果的设置。

（6）可以实时采集视频信号，采集精度取决于视频卡和计算机的功能。能编译生成AVI或MOV格式的数字视频文件、MPEG文件或"流式"文件。

7.4.1.2 熟悉Premiere主窗口

启动Premiere后进入其主窗口，如图7-5所示。主窗口主要由菜单和具有不同功能的子窗口和命令面板组成，子窗口主要包括Project（项目）窗口、Timeline（时间轴）窗口、Monitor（监控）窗口等，而命令面板主要有Transitions（过渡）等。这些子窗口和命令面板可以在主窗口内显示，也可以隐藏。

图7-5 Premiere主窗口

（1）项目窗口。

项目（Project）窗口是用户输入、组织和存储引用素材片段的地方，它列出了用户输入的所有源片段（剪辑）。Premiere将视频文件的编辑处理定义为一个项目（Project），它是按时间轴组织的一组剪辑，其所有数据和编辑控制可以存储为一个项目文件。

（2）时间轴窗口。

时间轴（Timeline）窗口是对数字视频进行编辑处理的主要工作区。显示当前编辑的视频节目中每一个素材的放置时刻、持续时间和其他素材的关系等特性。用时间轴窗口可将各种剪辑片段和特技处理功能按播放的时间顺序放置在各自的轨道上，排列成一段连续播放的视频序列。

（3）监控窗口。

监控（Monitor）窗口主要用于预演原始的视频、音频素材片段或编辑的影片；设置素材片段的入点、出点，定制静帧图片的持续时间；在原始素材上设置标记等编辑任务。根据不同的编辑需要，监控窗口共分为Dual View、Single View 和Trim Mode三种模式。

（4）过渡面板。

过渡（Transitions）是视频编辑中镜头与镜头之间的不同的组接方式。

Premiere带有多种不同效果的过渡，这些过渡按类型放置在过渡面板的不同文件夹中，每种过渡在其名称的左边都有自己独特的图标，用以形象地说明各种过渡方法是如何工作的。

7.4.2 创建数字影片

7.4.2.1 启动Premiere

出现Load Project Setting对话框，设置项目属性，如图7–6所示。

7.4.2.2 导入素材

在制作数字影片之前，首先要将这些素材片段导入到项目窗口，如图7–7所示。

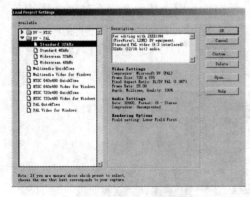

图7–6 Premiere的启动

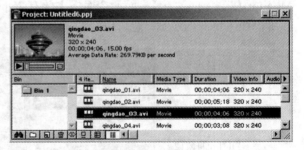

图7–7 导入素材

7.4.2.3 添加片段到时间轴窗口中

用户项目中的片段只有添加到时间轴窗口中，才成为视频节目的一部分，如图7–8所示。

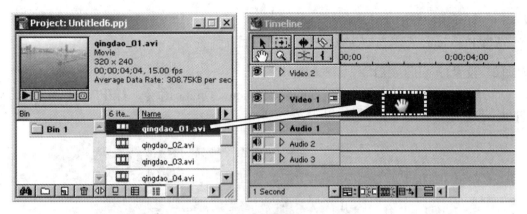

图7-8 添加片段

将几个片段拖动到时间轴窗口，就建立起了一个粗略剪辑，如图7-9所示。

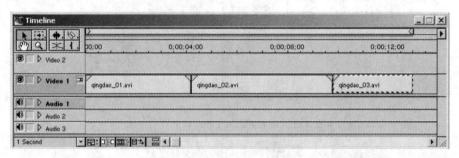

图7-9 片段剪辑

7.4.2.4 预览剪辑

编辑一个视频节目的过程中，需要对编辑的结果进行预览，Premiere提供了多种不同的预览方式。

如使用时间标尺预览剪辑：激活时间轴窗口，将鼠标指针放在时间轴窗口上端的时间标尺上，指针将会变成一个指向下方的黑色三角形，将鼠标指针在时间标尺内缓慢向右拖动，这时时间轴窗口中的编辑线会伴随预览的进行一起移动，在监控窗口内就会显示编辑线所在帧的内容。这种预览方法常被称为Scrubbing（刮擦）。

7.4.2.5 保存项目

选择File/Save命令，保存项目文件。不仅保存素材片段的引用指针、素材片段的剪辑及组织信息和施加的各种编辑效果等，还保存当前影片文件的Premiere界面布局。如打开或关闭哪些对话框，对话框被拖动到了什么位置等。

7.4.2.6 关闭项目文件

激活Project窗口，选择File/Close命令，可关闭项目文件。而选择File/Exit命令，可关闭项目文件并退出Premiere。

7.4.3 基础编辑

在建立起粗略剪辑之后，需要对剪辑进行裁剪、调整片段等基本编辑。

7.4.3.1　打开项目文件

启动Premiere，选择File/Open命令，打开项目文件。

7.4.3.2　设置Timeline窗口

选择Window/Window Options/Timeline Window Options命令，打开Timeline Window Options对话框，具体操作如图7-10~图7-14所示。

在Icon Size选项框中，共有三个从小到大的图标，代表素材片段在窗口中的显示尺寸

图7-10

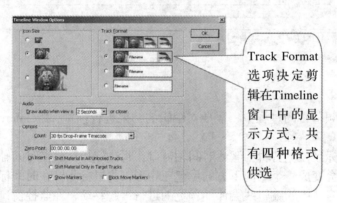

Track Format选项决定剪辑在Timeline窗口中的显示方式，共有四种格式供选

图7-11

Count下拉列表框用来确定视频节目的时基和时间码显示方式

图7-12

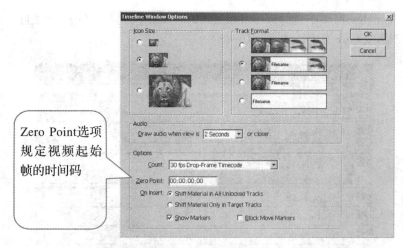

Zero Point选项规定视频起始帧的时间码

图7-13

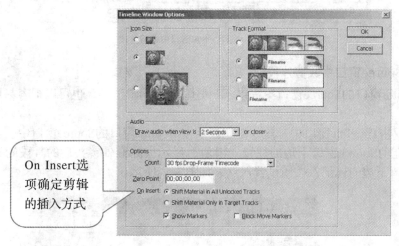

On Insert选项确定剪辑的插入方式

图7-14

把Timeline Window Options对话框的Icon Size选项和Track Format选项都设置为第二种格式，如图7-15所示。

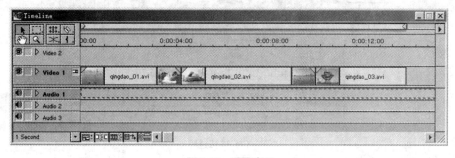

图7-15 设置选项

7.4.3.3 在Timeline窗口中裁剪片段

（1）在Timeline时间标尺中刮擦，以便于移动编辑线定位片段的实际开始的镜头（入点）。

（2）在Timeline窗口中选择Selection工具，移动指针到片段的左边缘上，向右拖动指针直到它与编辑线对齐为止，如图7-16所示。

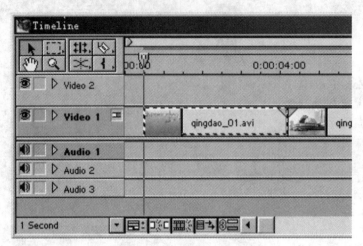

图7-16　在Timeline窗口中裁剪片段

7.4.3.4　在Source窗口中裁剪片段

在Monitor窗口的Source窗口中提供了一些附加的编辑工具，也可以很容易地作比较复杂的编辑。

（1）双击Timeline窗口中片段，使它显示在Monitor窗口的Source窗口中。

（2）拖动Source窗口下边的往复式滑块，显示去除额外镜头后的片段的第一帧，单击Source窗口下边的标记入按钮设置入点，如图7-17所示。

图7-17　编辑过程

（3）以同样的方法将滑动块定位在去除额外镜头后的片段的最后一帧，单击标记出按钮设置出点。

（4）单击位于Source窗口面板上边的Apply按钮，将编辑应用到Timeline窗口中的片段，如图7-18所示。

图7-18 编辑应用

（5）使用不同工具拖动各片段时剪辑，如图7-19所示。

（a）拖动之前各片段的位置

（b）使用选择工具拖动 qingdao_01.avi

（c）使用轨道选择工具拖动 qingdao_03.avi

（d）使用轨道选择工具拖动 qingdao_02.avi

图7-19 剪辑

7.5 流媒体

流媒体（Streaming Media）是一种新兴的网络传输技术，在互联网上实时顺序地传输和播放视/音频等多媒体内容的连续时基数据流，流媒体技术包括流媒体数据采集、视/音频编解码、存储、传输、播放等领域。

7.5.1 概述

7.5.1.1 流媒体的定义

流媒体是指采用流式传输的方式在Internet上播放的媒体格式。 流媒体又叫流式媒体，它是指商家用一个视频传送服务器把节目当成数据包发出，传送到网络上。用户通过解压设备对这些数据进行解压后，节目就会像发送前那样显示出来。

随着互联网的普及，利用网络传输声音与视频信号的需求也越来越大。广播电视等媒体上网后，也都希望通过互联网来发布自己的音视频节目。但是，音视频在存贮时，文件的体积一般都十分庞大。在网络带宽还很有限的情况下，花几十分钟甚至更长的时间等待一个音视频文件的传输，不能不说是一件让人头疼的事。流媒体技术的出现，在一定程度上使互联网传输音视频难的局面得到改善。

传统的网络传输音视频等多媒体信息的方式是完全下载后再播放，下载常常要花数分钟甚至数小时。而采用流媒体技术，就可实现流式传输，将声音、影像或动画由服务器向用户计算机进行连续、不间断传送，用户不必等到整个文件全部下载完毕，而只需经过几秒或十几秒的启动延时即可进行观看。当声音视频等在用户的机器上播放时，文件的剩余部分还会从服务器上继续下载。

如果将文件传输看做是一次接水的过程，过去的传输方式就像是对用户作了一个规定，必须等到一桶水接满才能使用它，这个等待的时间自然要受到水流量大小和桶的大小的影响。而流式传输则是，打开水头龙，等待一小会儿，水就会源源不断地流出来，而且可以随接随用，因此，不管水流量的大小，也不管桶的大小，用户都可以随时用上水。从这个意义上看，流媒体这个词是非常形象的。

7.5.1.2　流媒体与传统的Web服务器传输方式比较的优点

（1）Web服务器主要用于发送包含静态图像、文本和Web页面脚本的数据包，因此被设计为尽快、尽可能多地发送数据，而流媒体应该被实时传送，而不是以大量的字符组来传送，播放器应该在播放它们之前收到数据包，显然，Web服务器不是发送包含流媒体数据包的最好方法。

（2）Web服务器不支持多比特率视频，这意味着将不能对客户端进行智能流控制，也就不能监视传送质量和调整比特率。更为重要的是，Web服务器不支持用户数据报传送协议（UDP），也不具备对传送协议进行转换，因此在客户端，播放器受到网络状况的影响时，可能会出现既无音频也无视频而最终导致数据流传送中断的现象。与此相反，流媒体服务器刚好弥补了Web服务器功能上的不足，由于它是专门为传输基于流的内容所设计的，能根据向某个客户端播放器发送流时收到的反馈信息来衡量数据包的发送，并确定合适的客户端传输协议及连接带宽，所以当播放器以这种方式收到数据包时，图像将更平滑和流畅。此外，当网络带宽受限时，流媒体服务器可以将流进行多重广播，让更多的用户同时连接并持续地接收流，而当进行网上实况转播时，也只有流媒体服务器才能配置实况流的传送，因为Web服务器是不支持多播和实况流传送的。

7.5.2　流媒体技术

7.5.2.1　缓存技术

Internet以包传输为基础进行断续的异步传输，实时A/V源或存储的A/V文件在传输中被分解为许多包，由于网络是动态变化的，各个包选择的路由可能不尽相同，故到达客户端的时间延迟也就不等，甚至先发的数据包有可能后到。为此，使用缓存系统来弥补延迟和抖动的影响，并保证数据包的顺序正确，从而使媒体数据能连续输出，而不会因为网络暂时拥塞使播放出现停顿。通常高速缓存所需容量并不大，因为高速缓存使用环形链表结构来存储数据，通过丢弃已经播放的内容，流可以重新利用空出的高速缓存空间来缓存后续尚未播放的内容。

7.5.2.2　流媒体传输流程

流媒体的具体传输流程如下：

（1）Web浏览器与Web服务器之间使用HTTP/TCP交换控制信息，以便把需要传输的实时数据从原始信息中检索出来。

（2）用HTTP从Web服务器检索相关数据，A/V播放器进行初始化。

（3）从Web服务器检索出来的相关服务器的地址定位A/V服务器。

（4）A/V播放器与A/V服务器之间交换A/V传输所需要的实时控制协议。

（5）一旦A/V数据抵达客户端，A/V播放器就可以播放了。

7.5.2.3　媒体系统结构

现存流媒体解决方案采用的技术是多样的，但其体系结构的本质是相近的。

流媒体的体系构成：

（1）编码工具：用于创建、捕捉和编辑多媒体数据，形成流媒体格式。它由一台普通计算机、一块Microvision 高清视频采集卡和流媒体编码软件组成。Microvision流媒体采集卡负责将音视频信息源输入计算机，供编码软件处理；编码软件负责将流媒体采集卡传送过来的数字音视频信号压缩成流媒体格式。如果做直播，它还负责实时地将压缩好的流媒体信号上传给流媒体服务器。

（2）流媒体数据。

（3）服务器：由流媒体软件系统的服务器部分和一台硬件服务器组成。这部分负责管理、存储、分发编码器传上来的流媒体节目。

（4）网络：适合多媒体传输协议甚至实时传输协议的网络。

（5）播放器：供客户端浏览流媒体文件（通常是独立的播放器和ActiveX方式的插件）。这部分由流媒体系统的播放软件和一台普通PC组成，用它来播放用户想要收看的流媒体服务器上的视频节目。

7.5.2.4　流媒体传输协议

流式传输的实现需要合适的传输协议。TCP需要较多的开销，故不太适合传输实时数据。在流式传输的实现方案中，一般采用HTTP/TCP来传输控制信息，而用RTP/UDP来传输实时多媒体数据。

（1）实时传输协议RTP与RTCP。

RTP是用于Internet/Intranet针对多媒体数据流的一种传输协议。RTP被定义为在一对一或一对多传输的情况下工作，其目的是提供时间信息和实现流同步。RTP通常使用UDP来传送数据，但RTP也可以在TCP或ATM等其他协议上工作。当应用程序开始一个RTP会话时将使用两个端口：一个给RTP，一个给RTCP。RTP本身并不能为顺序传送数据包提供可靠的传送机制，也不提供流量控制或拥塞控制，它依靠RTCP提供这些服务。RTCP和RTP一起提供流量控制和拥塞控制服务。RTP和RTCP配合使用，它们能以有效的反馈和最小的开销使传输效率最佳化，因而特别适合传送网上的实时数据。

（2）实时流协议RTSP。

实时流协议RTSP是由RealNetworks和Netscape共同提出的，该协议定义了一对多应用程序如何有效地通过IP网络传送多媒体数据。RTSP在体系结构上位于RTP和RTCP之上，它使用TCP或RTP完成数据传输。HTTP与RTSP相比，HTTP传送HTML，而RTP传送的是多媒体数据。HTTP请求由客户机发出，服务器作出响应；使用RTSP时，客户机和服务器都可以发出请求，即RTSP可以是双向的。

（3）资源预订协议RSVP。

由于音频和视频数据流比传统数据对网络的延时更敏感，要在网络中传输高质量的音频、视频信息，除带宽要求之外，还需其他更多的条件。RSVP是Internet上的资源预订协议，使用RSVP预留一部分网络资源（即带宽），能在一定程度上为流媒体的传输提供QoS。

7.5.2.5　流媒体传输方式

实现流式传输有两种方法：实时流式传输（Realtime streaming）和顺序流式传输（Progressive streaming）。一般来说，如视频为实时广播，或使用流式传输媒体服务器，或应用如RTSP的实时协议，即为实时流式传输。如使用HTTP服务器，文件即通过顺序流发送。采用哪种传输方法依赖你的需求。当然，流式文件也支持在播放前完全下载到硬盘。

（1）顺序流式传输。

顺序流式传输是顺序下载，在下载文件的同时用户可观看在线媒体，在给定时刻，用户只能观看已下载的那部分，而不能跳到还未下载的前头部分，顺序流式传输不像实时流式传输在传输期间根据用户连接的速度作调整。由于标准的HTTP服务器可发送这种形式的文件，也不需要其他特殊协议，它经常被称作HTTP流式传输。顺序流式传输比较适合高质量的短片段，如片头、片尾和广告，由于该文件在播放前观看的部分是无损下载的，这种方法保证电影播放的最终质量。这意味着用户在观看前，必须经历延迟，对较慢的连接尤其如此。对通过调制解调器发布短片段，顺序流式传输显得很实用，它允许用比调制解调器更高的数据速率创建视频片段。尽管有延迟，毕竟可让你发布较高质量的视频片段。顺序流式文件是放在标准HTTP 或 FTP服务器上，易于管理，基本上与防火墙无关。顺序流式传输不适合长片段和有随机访问要求的视频，如讲座、演说与演示。它也不支持现场广播，严格说来，它是一种点播技术。

（2）实时流式传输。

实时流式传输指保证媒体信号带宽与网络连接匹配，使媒体可被实时观看到。实时流与HTTP流式传输不同，它需要专用的流媒体服务器与传输协议。实时流式传输总是实时传送，特别适合现场事件，也支持随机访问，用户可快进或后退以观看前面或后面的内容。理论上，实时流一经播放就可不停止，但实际上，可能发生周期暂停。实时流式传输必须匹配连接带宽，这意味着在以调制解调器速度连接时图像质量较差。而且，由于出错丢失的信息被忽略掉，网络拥挤或出现问题时，视频质量很差。如欲保证视频质量，顺序流式传输也许更好。实时流式传输需要特定服务器，如QuickTime Streaming Server、RealServer与Windows Media Server。这些服务器允许你对媒体发送进行更多级别的控制，因而系统设置、管理比标准HTTP服务器更复杂。实时流式传输还需要特殊网络协议，如RTSP（Realtime Streaming Protocol）或MMS（Microsoft Media Server）。这些协议在有防火墙时有时会出现问题，导致用户不能看到一些地点的实时内容。

7.5.2.6　流媒体播放方式

（1）单播。

在客户端与媒体服务器之间需要建立一个单独的数据通道，从一台服务器送出的每个数据包只能传送给一个客户机，这种传送方式称为单播。每个用户必须分别对媒体服务器发送单独的查询，而媒体服务器必须向每个用户发送所申请的数据包拷贝。这种巨大冗余首先造成服务器沉重的负担，响应需要很长时间，甚至停止播放；管理人员也被迫购买硬件和带宽来保证一定的服务质量。

（2）组播。

IP组播技术构建一种具有组播能力的网络，允许路由器一次将数据包复制到多个通道上。采用组播方式，单台服务器能够对几十万台客户机同时发送连续数据流而无延时。媒体服务器只需要发送一个信息包，而不是多个；所有发出请求的客户端共享同一个信息包。信息可以发送到任意地址的客户机，减少网络上传输的信息包的总量。网络利用效率大大提高，成本大为下降。

（3）点播与广播。

点播连接是客户端与服务器之间的主动的连接。在点播连接中，用户通过选择内容项目来初始化客户端连接。用户可以开始、停止、后退、快进或暂停流。点播连接提供了对流的最大控制，但这种方式由于每个客户端各自连接服务器，却会迅速用完网络带宽。

广播指的是用户被动接收流。在广播过程中，客户端接收流，但不能控制流。例如，用户不能暂停、快进或后退该流。广播方式中数据包的单独一个拷贝将发送给网络上的所有用户。使用单播发送时，需要将数据包复制多个拷贝，以多个点对点的方式分别发送到需要它的那些用户。而使用广播方式发送，数据包的单独一个拷贝将发送给网络上的所有用户，而不管用户是否需要。上述两种传输方式会非常浪费网络带宽。组播吸收了上述两种发送方式的长处，克服了上述两种发送方式的弱点，将数据包的单独一个拷贝发送给需要的那些客户。组播不会复制数据包的多个拷贝传输到网络上，也不会将数据包发送给不需要它的那些客户，保证了网络上多媒体应用占用网络的最小带宽。

7.5.3　流媒体技术应用

7.5.3.1　主流技术

Internet/Intranet上使用较多的流媒体技术主要有RealNetworks公司的Real System、Microsoft公司的Windows Media Technology和Apple公司的QuickTime，它们是流媒体传输系统的主流技术，在这里介绍前两种。

（1）Real System。

Real System由媒体内容制作工具Real Producer、服务器端RealServer、客户端软件（Client Software）三部分组成，其流媒体文件包括RealAudio、RealVideo、Real Presentation和RealFlash四类文件，分别用于传送不同的文件。Real System采用SureStream技术，自动并持续地调整数据流的流量以适应实际应用中的各种不同网络带宽需求，轻松实现视音频和三维动画的回放。Real流式文件采用Real Producer软件进行制作，首先把源文件或实时输入变为流式文件，再把流式文件传输到服务器上供用户点播。

由于Real System的技术成熟、性能稳定，美国在线（AOL）、ABC、AT&T、Sony等公司和网上主要电台都使用Real System向世界各地传送实时影音媒体信息以及实时的音乐广播。

（2）Windows Media Technology。

Windows Media Technology是Microsoft提出的信息流式播放方案，旨在Internet和Intranet上实现包括音频、视频信息在内的多媒体流信息的传输。其核心是ASF（Advanced Stream Format）文件，ASF是一种包含音频、视频、图像以及控制命令、脚本等多媒体信息的数据格式，通过分成一个个的网络数据包在Internet上传输，实现流式多媒体内容发布，因此，我们把在网络上传输的内容就称为ASF Stream。ASF支持任意的压缩/解压缩编码方式，并可以使用任何一种底层网络传输协议，具有很大的灵活性。

Windows Media Technology由Media Tools、Media Server和Media Player工具构成。Media Tools是整个方案的重要组成部分，它提供了一系列的工具帮助用户生成ASF格式的多媒体流（包括实时生成的多媒体流）；Media Server可以保证文件的保密性，不被下载，并使每个使用者都能以最佳的影片品质浏览网页，同时具有多种文件发布形式和监控管理功能；Media Player则提供强大的流信息的播放功能。

7.5.3.2 展望

互联网的迅猛发展和普及为流媒体业务发展提供了强大的市场动力，流媒体业务正变得日益流行。流媒体技术广泛用于多媒体新闻发布、在线直播、网络广告、电子商务、视频点播、远程教育、远程医疗、网络电台、实时视频会议等互联网信息服务的方方面面。流媒体技术的应用将为网络信息交流带来革命性的变化，对人们的工作和生活将产生深远的影响。

7.6 习题

1. 什么是视频？它与图像的区别是什么？
2. 常见的视频卡的种类有哪些？
3. MPEG-2压缩标准的文件格式是什么？
4. MPEG-1压缩标准是根据什么环境和应用制定的？MPEG-1的指标主要有哪些？
5. 数字图像的压缩和数字视频的压缩有什么关联和不同？
6. AVI格式与MPEG格式有什么异同？AVI的主要指标是什么？
7. AVI文件和MPEG文件在应用上有什么不同？

第8章　多媒体数据存储技术

8.1　存储技术概述

将声音、文字、图形图像、视频等多媒体信息输入计算机进行处理，能充分利用计算机的运算功能，但随之带来的一个显著问题是数字化的音频、视频数据量很大，这些信息即使经过压缩，所需的存储空间仍然十分可观，传统的计算机存储设备，如磁盘、磁带等，无法满足信息对大容量和实时性的要求。20世纪70年代以来陆续研制成功的各种光盘存储器是满足上述要求的较为理想的存储设备。

8.1.1　存储技术发展简史

多媒体的数据量庞大，大容量的光盘正是存储多媒体数据的理想介质。当前主要光盘技术的对比如表8-1所示。

表8-1　主要光盘技术的比较

指标	LD	CD	VCD	SVCD	DVD	EVD	HD DVD	BD
制定者	MCA等	Philips	JVC等	CVD	DVD论坛	阜国数字	DVD论坛	BDA
推出时间	1978	1979	1993.10	1998.10	1995.10	2005.2	2002.2	2006.6
激光波长	632.8 nm	780nm	780nm	780nm	650 nm	650 nm	405nm	405nm
分辨率	482线	44.1MHz	352 × 288	480 × 576	720 × 576	1920 × 1080	1920 × 1080	1920 × 1080
编码标准	FM	PCM	MPEG-1	MPEG-2	MPEG-2	MPEG-2	AVC、CV1 MPEG-2	MPEG-2、 AVC、CV1
尺寸	30cm	12/8cm	12/8cm	12/8cm	12/8cm	12/8cm	12/8cm	12/8cm
指标	LD	CD	VCD	SVCD	DVD	EVD	HD DVD	BD
盘面	双面	单面	单面	单面	单面/双面	单面	单面/双面	单面/双面
层数	单层	单层	单层	单层	单层/双层	单层/双层	1~3层	1~8层
容量	5.4万帧	650MB	650MB	650MB	4.7~17GB	4.7/8.5GB	15~90GB	25~200GB
播放时间	60/120分	74分	74分	60分	133~480分	50/105分	120~720分	180~1440分
传输速率	30fps	150Kbps	1.5Mbps	2.25Mbps	4.69Mbps	4.69Mbps	36.55Mbps	36Mbps

◇ 1960年，美国人T.H.梅曼制成红宝石激光器。

◇ 1969年，美国MCA（Music Corporation of America）公司推出名为DiscoVision（迪斯科版）的反射视频光盘系统格式；1972年9月，MCA公司联合荷兰Philips公司推出能长时间播放电视节目的模拟光盘系统，1978年12月对应产品开始上市；1978年，日本Pioneer公司对其加以改进，并推出了LV（Laser Videodisc/LaserVision激光视频盘/激光版），1981年改名为LD（LaserDisc激光盘）。LD的标准为Blue Book（蓝皮书）、直径为12英寸（30cm）、双面、可播放2小时的模拟视频节目。

◇ 1972年9月，荷兰Philips向全世界展示了长时间播放电视节目的光盘系统，在光盘上记录的是模拟信号。

◇ 大约从1978年开始，人们开始把声音信号变成用"1"和"0"表示的二进制数字，然后记录到以塑料为基片的金属圆盘上。

◇ 1979年，Philips公司研制出小型数字化光盘CD（Compact Disc紧凑[光]盘），4.75英寸（12cm），采用780 nm的红外激光，[光盘 = optical disk ≈ CD = Compact Disc]。

◇ Philips公司和Sony公司终于在1982年成功地把这种记录有数字声音的盘推向了市场。为了便于光盘的生产、使用和推广，几个主要光盘制造公司和国际标准化组织还为这种盘制定了标准，这就是世界闻名的"红皮书（Red Book）标准"。符合这种标准的盘又称为数字激光唱盘（Compact Disc–Digital Audio，CD–DA）。

◇ 1987年，Philips&Sony推出交互式多媒体系统CD–I（Compact Disc–Interactive交互式紧凑光盘），可存储视频、音频和二进制数据，绿皮书（Green Book），1988年成为标准，1992年推出第2代。

◇ 1990年，Philips&Sony推出CD–MO（CD–Magneto–Optical磁光盘）和CD–R（CD–Recordable可记录光盘），橙皮书（Orange Book）I 和 II。

◇ 1991年，Philips&美国的Kodak公司联合推出照片光盘Photo–CD。

◇ 1993年，Philips&Sony推出VideoCD（VCD），白皮书（White Book）。

◇ 1995年10月，Philips&Sony的多媒体光盘MMCD（Multimedia Compact Disc）和日本的松下、东芝、日立、先锋和美国的时代华纳等8个公司的SD（Super Disc超级光盘）合二为一（SD的光盘格式+MMCD的编码方案）推出DVD（Digital Video Disc数字视频光盘），4.75英寸（12cm），4.7~17GB，采用650 nm的橙红色激光。

◇ 1997年，HP、三菱化学公司、Philips、Ricoh和Sony联合推出CD–RW（CD–Rewritable可擦写光盘），橙皮书（Orange Book）III。

◇ 1998年，日本的松下和日立等公司推出DVD–RAM（2.6GB），1999年10月推出V2.0（4.7GB），采用带有磁光特性的相变技术，与DVD–ROM不兼容。

◇ 1998年11月，CVD（China Video Disc，中国视频光盘）推出超级VCD（Super Video CD，SVCD）标准，采用CD介质和MPEG–2编码，图像分辨率为NTSC：352×480、PAL：352×576。

◇ 1999年春，以日本先锋公司为首的DVD论坛（Forum）公布DVD–Audio标准。

◇ 1999年10月，国内若干骨干数字光存储企业和研究单位共同组建"中国数字光盘技术联合体"实施"新一代高密度数字激光视盘系统技术开发"专项；2000年3月1日，该联合体改制成立了北京阜国数字技术有限公司；2005年2月23日推出国家电子行业推荐性标准——《高密度激光视盘系统技术规范》（即EVD）。EVD采用DVD技术和新的压缩算法，实现了高清晰度（1920×1080i）EVD盘片的播放，并可兼容播放DVD盘片。

◇ 1999年底，DVD论坛又推出DVD–RW，采用相变技术，与DVD光驱存在一些兼容性问题。

◇ 2001年3月，Philips、Sony、Dell、Yamaha等公司组成DVD+RW联盟（Alliance）推出DVD+RW。

◇ 2002年2月19日，索尼、飞利浦和先锋等9个公司组成的蓝光盘创立者（Blu-ray Disc Founders）提出BD（Blu-ray Disc，蓝光盘），2006年6月20日正式推出产品；BD采用405nm的紫色激光、单面单层25GB~单面8层200GB、速率36Mbps。蓝光盘的容量大，带保护外壳；但与现有DVD不兼容，且制作成本较高。

◇ 2002年初，就在蓝光盘创立者组织成立不久，以东芝和NEC为首的其他DVD论坛（近230个）成员，投票赞成推出完全不同的另一个高密度光盘标准——HD DVD（High-Definition DVD，高清晰DVD）。2006年3月28日，HD DVD的播放器和光盘等产品正式上市。HD DVD也采用405nm紫色激光、单面单层15GB~双面三层90GB、速率是36.55Mbps，结构与现有DVD相同。HD DVD兼容现有DVD，生产成本也较低；但是容量比蓝光盘小，且盘片的保护性不好，如图8-1所示。

图8-1　LD（左）与DVD（右）

8.1.2　光盘的分类

光盘按物理格式划分有CD和DVD；按应用格式划分有音频、视频、数据和混合光盘；按照工作原理分类有光技术和磁光技术结合的光盘；按读写限制划分有只读光盘、只写一次光盘和可擦写光盘。下面仅介绍最后一种分类方法。

8.1.2.1　CD-ROM（只读）光盘

只读式光盘以CD-ROM为代表。CD-DA、CD-I、CD-Photo及V-CD等也都是只读式光盘。CD-ROM光盘容量650~700MB。光盘是由母盘压模制成，一旦复制成型，永久不变，用户只能读出信息，不能修改或写入新的信息。只读式光盘特别适于廉价、大批量地存储同一种信息。

8.1.2.2　WORM（一次写多次读）光盘

WORM（Write Once Read Many）光盘使用户能够自己将数据、程序或节目记录到光盘上。WORM光盘的特点是只能写一次但可多次读，信息一旦写入就不能再更改。

目前这种光盘主要产品为CD-R（Recordable）。CD-R适用于需少量CD盘的场合，如教育部门、图书馆、档案管理、会议、培训、广告等，可以免除高成本母盘的制作过程，具有经济、方便的优点。

8.1.2.3　Rewritable（可擦写）光盘

在可擦写光盘系统中，光盘写入后可以擦除，并再次写入。目前市场上出现的可读写光盘主要为CD-RW（CD-Rewritable），分为磁光盘MOD（Magneto-Optical Disk）和相变光盘PCD（Phase Change Disk）两类。MOD利用磁的记忆特性，借助激光来写入和读出数据。PCD的刻录层是多晶体，刻录时，激光束有选择性地加热相变材料某一区域，使得这部分迅速成为液态，然后"凝结"形成非结晶状态。由于非结晶状态和结晶状态有不同的光学反射率，这样就可以通过CD-ROM来读取数据了。当把相变材料加热，非结晶状态的原子又回到有序的结晶状态，这样就恢复到可写状态。

8.2 光存储系列产品

8.2.1 CD

（1）CD-DA。

CD-DA（Compact Disc-Digital Audio）称为数字音乐光盘，又称作激光唱盘，用来存储数字音频信息，如音乐、歌曲等，可以在所有的CD音响上来播放音乐。由于其可以记录高品质声音，所以数年内即风行全世界，其他规格的光盘均是以此为基础而发展起来的。CD-DA把模拟的声音信号通过采样、量化转换成数字信号，采用数字方式记录声音信息。音频数据存放在一个或多个光道（Tracks）上。每一条光道通常是一首歌曲。一张CD唱盘理论上可容纳约74分钟的立体声音乐信号。如图8-2所示，是一张CD-DA唱盘的光道结构，其中有14条光道，对应14首乐曲。

图8-2　CD-DA唱盘的光道结构

（2）CD-ROM。

CD-ROM（Compact Disc-Read Only Memory）称为只读式光盘，这是最常见、使用最广泛的一种光盘，主要是用来保存数字化资料，例如各种游戏、软件等。它具有容量大、价格低廉等优点。

CD-ROM支持3种类型的光道：

① CD-DA光道，用于存储声音数据。

② CD-ROM model（模式1），用于存储计算机数据、游戏、软件等。

③ CD-ROM mode2（模式2），用于存储声音数据、静态图像或电视图像数据。

（3）CD-ROM/XA。

CD的第3个标准叫做CD-ROM/XA（CD-ROM Extended Architecture）标准，这个标准定义了一种新型光道：CD-ROM Mode 2 XA光道，这种光道允许把计算机数据、声音、静态图像或电视图像数据放在同一条光道上。

CD-ROM光驱在读混合模式光盘时（同时会有数据轨道和音频轨道的CD称为混合模式光盘），如果读计算机数据，就不能回放音乐。而CD-ROM/XA允许计算机数据和音频数据放在相同的轨道上，所以它能够在读计算机数据的同时回放音乐。

8.2.2 VCD

VCD（Video CD）是由JVC、Philips、Matsushita和Sony联合定义的数字电视视盘技术规格，它于1993年问世，盘上的声音和电视图像都是以数字的形式表示的。1994年7月发布了"Video CD Specification Version 2.0"标准，该标准描述的是一个使用CD格式和MPEG-1标准的数字电视存储格式。

VCD采用MPEG-1的压缩方法来压缩图像，解析度达到352×240（NTSC）或352×288（PAL）1.15MB/s视频流，声音格式则采用44.1kHz采样频率，16bit量化等级，立体声，MPEG-1 layer 2，224KB/s音频流的压缩方式，这是一种非破坏性的音频压缩方式。一张VCD光盘大约存储60分钟的视频节目。

VCD标准定义了完整的文件系统，这样就使VCD节目既能在VCD机上也能在CD-ROM光驱上播放。把VCD盘放到电脑中，可以看到CDI、VCD、MPEGAV、SEGMENT、CDDA、KARAKOKE、EXT等目录，如图8-3所示。

（1）CD-DA目录：包含以轨道方式存在的CD-DA轨。

（2）CDI目录：包含CD-I应用程序及其他使用CD-I播放机时所用的文件。

（3）VCD目录：包含在VCD播放机及CDI播放机上播放时都用到的文件。

（4）MPEGAV目录：包含以轨道方式存在的MPEG影音文件，其中每个DAT文件就是一条轨道。

（5）KARAOKE目录：包含KARAOKE光盘所要用到的语言及文字资料。

（6）SEGMENT目录：包含不以轨道方式存在的MPEG影音文件。

（7）EXT目录：包含播放SEGMENT目录中的文件所需的文件。

图8-3 VCD盘面的文件目录

8.2.3 DVD

DVD是Digital Video Disc的缩写，意思是数字电视光盘。DVD不仅可以用来存放电视节目，同样可以用来存储其他类型的数据，DVD在数据存储方面具有其他媒质所无法比拟的容量和灵活性，因此又把Digital Video Disc更改为Digital Versatile Disc，缩写仍然是DVD。

从外观和尺寸来看，DVD光盘与CD光盘直径均为120mm，厚度为1.2mm；DVD播放机能够兼容已经有的CD激光唱盘和VCD节目。DVD和CD虽然尺寸大小相同，使用相同的技术来读取光盘片中的资料，但是由于DVD的光学读取头所产生的光点较小，光盘轨道间距变窄，再加上编码方式的改进，因此在同样大小的盘片面积上，DVD资料储存的密度要高得多。一片普通DVD可存储4.7GB数据，是CD的7倍，如图8-4所示。

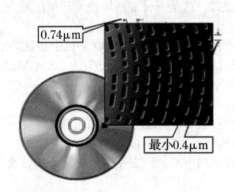
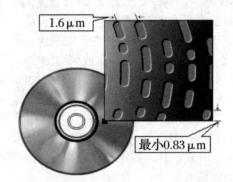

（a）DVD的物理尺寸　　　　　　（b）CD的物理尺寸

图8-4　DVD和CD物理尺寸比较

CD使用一层1.2mm塑料基片，而DVD盘使用两层0.6mm厚的基片，数据层夹在中间，使数据受到更好的保护，薄的基片可以减少激光束跟踪的错误。双层结构使制造多样化，产生了4种只读光盘：DVD-5、DVD-9、DVD-10和DVD-18，容量分别为4.7GB、8.5GB、9.4GB和17GB。

DVD分为6种格式：

（1）DVD Video，用于观看电影和其他可视娱乐。

（2）DVD-ROM，基本技术与DVD Video相同，但它包含计算机友好的文件格式。用于存储数据。

（3）DVD-R，用户可以写入一次，多次读出。

（4）DVD-RAM，可以用作虚拟硬盘，能随机存取，可以重写10000次。

（5）DVD-RW，类似DVD-RAM，但是采用顺序读-写存取，可以重写1000次。

（6）DVD Audio，最新的音频格式，比标准CD的保真度好一倍。

8.2.4 EVD

1999年10月，国内若干骨干数字光存储企业（主要有新科、上广电、夏新、长虹等）和研究单位共同组建"中国数字光盘技术联合体"实施"新一代高密度数字激光视盘系统技术开发"专项；2000年3月1日，该联合体改制成立了北京阜国数字技术有限公司；2001年7月16日，通过新一代高密度数字激光视盘系统（EVD = Enhanced Versatile Disc，增强型通用盘）技术规范的标准草案；2004年1月1日，EVD播放机正式上市，如图8-5所示；2005年2月23日，成为国家电子行业推荐性标准——《高密度激光视盘系统技术规范》。

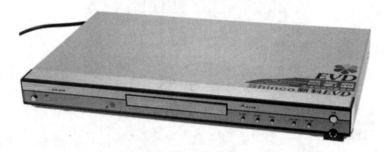

图8-5　新科EVD8700播放机

EVD采用DVD的盘片技术和新的压缩算法，实现了高清晰度（1920×1080）EVD盘片的播放，并可兼容播放DVD盘片。表8-2为EVD与DVD的比较。

表8-2　EVD vs DVD

比较项目	EVD	DVD
盘片	DVD	DVD
容量	4.7GB或8.5GB	4.7~9.4GB
视频播放时间	50或105分钟	133~266分钟
图像分辨率	1920×1080或1280×720	720×576或480
有效像素数	207万	35万
声音质量	高保真环绕声	环绕声
对DVD画质的提升	30%	无
播放高清晰静态图片	效果好、可缩放、旋转和连续播放	无
兼容性	极强（DVD/SVCD/CD/PM3）	强
版权保护	非常强大	一般

2004年7月，从事房地产的今典投资集团有限公司与北京阜国数字技术有限公司共同投资建立今典环球数字技术有限公司，以加快推进EVD产业化，今典集团和保利文化计划建立覆盖全国的EVD数字院线体系；2005年2月23日，EVD成为国家电子行业推荐性标准——《高密度激光视盘系统技术规范》。

EVD采用DVD技术和新的压缩算法，实现了高清晰度（1920×1080，16∶9）EVD盘片的播放，并可兼容播放DVD盘片。EVD新的加密技术采用了下一代DVD（BD和HD DVD）中普遍采用的AACS（Advanced Access Content System，高级访问内容系统），加密强度大大提高，同时兼容EVD原有的加密体系，新的加密体系可以对盗版作出迅速反应，可以实现网络化的硬件加密升级。

阜国数字授权盛世龙田（北京）软件有限责任公司开发EVD的PC播放软件，2005年11月1日推出影海风雷EVD播放器 1.0，如图8-6所示。影海风雷播放器可以在PC机上（限时1个月，且只能）播放正版EVD碟片。

EVD影院的建设，得到了国家电影局的大力支持，主要针对中小城市和农村市场。

图8-6 影海风雷EVD播放器

8.2.5 BD与HD DVD

随着对存储容量要求的增加，4.7~8.5GB的DVD显然无法满足要求，因此，相关厂商一直在积极开发更高容量的各种存储技术，从而促成了BD和HD DVD等蓝光技术的问世。

8.2.5.1 BD

2002年2月19日，日立、LG、松下、先锋、飞利浦、三星、夏普、索尼和汤姆森九个公司组成的蓝光盘创立者（Blu-ray Disc Founders，BDF）推出蓝光盘（BD=Blu-ray Disc）；2004年5月，由索尼公司领衔的"蓝光光盘创始者"组织组成了范围更广泛的联盟——蓝光光盘协会（Blu-ray Disc Association，BDA），它还鼓励内容提供商和硬件供应商支持其格式。2006年1月推出多款BD播放机（价格在1000美元左右），2006年2月9日推出18种影碟，售价近18美元，2006 年6月20日，BD播放机和影视光盘等系列产品在美国正式上市，如图8-7所示。

索尼25GB单层BD光盘

TDK 100GB四层BD光盘

先锋BDR-101A BD光驱

索尼BDP-S1 BD播放机

三星BD-P1000 BD播放机

图8-7 BD光盘、播放机、光驱与影碟

BD采用405nm的紫色激光；12cm盘的容量：单面单层25GB / 双层50GB / 6层100GB / 8层200GB，双面单层50GB / 双层100GB；8cm盘的容量：单面单层7.8GB / 双层15.6GB，双面单层15.6GB / 双层31.2GB；数据传输率：单倍—36Mbps、2x—72Mbps、4x—144Mbps、8x—288Mbps。蓝光盘的容量大，添加了硬质塑料或聚合物外壳，盘片的保护性好；但与现有DVD不兼容，而且制作成本较高，播放机的销售价格也较贵。

BD视盘采用的是MPEG-2、MPEG-4 /AVC（H.264）和VC-1视频编码，音频则采用了Dolby Digital（AC-3）、DTS和LPCM（可达7.1声道）编码，可选Dolby Digital Plus和无损的Dolby TrueHD与DTS HD。

除了发起的九大公司外，BD还获得了三菱、TDK、20世纪福克斯、华纳兄弟、迪士尼、Sun、Apple、HP、Dell等公司和电子业界的支持。

8.2.5.2 HD DVD

2002年初，在蓝光盘创立者组织成立不久，以东芝和NEC为首的其他DVD论坛（近230个）成员就投票赞成推出完全不同的另一个高密度光盘标准AOD（Advanced Optical Disc高级光盘）。2003年11月26日，DVD论坛决定它要与DVD兼容，因此改名为HD DVD（High-Definition DVD，高清晰DVD），并批准东芝和NEC公司提出的HD DVD只读格式的0.9版（High-Definition DVD ROM Format 0.9 version）。2004年12月23日，东芝、三洋、NEC、MemoryTech等公司又成立了"HD DVD推广集团"。2006年3月28日，HD DVD的播放器和光盘等产品正式上市。

HDDVD也采用405nm紫色激光；12cm盘：ROM——单面单层15GB/双层30GB/三层45GB、双面单层30GB/双层60GB/三层90GB、刻录盘——单面单层20GB/双层40GB/三层60GB；8cm盘：单面单层4.7GB/双层9.4 GB、双面单层9.4 GB/双层18.8 GB；速率是36.55Mbps，结构与现有DVD相同。HD DVD兼容现有DVD，生产成本也较低；但是容量比蓝光盘小，且保护性不太好。

HD DVD采用MPEG-4/AVC、VC-1和MPEG-2视频编码，采用Dolby Digital Plus、DTS、Dolby Digital（AC-3）和MPEG Audio等有损编码和LPCM、MLP（TRUE HD）[双声道]和DTS HD等无损编码。

2006年3月31日，东芝公司推出首款HD DVD播放机，售价499美元和799美元。2006年4月18日推出The Last Samurai、Serenity和The Phantom of the Opera等三张HD DVD电影光盘，售价29美元。现在已经有多部影碟推出，售价一般在19美元左右。如图8-8所示。

图8-8　HD DVD光盘、播放机与影碟

除了东芝和NEC之外，DVD论坛的其他成员还有很多，如三洋、IBM、微软等。另外，HD DVD标准还获得了好莱坞四大电影制片厂——派拉蒙、环球、华纳兄弟以及新线影业，HP、Intel等计算机公司和HBO电视台、梦工场等的支持。

8.2.5.3　BD与HD DVD

　　在CD时代，索尼和飞利浦是当然的统治者。但是在DVD标准之争中，却让东芝和NEC等公司主导的DVD论坛占了上风。此后，两大集团一直针锋相对，竞争十分激烈。从DVD刻录盘的DVD+R/RW与DVD-R/RW，到DVD音频的SA-CD与DVD-Audio，再到现在蓝光技术的BD与HD DVD，同一应用的两个标准互不相让，只是苦了消费者。

　　世界不希望有两个蓝光标准。在业界的压力下，索尼、松下和东芝、NEC等公司曾进行过多次有关统一标准的谈判，但是由于分歧太大，最后还是无果而终。统一蓝光标准的梦想已经破灭，以后世界上肯定是要存在两种互不兼容的蓝光技术了。

　　两大阵营各自都包括光产品制造商、电影公司和计算机等公司三大部分，开始时泾渭分明，后来许多公司（如HP、LG、华纳兄弟等）开始脚踩两只船，同时支持两个标准。

　　BD和HD DVD都是采用405nm蓝紫色激光的大容量高密度光盘技术，都可存储HDTV影视节目。但是它们在技术细节上还是有很多差别，参见表8-3。

表8-3　DVD、HD DVD与BD的技术参数比较

规格		DVD	HD DVD	BD
容量 （单/双层）	-ROM（只读）	4.7/8.5	15/30	25/50
	-R（可写一次）	4.7/8.5	15/30	25/50
	-RW（可重写）	4.7/--	20/32	25/50
激光波长		650	405nm	405nm
数值孔径（NA）		0.6	0.65	0.85
最小凹坑长度		$0.4\mu m$	$0.204\mu m$	$0.149\mu m$
光道间距		$0.74\mu m$	$0.4\mu m$	$0.32\mu m$
盘片结构		0.6mm×2	0.6mm×2	1.1mm+0.1mm
保护层厚度		0.6mm	0.6mm	0.1mm/0.075mm
数据传输率		11.08Mbps	36.55Mbps	36Mbps
信道脉冲频率		26.2MHz	64.8MHz	66MHz
调制方式		EFMplus	ETM	17PP
记录位置		沟槽	沟槽/岸台	沟槽
旋转方式		CLV	Z-CLV	CLV
单位线速度		3.5m/s	5.6~6.1m/s	4.6~5.3m/s
纠错方式		RSPC	RSPC	LDC+BIS
保护层误差极限		30	12.7	2.9
聚焦深度		0.37mm	0.187mm	0.097mm
盘片倾斜误差极限		6.9	3.2	6.4
视频编码		MPEG-2	MPEG-4/AVC VC-1、MPEG-2	MPEG-4/AVC VC-1、MPEG-2
音频编码	有损	AC-3、DTS、 MUSICAM、AAC	Dolby Digital Plus、 AC-3、DTS、AAC	AC-3、DTS [Dolby Digital Plus]
	无损	LPCM	LPCM、TrueHD、 DTS HD	LPCM [TrueHD、DTS HD]
版权保护		CPRM / CSS	AACS	BD+ / ROM-Mark

蓝光由于采用开口率为0.85的激光聚焦物镜,因此无法和DVD兼容,必须投入全新的设备和生产线,生产成本将非常高昂。而HD–DVD由于采用开口率为0.65的物镜,一方面可以和DVD保持兼容,另一方面还可继续使用DVD光盘生产设备,生产成本较低。

仅0.1mm厚的保护层使得BD盘必须用保护盒,否则将脆弱得像面人一样,为了保护光盘表面,必须将光盘放置于光盘盒中。而HD–DVD保护层的厚度为0.6毫米,同现在的DVD和CD光盘相同,当然也就无须像BD那样使用保护外壳了。而BD为了防止光盘受到损伤,必须使用光盘匣,虽然TDK已经开发了SHC涂层,但是商品化需要时间,同时还会进一步增加蓝光光盘的成本。而裸露的蓝光光盘抗灰尘的能力实在是一个大问题。实验数据显示,HD–DVD的抗尘性与DVD相当,而BD在灰尘噪音方面则高出前两者10至20分贝,这是很难弥补的硬伤。这意味着,BD在初期使用时,不会有什么问题,但随着时间的推移,它的可靠性将不断降低。对于光盘出租行业来说,如果使用寿命短,不可靠,无疑将是没有前途的。

8.3 光存储技术格式

光盘格式包含物理格式和逻辑格式。物理格式规定数据如何放在光盘上,这些数据包括物理扇区的地址、数据的类型、数据块的大小、错误检测和校正码等。逻辑格式实际上是文件格式的同义词,它规定如何把文件组织到光盘上以及指定文件在光盘上的物理位置,包括文件的目录结构、文件大小以及所需盘片数目等事项。

各种CD盘的格式被详细记载在其对应的标准文件中,如图8-9所示。这些标准文件包括红皮书、黄皮书、ISO 9660、绿皮书、橙皮书和白皮书等。CD的标准文件是用彩色封面包装的,所以又称为彩书标准。理解CD格式对于设计和使用CD产品都有很大帮助。DVD、BD和HD DVD等光盘都采用了与CD类似的物理和逻辑格式。

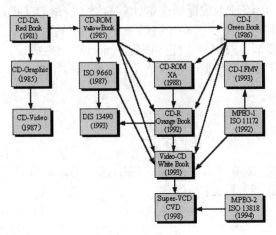

图8-9 CD标准系列

8.3.1 CD的物理格式

下面主要讨论CD–DA和CD–ROM盘的物理格式,也简单介绍CD–ROM/XA、CD–I、CD–I Ready和CD–Bridge盘的物理格式,最后给出CD–MO/R/RW等刻录盘的格式。光存储格式标准见表8-4。

表8-4 光存储格式标准

光盘标准	光盘类型	标准的基本内容
红皮书 （Red Book）	CD-DA	CD标准的第一个文本，是一种用于CD音乐的规范。这个标准是整个CD工业的最基本标准。它发表于1981年，描述CD-DA的信息和编码格式、CD的尺寸、物理特性、编码和错误校正方法等
黄皮书 （Yellow Book）	CD-ROM	此标准就是于1989年正式发表的ISO9600标准。ISO9600标准规定了CD-ROM的基本数据格式，是红皮书标准的扩充。可分为Mode 1和Mode 2两组标准，Mode 1用于存储计算机数据，Mode 2用于存储声音数据、静态图像或电视图像数据
绿皮书 （Green Book）	CD-I	于1987年制定的交互式光盘CD-I的标准。是用于家庭娱乐的交互式CD的专用格式。它把高质量的声音、文字、动画、图像及静止的图形以数字形式存放于CD-ROM盘上，并实现了交互式操作
橙皮书 （Orange Book）	CD-R	在黄皮书的基础上增加了可写入CD的格式标准，于1989年发表，包括可写光盘、盒式光磁系统和柯达光电CD的标准
蓝皮书（Video Book）	CD-WORM	于1985年制定的CD-WORM标准
白皮书（White Book）	Video CD	于1992年制定，主要用于全动态MPEG音、视频信息的存储

8.3.1.1 激光唱盘标准——红皮书（Red Book）

红皮书是Philips和Sony公司为CD-DA（Compact Disc – Digital Audio，紧凑盘–数字音频）定义的标准，也就是我们常说的激光唱盘标准。这个标准是整个CD工业最基本的标准，所有其他的CD标准都是在这个标准的基础上制定的。

（1）帧与扇区结构。

通常，激光唱盘上有许多首歌曲，一首歌曲安排在一条光道（track）上。在CD-DA中的物理光道是螺旋形，因此可以说一片CD-DA盘只有一条物理光道。而这里所指的CD-DA光道（track）应该理解成逻辑光道比较合适。一条CD-DA（逻辑）光道由多个扇区组成，扇区的数目可多可少，而光道的长度可长可短，通常一首歌曲就组织成一条光道。一条光道由许多节（section）[也叫扇区（sector）]组成，一节由98帧（frame）组成。帧是激光唱盘上存放声音数据的基本单元，它的结构如图8-10所示。

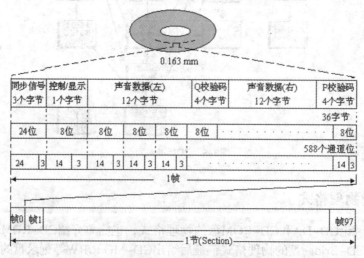

图8-10 激光唱盘声音数据的基本结构

每个帧由下列部分组成：

① 同步（SYNC）。每帧的开头都有24位同步位。这24位同步位不经EFM调制，本身就是通道码。具体的码字是

100000000001000000000010

任何数据经EFM调制后都不会出现与同步码字相同的码。

② 子码（Subcode）。每帧都有这样的一字节。在CD-DA中称为子码/控制和显示；在CD-ROM中称为控制字节。此字节的内容主要提供盘地址信息。

③ 音频数据（Audio Data）。在CD-DA中，立体声有两个通道，每次采样2个16位的样本，左右通道的每个16位数据分别组成2个8位字节，6次采样共24字节组成一帧。

④ 校验码（Check Code）。在左右声道数据之间和后面，分别放置着一个4字节的EDC（Error Detect Correction，误差校验）/ ECC（Error Correction Code，纠错码）校验码。采用CIRC进行纠错，P校验是由（32，28）RS码生成的校验码，Q校验是由（28，24）RS码生成的校验码。

CD盘上的98帧组成一节（即一个扇区）。光道上1个扇区有3528字节，其组成如表8-5所示。

表8-5　CD-DA的扇区组成

3528字节			
同步字节	用户数据	二层EDC/ECC	控制字节
98 × 3 =294（字节）	98 × (2 × 12) = 2352（字节）	98 × (2 × 4) = 784（字节）	98（字节）

前面已经介绍，激光唱盘上声音数据的采样频率为44.1 kHz，每次对左右声音通道各取一个16位的样本，因此1秒钟的声音数据率就为：

$$44.1 \times 1000 \times 2 \times (16 \div 8) = 176400（字节/s）$$

由于1帧存放24字节的声音数据，所以1秒钟所需要的帧数为：

$$176400 \div 24 = 7350（帧/s）$$

98帧构成1扇区，所以1秒钟所需要的扇区数为：

$$7350 \div 98 = 75（扇区/s）$$

$$74分 \times 60秒/分 \times 75扇区/秒 = 333000扇区$$

即：

◇ CD-DA的音频数据传输率 = 75扇区/s = 75 × 2352 B/s = 176.4 KB/s

◇ CD-DA的音频容量 = 333000扇区 × 2352 B ≈ 747 MB

◇ CD-ROM的数据传输率 = 75扇区/s = 75 × 2 KB/s = 150 KB/s

◇ CD-ROM的容量 = 333000扇区 × 2 KB = 666000 KB ≈ 650 MB

一帧数据的通道位数见表8-6。

表8-6　一帧CD-DA数据的通道位数

字段名称	通道位数	合计
同步位	24+3	27
子码	1 × (14+3)	17
音频数据	12 × (14+3)	204
Q校验码	4 × (14+3)	68

续表

字段名称	通道位数	合计
音频数据	12×（14+3）	204
P校验码	4×（14+3）	68
合计		588

由此可计算出一个CD-DA扇区的（通道位）大小为：98 × 588 / 8 B = 7203 B。对应的CD-DA的（通道位）数据传输率和容量则为：

◇ CD-DA通道位的数据传输率 = 75扇区/s = 75 × 7203 B/s ≈ 528 KB/s

◇ CD-DA通道位的容量 = 333000扇区 × 7203 B ≈ 2.234 GB

可见，CD-DA的通道位的数据出输率和容量要远远大于CD-DA音频数据的和CD-ROM有效数据的。参见表8-7。

表8-7　CD的帧和扇区

	CD-DA通道	CD-DA音频	CD-ROM数据
帧大小	73.5 B	24 B	（20.9 B）
扇区大小	7203 B	2352 B	2048 B
数据传输率	528 KB/s	172 KB/s	150 KB/s
盘容量	2287 MB	747 MB	650 MB

（2）P~W通道。

CD-DA中定义了一个控制字节（Control Bytes），或者叫做子码（Subcode）。如前所述，一帧有一个8位的控制字节，98帧组成8个子通道，分别命名为P、Q、R、S、T、U、V和W子通道。一条光道上所有扇区的子通道组成CD-DA的P、Q、…、W通道。98个控制字节（98×8位）组成8个子通道的结构如表8-8所示（其中，bi表示字节的第i位，i = 1~8）。

表8-8　CD-DA的子通道结构

8位							
P子通道（b8）	Q子通道（b7）	R子通道（b6）	S子通道（b5）	T子通道（b4）	U子通道（b3）	V子通道（b2）	W子通道（b1）

98字节的b8组成P子通道，98字节的b7组成Q子通道，依此类推。通道P含有一个标识，它用来告诉CD播放机光道上的声音数据从什么地方开始；通道Q包含有运行时间信息，CD播放机使用这个通道中的时间信息来显示播放音乐节目的时间。Q通道的98位的数据排列成如表8-9的形式。

表8-9　Q通道的数据排列

98位				
2位	4位	4位	72位	16位

其中,

◇ 2位:控制字节的部分同步位。

◇ 4位:控制标识,定义这条光道上的数据类型。

◇ 4位:说明后面72位数据的标识。

◇ 72位:Q通道的数据。在盘的导入区(Lead in),含有盘的TOC(Table of Contents, 内容表)。在其余的盘区,含有当前的播放时间。

◇ 16位:CRC 用于错误检测,注意CRC并没有错误校正功能。

(3)CD–G(CD+Graphics)。

红皮书不仅定义了如何把声音数据放到CD盘上,而且还定义了一种把静态图像数据放到CD盘上的方法。如果把图像数据放到通道R～W,这种盘通常就称为CD+Graphics盘,简称为CD–G盘。在目前的国内市场上,使用R～W通道的CD节目不多,能播放这种盘的CD播放机也不多。CD–G节目在普通的CD播放机上播放时,音乐节目可以照常欣赏,仅仅是没有图像而已。如果使用能播放CD–G节目的VCD播放机,在播放CD–G盘时要和电视机连接才能同时有音乐和图像。

8.3.1.2 CD–ROM标准——黄皮书(Yellow Book)

黄皮书是Philips和Sony公司为CD–ROM(Compact Disc–Read Only Memory, 紧凑盘–只读存储器)定义的标准,它为CD盘用于非音频数据的其他领域铺平了道路,CD工业从此进入了第二个阶段。黄皮书在红皮书的基础上增加了两种类型的光道,加上红皮书的CD–DA光道之后,CD–ROM共有三种类型的光道:

◇ CD–DA光道,用于存储声音数据。

◇ CD–ROM Mode 1,用于存储计算机数据。

◇ CD–ROM Mode 2,用于存储声音数据、静态图像或电视图像数据。

黄皮书和红皮书相比,它们的主要差别是红皮书中2352字节的用户数据作了重新定义,解决了把CD用作计算机存储器中的两个问题,一个是计算机的寻址问题,另一个是误码率的问题,CD–ROM标准使用了一部分用户数据当做错误校正码,也就是增加了一层错误检测和错误校正,使CD盘的误码率下降到10^{-12}以下。

(1)CD–ROM Mode 1。

CD–ROM Mode 1(模式1)把红皮书中的2352字节的用户数据重新定义为如表8–10所示的结构。

表8–10　CD–ROM模式1的扇区结构

2352字节					
同步字节	扇区地址	用户数据	EDC	未用	ECC
12字节	4字节	2048字节	4字节	8字节	276字节

其中,

◇ 同步字节:12字节,用于同步。

◇ 扇区地址(Header, 首部):4字节,定义该扇区的地址。

◇ 用户数据:2048字节,用于存放用户数据。

◇ EDC:4字节,用于错误检测。如果检测结果无差错,就不执行这一层的错误校正。

◇ 未用：8字节。

◇ ECC：276字节，错误检测和校正码。

CD-ROM的扇区地址与磁盘的扇区地址不同。磁盘的扇区地址是用C-H-S（柱面号-磁头号-扇区号）地址系统来表示，而CD-ROM是用计时系统中的分、秒，以及特地为CD-ROM规定的分秒（1/75秒）来表示。CD-ROM用户数据区的地址（HEADER）结构如表8-11所示。

表8-11　CD-ROM的扇区地址结构

4字节的扇区地址			
分（Min）	秒（Sec）	分秒（Frac）	模式（Mode）
1字节	1字节	1字节	1字节
0~74	0~59	0~74	01或02

（2）CD-ROM Mode 2。

CD-ROM Mode 2（模式2）把红皮书中的2352字节的用户数据重新定义为如表8-12所示的结构。在Mode 2的扇区地址中，模式（Mode）字节域中的值设置成02。

表8-12　CD-ROM模式2的扇区结构

2352字节		
同步字节	扇区地址	用户数据
12字节	4字节	2336字节

CD-ROM Mode 2与CD-ROM Mode 1相比，存储的用户数据多14%，但是由于没有错误检测和错误校正码，因此在这种方式中，用户数据的误码率比Mode 1中的误码率要高。适合于存放允许有一定误码率的多媒体数据。

（3）混合模式（Mixed Mode）。

当CD既含有CD-ROM光道又含有CD-DA光道时，这种方式称为混合方式，使用这种方式的盘叫做混合模式盘（Mixed Mode Disc）。通常，这种盘的第一条光道是CD-ROM Mode 1光道，其余的光道是CD-DA光道。这种盘上的CD-DA光道可以在普通的CD播放机上播放。

8.3.1.3　CD-ROM/XA标准——无色皮书（Achromatism Book）

CD的第三个标准叫做CD-ROM/XA（Extended Architecture，扩展框架）标准，这是由Philips、Microsoft和Sony公司发布的。CD-ROM/XA标准是黄皮书标准的扩充，这个标准补充定义了一种新型光道：CD-ROM/XA光道，用于存放计算机数据、压缩的声音数据、静态图像或电视图像数据。连同前面红皮书标准和黄皮书标准定义的光道，共有4种光道。

CD-ROM/XA在红皮书和黄皮书标准的基础上，对CD-ROM Mode 2作了扩充，定义了两种新的扇区方式：

◇ CD-ROM Mode 2，XA Format，Form 1：用于存储计算机数据。

◇ CD-ROM Mode 2，XA Format，Form 2：用于存储压缩的声音、静态图像或电视图像数据。

　　定义了这两种扇区方式之后，CD-ROM/XA就允许把计算机数据、声音、静态图像或电视图像数据放在同一条光道上，计算机数据按Form 1（格式1）的格式存放，而声音、静态图像或电视图像数据按Form 2（格式1）的格式存放。这样一来，就可以根据多媒体的信息把计算机数据、声音数据、图像数据或电视图像数据交错存放在同一条光道上。

　　（1）CD-ROM/XA Mode 2 Form 1。

　　CD-ROM/XA Mode 2 Form 1把红皮书中的2352个用户数据字节重新定义为如表8-13所示的结构。该结构与CD-ROM Mode1的类似，只是将原来位于CDC和ECC之间未用的8个字节改放到用户数据之前，用作指示Form 1（Sub-Header）。

表8-13　CD-ROM/XA模式2格式1的扇区结构

CD-ROM/XA Mode 2 Form 1：2352字节					
同步字节	扇区地址	Form 1	用户数据	EDC	ECC
12字节	4字节	8字节	2048字节	4字节	276字节

　　（2）CD-ROM/XA Mode 2 Form 2。

　　CD-ROM/XA Mode 2 Form 2，把红皮书中的2352个用户数据字节重新定义为如表8-14所示的结构。该结构与上面的Form1的类似，只是将用于纠错的276个字节ECC改用作用户数据，增加了有效数据的存储空间。但是由于缺少纠错功能，所以该格式与CD-ROM Mode2一样，也只适合于存放允许有一定误码率的多媒体数据。

表8-14　CD-ROM/XA模式2格式2的扇区结构

CD-ROM/XA Mode 2 Form 2：2352字节				
同步字节	扇区地址	Form 2	用户数据	EDC
12字节	4字节	8字节	2324字节	4字节

　　（3）CD-ROM/XA中的声音。

　　存放在CD-ROM/XA Mode 2 Form 2中的声音不是CD-DA的质量，它采用了ADPCM算法进行压缩，并且定义了Level B和Level C两个声音等级，还支持单声道。因为采用了数据压缩，所以一张CD盘可以存放更长时间的音乐，参见表8-15。

表8-15　CD-DA与CD-ROM/XA中声音播放时间的比较

声音等级	播放时间（小时）		样本大小（位）	采样速率（kHz）
	立体声	单道声		
CD-DA	1.25	—	16	44.1
Level B	5	10	4	37.8
Level C	10	20	4	18.9

8.3.1.4　CD-I标准——绿皮书（Green Book）

　　绿皮书是Philips和Sony公司为CD-I（Interactive，交互）定义的标准，它的扇区格式和CD-ROM/XA的扇区格式相同。

　　绿皮书标准允许计算机数据、压缩的声音数据和图像数据交错放在同一条CD-I光道上。CD-I光道没有在TOC中显示，目的是不要用激光唱盘播放机去播放CD-I盘。绿皮书标准规定使用专用的操作系统，称为光盘实时操作系统CD-RTOS（Compact Disc-Real-Time Operating System）。它是一个多任务实时响应的操作系统，支持各种算术和I/O协处理器，是设备独立且由中断驱动的系统，具有支持多级树形结构的文件目录等功能。

8.3.1.5　CD-I Ready格式

使用CD-I Ready格式的CD盘称为CD-I Ready盘，它是一种有附加特性的标准激光唱盘。这种盘既可以在标准的激光唱盘播放机上播放，又可以在CD-I播放机上播放。当CD-I Ready盘在CD-I播放机上播放时，这种附加特性就可以显示出来。

红皮书标准允许把索引点（index points）放在光道上，这就允许用户跳转到光道上的指定点。激光唱盘通常只使用两个索引点：#0和#1，前者用来标识一条光道的起点，后者用来标识声音在这条光道上的起点，这两个索引点在盘上第一条光道（第一首歌）的前面，它们之间通常有2～3秒的间隔。CD-I Ready盘把这两个索引点之间的间隔增加到182秒，这样就可以存放诸如歌曲名、解说词、作者、演员等图文信息。普通的激光唱机播放CD-I Ready盘时不管这个地方的信息，而只播放音乐节目。用CD-I播放机播放CD-I Ready盘时，首先把这间隔中的CD-I信息读到CD-I播放机的RAM中，并显示在电视机屏幕上，然后播放音乐。

8.3.1.6　CD-Bridge盘

CD-Bridge规格定义了一种把附加信息加到CD-ROM/XA光道上的一种方法，目的是让这种光盘能够在CD-I播放机上播放。这样一来，CD-Bridge光盘就既可以在CD-I播放机上播放，又可以在计算机上播放，而且还可以在Kodak公司的Photo CD播放机上播放。CD-Bridge盘上的光道都采用Mode 2的扇区结构，声音光道则要跟在数据光道的后面。

CD-Bridge盘的扇区结构与CD-ROM/XA和CD-I的扇区结构一致。

8.3.1.7　可录CD盘标准——橙皮书（Orange Book）

Orange Book是另一种CD光盘的标准，这种CD盘叫做可录CD-R（Compact Disc - Recordable）盘，它允许用户把自己创作的影视节目或者多媒体文件写到盘上。可录CD盘分为以下三类：

（1）CD-MO（Magneto Optical，磁光）盘，这是一种采用磁记录原理利用激光读写数据的盘，称为磁光盘。用户可以把数据写到MO盘上，盘上的数据可以抹掉，抹掉后又可以重写。

（2）CD-WO（Write Once，写一次）盘，这种盘又写成CD-R（Recordable，可记录）盘，用户可以把数据写到盘上，但是数据一旦写入，就不能把写入的数据抹掉。

（3）CD-RW（ReWritable，可重写）盘，这种盘可多次擦除和写入。

因此，Orange Book标准分成三个部分：Part Ⅰ描述CD-MO、Part Ⅱ描述CD-WO（即CD-R）、Part Ⅲ描述CD-RW。

① Orange Book Part Ⅰ（CD-MO盘）。

橙皮书的第一部分标准描述CD-MO盘上的两个区：

◇ Optional Pre-Mastered Area（可选预刻录区）。这个区域的信息是按照红皮书、黄皮书或绿皮书标准预先刻制在盘上的，是一个只读区域。

◇ Recordable User Area（用户可重写的记录区）。普通的CD播放机或者VCD播放机不能读这个区域的数据，这是因为CD唱片和VCD盘与磁光盘采用的记录原理不同。

② Orange Book Part Ⅱ（CD-WO/ CD-R盘）。

橙皮书的第二部分标准定义可写一次的CD-WO盘。这种盘在出厂时就已经在盘上刻录有槽，称为预刻槽，也就是物理光道的位置已经确定，是一片空白盘。用户把多媒体文件写到盘上之后，就把TOC（Table Of Contents，内容表）写到盘上。在写入TOC之前，这种盘只能在专用的播放机上读；在TOC写入之后，这种盘就可以在普通的播放机上播放。

橙皮书的第二部分标准还定义了另一种Hybrid Disc（混合盘），这种盘含有两种类型的记录区域：

◇ Pre-recorded Area（预记录区）。这个区域的信息是按照红皮书、黄皮书或绿皮书标准预先记录在盘上的，是一个只读区域。

◇ Recordable Area（可记录区）。这个区可以把物理光道分成好几个记录段（multi-session）。每段由3个区域组成：导入区（Lead In）、信息区（Information）和导出区（Lead Out），每一段要在导入区写入TOC。

Hybrid Disc（混合盘）的结构如表8-16所示。

表8-16　CD-WO混合盘结构

第1段				第n段		
导入区 （Lead In）	信息区 （Information）	导出区 （Lead Out）	……	导入区 （Lead In）	信息区 （Information）	导出区 （Lead Out）

③ Orange Book Part Ⅲ（CD-RW盘）。

橙皮书的第三部分从物理特性、读取能力及录制性质等方面对CD-RW进行了定义。CD-RW可以多次擦除和写入，但是不能随机读写。在写之前必须先擦除，而且擦写也只能顺序进行。

最初的CD-RW标准（Volume 1，卷1）只定义了1x~4x速的刻录，后来陆续推出了卷2（High Speed：4x~12x）、卷3（Ultra Speed：16x~24x）和卷4（Ultra Speed+：32x）。

CD标准的整个概貌可以用图8-11来表示。

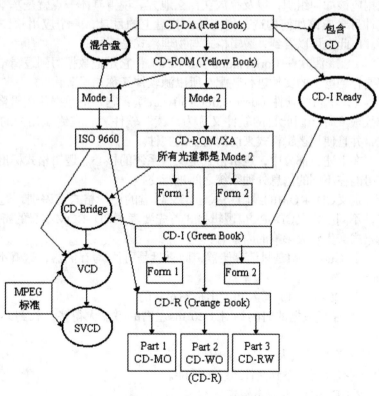

图8-11　CD标准之间的关系

8.3.2 CD-ROM的逻辑格式（ISO 9660）

这里的逻辑格式是指文件系统。为了使计算机文件能存放在光盘上，需要在光盘的物理格式之上再建立一套文件系统。除了原始的CD-DA和DVD-Audio等音频数据盘外，几乎所有的光盘都是建立在这种带有文件系统的逻辑格式上，如CD-ROM、VCD、SVCD、DVD-Video和DVD-ROM等。

国际标准化组织ISO在计算机业界起草的一个叫做High Sierra文件结构的基础上，通过许多软硬件公司的共同艰苦努力，尤其是John Einberger、Bill Zoellick等人作出的贡献，历时5年，终于在1988年公布了国际标准：ISO 9660:1988 Information Processing —Volume and File Structure of CD-ROM for Information Interchange（信息处理：用于信息交换的CD-ROM的卷和文件结构）。

由于只读光盘的特殊性，CD-ROM上的文件系统（特别是其中的目录结构）与计算机上的DOS、Windows、Apple、Unix和Linux等操作系统的文件系统都不同。

8.3.2.1 逻辑结构的设计

1. 逻辑结构的设计概要

文件系统是在应用软件和控制器之间的软件，它是操作系统的一部分。文件系统实际上是组织数据的一种方法，使应用程序访问CD-ROM时不需要关心物理地址或数据结构。一个完整的CD-ROM文件系统由三个主要部分组成：

（1）逻辑格式（logical format）：它是文件格式的同义词。逻辑格式是确定盘上的数据应该如何组织，以及存放在什么地方。说得具体一点就是基本的识别信息放在何处，文件目录应该如何构造，到何处去找盘上的目录，一个应用软件存放在几张光盘上，等等。由此也可以看到，逻辑格式与物理格式是不同的。

（2）源软件（origination software）：它是把数据写到逻辑格式的软件，按逻辑格式把要存到盘上的文件进行装配，所以源软件又称"写"软件。

（3）目的软件（destination software）：它是把数据从逻辑格式读出来，并且把数据转换成文件，因此目的软件又称为"读"软件。它在终端用户的机器上能够理解逻辑格式，并且使用逻辑格式来访问盘上的文件。

在上述三部分中，逻辑格式是文件系统的核心。逻辑格式标准统一后，盘上的信息就有可能在不同的信息处理系统之间进行交换。

定义CD-ROM的逻辑格式与定义磁盘的逻辑格式有差别，这是由于这两种存储器的特性不同。定义CD-ROM逻辑格式首先要考虑CD-ROM本身的特性。对定义CD-ROM逻辑格式产生较大影响的因素有：

◇ CD-ROM是只读存储器，而磁盘是可读/写存储器，这就不需要添加、删除目录等功能。

◇ CD-ROM的写入和读出是不对称的。

◇ 寻找数据的时间相对于20 ms左右的磁盘大得多，长到950 ms，平均也得几百毫秒。

◇ 存储容量大（650 MB/盘）。

这些因素关系到文件系统的性能。

2. CD-ROM的逻辑格式

CD-ROM的逻辑格式可归纳为两个部分：

（1）定义一套结构用来提供整片CD-ROM盘所含的信息，称卷结构。单片CD-ROM称一卷。一个应用软件可有大、中、小之分，一个应用软件也可能由多个文件组成。对于小的应用软件，一卷可能容纳好几个文件，而一卷中的文件数目也可能相当惊人；对于中等大小的应用软件，一卷可能只容纳一个；对于一个大的应用软件，如百科全书，可能有好几卷才能容纳得下；把存放单个应用软件的多片CD-ROM称为一个卷集，这与出版的书很相似。在卷集中，一个文件可能要跨越好几卷，或者相反，一卷中有好多文件。因此，必须要有一套规则和数据结构来表达这些错综复杂的关系，以便使用户有足够多的信息来了解盘上的内容。这些关系是属于卷一级的逻辑格式。

（2）定义一套结构用来描述和配置放到盘上的文件，称为文件结构。文件结构的核心是目录结构。这个结构是文件一级的逻辑格式，采用什么样的逻辑格式对文件系统的性能有很大的影响。一般来说，目录结构采用分层目录结构，并且有显式说明和隐式说明之分。为CD-ROM提议的目录结构大体有5类：

① 多文件显式分层结构（multiple-file explicit hierarchies）。它的特点是把子目录当做文件来处理，打开一个有长路径的文件需要较多的寻找次数。

② 单文件显式分层结构（single-file explicit hierarchies）。它的特点是把整个目录结构放在单个文件中，根目录和子目录都作为文件中的记录而不是作为文件来处理。

③ 散列路径名目录（hashed path name directories）。它的特点是把整个路径名和文件名拼凑成一个地址放在目录中，这是隐式目录结构。

④ 索引路径名目录（indexed path name directories）。它的基本思想是把子目录的全路径名转换成一个整数。这也是隐式目录结构。

⑤ 组合前面4种结构中的2种或2种以上的混合结构。

由于CD-ROM有它自己的固有特性，因此围绕CD-ROM定义的卷和文件结构也有它自己的特性。这些特性充分体现在ISO 9660标准文件中。为便于理解它们的结构，下面采用由底层到顶层的思路来介绍。

8.3.2.2　逻辑扇区和逻辑块

CD-DA的一个扇区有7203 B通道数据，其中包含了2352 B有效（音频）数据。在CD-ROM的一个物理扇区中，又用其中的288字节来作错误检测和校正，剩下的2048字节（2KB）才作为用户数据域。CD-ROM的逻辑格式将CD-ROM物理扇区中这2KB的数据域被定义为一个逻辑扇区（logical sector）。

每个逻辑扇区都有一个唯一的（用CD-DA上的时间地址定位表示的）逻辑扇区号（Logical Sector Number，LSN）。CD-ROM的第一个逻辑扇区是从物理地址00分：02秒：00分秒（1/75秒）开始，逻辑扇区号为LSN0。逻辑扇区的大小也允许自定义，但必须是2KB的正整数倍。

一个逻辑扇区可以分成一个或多个逻辑块（logical block）。这样做对于在盘上存放大量的小文件是很有用的。在一个由2048字节组成的逻辑扇区中，一个逻辑块的大小可以是512、1024或2048字节，一般为512B。但一个逻辑块的大小不超过逻辑扇区的大小。每个逻辑块有一个逻辑块号（Logical Block Number，LBN）。第一个逻辑块号（LBN 0）是第一个逻辑扇区（LSN 0）中的第一块，依次为LBN1、LBN2、LBN3等。在CD-ROM上，所有文件和其他重要的数据都按LBN寻址。

CD-ROM上的信息单元为记录（record），一个记录由若干连续字节组成。一个记录的字节可多可少，少则几个，多则几十、几百个，由所要表达的信息来决定。记录有固定字节长度和可变字节长度之分，分别称为固定长度记录和可变长度记录。

物理扇区、逻辑扇区、逻辑块之间的关系如图8-12所示。

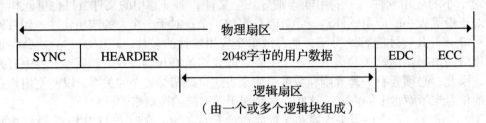

图8-12　物理扇区与逻辑扇区

8.3.2.3　文件

存放到CD-ROM上的文件类型没有限制，可以是ASCII文本文件、索引结构文件、可执行文件、压缩的或未压缩的图像文件、声音文件和视频文件等。

每个文件可分为一个或多个文件节（file section）。一个文件节放在由许多个顺序编号的逻辑块组成的文件空间里。文件空间又被称为文件范围（extent）或文件域。一个大的文件可以分成多个文件节，存放在多片CD-ROM盘上的文件域中；一个中等大小的文件也可以分成若干个文件节，存放在同一片CD-ROM盘上的多个文件域中，这些文件域也不要求是连续的文件域；小的文件可以不分域，存放在单个文件域中。

文件的标识符（file identifier）可由三部分组成：文件名、文件扩展名和文件版本号。但文件标识符必须要包含一个文件名，或者包含一个扩展名，其他可作为选择。文件标识符中的字符通常采用ASCII字符，并且限定用其中的一部分：

◇　数字0~9
◇　大写英文字母A~Z
◇　下划线"_"
◇　文件名和文件扩展名之间用句点"."
◇　文件名或文件扩展名与文件版本号之间用分号";"

文件标识符的总长度限制为不超过31个字符。

8.3.2.4　目录

大多数支持磁盘的文件系统都采用分层目录结构，CD-ROM也采用这种目录结构，并且限定目录层次的深度为8级。用这种目录结构可以组织大数量的文件。大多数磁盘文件系统把子目录作为一种特殊的文件进行显式处理，一层一层地打开子目录文件，以找到最终的文件。这样做的好处是为增加或删除目录提供了很大的灵活性。但CD-ROM是只读，无须这种灵活性。而且采用这种方法来找一个带有多层目录的长路径名文件时，需要多次打开子目录文件，对使用CLV的光驱来说，就得不断调整光盘的转速，会花费很长的时间。因此，CD-ROM没有采用这种显式分层目录结构，而是采用隐式分层目录结构，但也把目录当做文件看待，并且把整个目录包含在1个或少数几个文件中。包含目录的文件称为目录文件。

目录文件与普通的用户文件相类似，但对CD-ROM采用的目录文件结构作了具体的规定。目录文件由一系列可变长度的目录记录组成。每个目录记录的格式如表8-17所示。由该表可以看到，一个目录记录包含有许多记录域。这些域中记录有文件标识符，以字节计算的文件长度、文件域中的第一个逻辑块号（LBN），以及打开和使用这个文件所需要的其他信息。当一个文件放在多个文件域中时，需要设置多个目录记录，每个目录记录中给出相应文件域的地址，并由文件标识记录域来指明该文件域是不是最后一个。

表8-17　路径表记录

字节位置	记录域的名称
1	目录标识符的长度（LEN_DI）
2	扩展属性记录（XAR）的长度
3～6	存放目录的地址
7～8	父目录号
9～（8+LEN_DI）	目标标识符（不超过31个字符）
（9+LEN_DI）	填充域

目录文件、目录记录、记录域等之间的关系如图8-13所示。

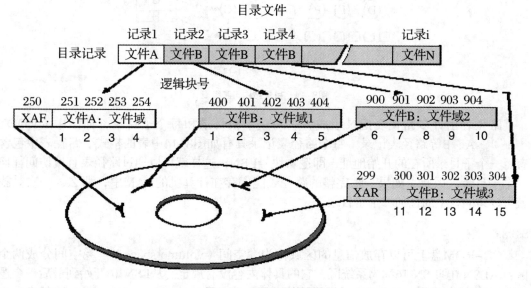

图8-13　目录记录的格式

文件的附加信息可以记录在一个命名为扩展属性记录（Extended Attribute Record，XAR）的记录上，它放在文件的前面而不是放在目录记录上，这样做可以使目录记录变得较小。附加信息包括文件作者、文件修改日期、访问文件的许可权等信息。凡是不常使用的信息都放到扩展属性记录上。这也是CD-ROM目录结构的一个特点。

如果一个文件有多个文件域（如图8-13中的文件B），每个文件域都有XAR记录，在这些XAR记录上的信息可能会不相同，文件系统应认为最后一个XAR记录上的信息是有效的。这个特性在卷集制作过程中很有用。

由于每个目录记录的长度不确定，因此在一个逻辑扇区中的目录记录的个数也不确定，但必须要保证目录记录数的数目为整数。当一个目录在这个逻辑扇区中放不下的时候，应移到后面的一个逻辑扇区，这样可以保证读到计算机内存中的目录不会出现支离破碎的现象。

8.3.2.5 路径表

前面已经谈到，由于CD-ROM寻址时间很长，若采用磁盘的方式来处理目录，要打开一个目录嵌套层次很深的文件，需花费很长的寻找时间。为解决这个问题，J.D.Barnette、B.Zoellick和S.Stegner于1985年开发了一种名叫路径索引（path index）的隐式分层目标结构，后来改名为路径表（path table）。这种结构的特点是利用索引值来访问所有的目录，它的基本思想如图8-14所示。

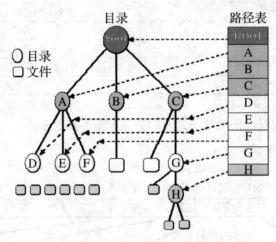

图8-14　目录结构与路径表

路径表由许多路径表记录组成，它对应于根目录和每个子目录，如图中的ROOT（根）、A、B等路径表记录。每个路径表记录具有如图8-14中表的格式。路径表中包含有每一个子目录所在的开始地址，即逻辑块号LBN，这样就可以通过路径表直接访问任何一个子目录。因此，如果一张完整的路径表能保存在计算机的RAM中，那么，一次寻找就可以访问盘上的任何一个子目录。

8.3.2.6 卷

CD-ROM盘上可以存放信息的区域称为卷空间（volume space）。卷空间分成两个区：从LSN 0到LSN 16称为系统区，它的具体内容没有规定。从LSN 16开始到最后一个逻辑扇区称为数据区，它用来记录卷描述符（volume descriptors）、文件目录、路径表、文件数据等内容。

每卷数据区的开头（LSN 16）是卷描述符。卷描述符实际上是一种数据结构，或者说是一种描述表。其中的内容用来说明整个CD-ROM盘的结构，提供许多非常重要的信息，如盘上的逻辑组织、根目录地址、路径表的地址和大小、逻辑块的大小等。卷描述符的结构如表8-18所示，它是一个由2048字节组成的固定长度记录。

表8-18　卷描述符的格式

字节位置	记录域的名称
1	卷描述符的类型
2～6	标准卷标识符（用CD001表示）
7	卷描述符的版本号
8～2048	取决于卷描述符的类型

卷描述符有五种类型：

◇ 主卷描述符（primary volume descriptor）

◇ 辅助卷描述符（supplementary volume descriptor）

◇ 卷分割描述符（volume partition descriptor）

◇ 引导记录（boot record）

◇ 卷描述符系列终止符（volume descriptor set terminator）

这五种描述符的前四种可以任意组合，组成卷描述符系列。这四个描述符可以在描述符系列中出现不只一次。描述符系列有两个限制：主卷描述符至少要出现一次，卷描述符系列终止符只能出现一次，而且只能出现在最后。卷描述符系列记录在从LSN 16开始的连续逻辑扇区上。

ISO 9660标准的出现，对CD-ROM的推广应用产生了很大的推动作用。以上简要介绍了CD-ROM的卷和文件结构的基本概念，没有对它的细节作一一解释，这对一般读者就已经足够了。对想进一步深入理解CD-ROM逻辑格式的读者，以及想编写自己的CD-ROM文件系统的读者，请参看ISO 9660标准文件。

8.4 光盘制作

由于光盘作为辅助存储器的众多优点，我们经常会需要自己制作多媒体光盘。刻录光盘分为CD刻录盘和DVD刻录盘。

1. CD刻录盘

CD刻录盘分为：

（1）CD-R：只能刻录一次就不能再刻了，可以多次读出。

（2）CD-RW：可以进行多次刻录，多次读出。

2. DVD刻录盘

DVD刻录盘分为：

（1）DVD-R：一次性刻录盘，可以被几乎所有DVD机兼容。

（2）DVD+R：一次性刻录盘，由于DVD+R标准出现比较晚，不能被部分DVD机兼容。所以与DVD-R相比，DVD-R适合刻录影碟，DVD+R适合刻录数据光盘。

（3）DVD-RW：可以多次刻录。

（4）DVD-RAM：可以像硬盘一样擦写，但是兼容性不好，需要较新的光驱才能读出。

制作多媒体光盘，需要有刻录机和刻录软件。Nero-Burning Rom是德国Ahead公司出品的刻录软件，容易使用，功能强大而齐全，使用Nero可以刻录数据光盘、音乐光盘、视频光盘和混合光盘，能应付绝大部分的刻录工作。

8.4.1 刻录数据CD

8.4.1.1 启动Nero软件

在"新编辑"窗口左侧窗格选择介质类型为CD，指定编译类型为CD-ROM（ISO），如图8-15所示。

图8-15　启动Nero软件

8.4.1.2　设置"多重区段"选项卡

在"多重区段"选项卡中设置参数。

◇　"启动多重区段光盘"：如果你的CD-R/CD-RW是空白的，并且要写入的数据不足一个光盘的容量（650MB/700MB），选择该选项，以后可以继续追加数据。

◇　"继续多重区段光盘"：如果CD-R/CD-RW光盘已经使用过"启动多重区段光盘"并且没有关闭光盘，选择该选项，可以引入以前写入的数据。

◇　"没有多重区段"：如果你要一次写满整个光盘或不想再追加数据，选择该选项，可以获取最大的空间、最好的兼容性和最快的读取速度。

8.4.1.3　设置ISO选项卡

点击"ISO"选项卡，设置ISO参数。

如图8-16所示。这里的选项关系着刻录后的光盘是否能在DOS、UNIX、MAC上读取，是否支持长文件名，是否支持中文文件名和目录名等。

说明：CD-ROM的文件标准叫做ISO9660，它是一个描述计算机用的CD-ROM的文件结构标准。有了这个标准，才可以在不同多媒体系统之间交换数据。在ISO9660标准中规定单片CD-ROM盘称为一卷。同磁盘文件系统一样，CD-ROM采用分层目录结构，并且限定了目录层次的最大深度为8级，用这样的目录结构可以组织大量的文件。

（1）"数据模式"。

数据模式定义了两种不同形态的资料结构：模式1代表CD-ROM资料含有错误修正码（Error Correction Code-ECC），每个扇区存放2048Byte的资料。而模式2的资料则没有错误修正码，将那些空间省下来，因此每个扇区可以多存放288Byte，达到2336Byte，因此模式2较适合存放图形、声音或影音资料。

（2）"文件名长度"。

ISO9660目前有级别1和级别2两个标准。级别1与DOS兼容，文件名采用传统的8.3格式，而且所有字符只能是26个大写英文字母、10个阿拉伯数字及下划线。级别2则在级别1的

图8-16　设置ISO参数

基础上加以改进，允许使用长文件名。

（3）"字符集"。

◇ ISO9660：可使用的字符是26个大写英文字母、10个阿拉伯数字及下划线；

◇ DOS：可使用的字符是26个大写英文字母、10个阿拉伯数字及下划线；

◇ ASCII：可使用的字符是ASCII中所有的字符；

◇ 多字节：可使用的字符是以上所有的字符和中文字符；

◇ Joliet：微软公司自行定义的光盘文件系统，也是对ISO9660文件系统的一种扩展，它支持Windows9x/NT和DOS，在Windows9x/NT下文件名可显示64个字符，可以使用中文，但不能被MAC机所读取。

（4）"放宽限制"。

（5）"允许内含8层以上的文件夹"和"允许路径多于255个字符"这两个选项是对ISO9660标准的放宽，可有效补充该标准的不足，但如果勾选这两个选项会在旧的操作系统和MAC机上不能被读取。

表8-19　不同操作系统下所能读取的刻录选项

	DOS/Windows3.X	Windows9x或更高/NT	UNIX/Linux	MAC
文件/目录长度	ISO级别1	ISO级别1，ISO级别2	ISO级别1	ISO级别1
格式	模式1，模式2	模式1，模式2	模式1，模式2	模式1，模式2
字符集	ISO9660，DOS，ASCII	ISO9660，DOS，ASCII，多字节	ISO9660	ISO9660
放宽ISO限制	不选择	选择/不选择	不选择	不选择

8.4.1.4　设置"标签"选项卡

在该选项卡中输入光盘名称，如图8-17所示。

图8-17　设置"标签"选项卡

8.4.1.5　设置"日期"选项卡

在"日期"选项卡中，设定文件和目录创建的日期和时间。

8.4.1.6　选择刻录文件

点击"新建"按钮进入文件的选择窗口，把文件浏览器中的文件拖到左侧窗格中，注意不要超过刻录光盘的容量，如图8-18所示。

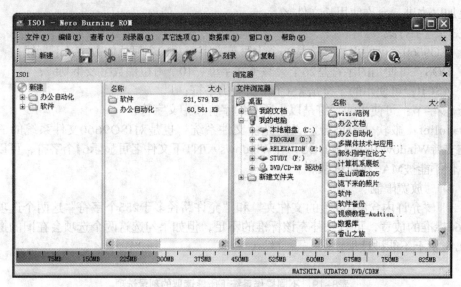

图8-18　选择刻录文件

8.4.1.7　设置刻录参数

点击按钮打开"刻录"选项卡，如图8-19所示。

图8-19　设置刻录参数

◇　"写入"，勾选该选项，允许以后继续向光盘追加数据。

◇　"终结光盘"，如果一次写满整个光盘或不想再写入数据，则要勾选以关闭整个光盘。

◇　"确定最大速度"是在刻录前测试系统是否能跟得上刻录速度，如速度不够则会降低刻录速度，一定程度上避免了刻录失败的发生。

◇　"模拟"的作用是在真正刻录以前模拟一下刻录的整个过程，但不包括激光对盘片的写入，也就是说可以测试出硬盘（光驱、软件、网络等）信息源的传输是否稳定达到指定刻录速度的需求。

◇　"写入"就是真正写入，只有勾选这个选项才会完成写入光盘的过程。

◇　"终结光盘"是关闭光盘的意思，当选了这个选项，则无论用什么方法都不能再往这个光盘写入任何数据了。

◇　"写速度"可以设定写入的速度，如时间足够应该尽量选低速来刻，不但成功率高而且刻录的质量也高。

◇　"写入方式"中的"光盘一次刻录"，整张光盘的刻录会一气呵成，不停止激光的发射，刻录的数据会更多，从而使诸如复制CD等操作的结果更加理想。"轨道一次刻录"以轨道为单位刻录，可以向一个区段分多次刻录若干轨的数据，主要用于制作音乐合集或混合、特殊类型的光盘，但在普通的CD机上播放可能会出现一些问题。

◇　"刻录份数"可设定刻录光盘的数量。

8.4.1.8　其他

如果刻录文件不在本机，在局域网上，点击"其他"选项卡，可以设置"从磁盘和网络缓存文件"和"缓存文件小于"选项，勾选后就会把小文件及网络上的文件先复制到本机硬盘上以提高刻录的成功率。

8.4.1.9　开始刻录

当以上都设定好后，我们就可以单击"刻录"按钮开始刻录了。

8.4.2　刻录音乐CD

音乐CD是包含音乐文件的CD，它可以用能够在商店买到的任何普通CD播放机来播放。CD上的歌曲必须是CDA格式，或者必须转换为这种格式。

8.4.2.1　启动Nero

在"新编辑"窗口左侧窗格中选择"CD"|"音乐光盘"。

8.4.2.2　设定音乐光盘参数

在右侧窗格中，点击"音乐光盘"选项卡，对音乐光盘的属性进行设置，如图8-20所示。

图8-20　设定音乐光盘参数

"正常化所有音频文件"，此复选框可激活一个过滤器，该过滤器用于均衡要刻录的曲目的音量。如果要刻录的曲目来源不同，特别建议选择此选项，因为此时音量差异可能比较大。

"轨道间无间隔"，此复选框定义音频CD上的曲目之间是否有2秒钟的停顿，或者曲目是否像现场录制那样毫无停顿地从一首过渡到下一首。

"写入CD"，该复选框可激活写入CD文本的选项。CD文本是有关音频CD的附加信息，它在支持该功能的CD播放器上显示CD的名称、各首乐曲的名称和艺术家的姓名。

"版本"，可在此输入附加信息。

8.4.2.3 选择刻录曲目

单击"新建"，打开Nero Burning ROM文件浏览器，可在其中选择要刻录的曲目，如图8-21所示。在文件浏览器的右侧选择所需的音频文件，并将其拖到左侧。对所有音频文件重复此步骤。Nero可支持的音频文件有WAV、MP3、WMA等。

在左侧窗格的轨道区中，选中曲目，点击"播放"，就可以试听各个曲目了。双击曲目，可以对曲目进行编辑。

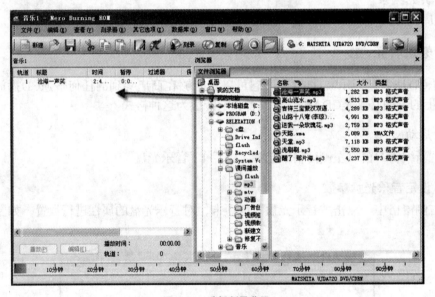

图8-21 选择刻录曲目

8.4.2.4 刻录光盘

单击图标以切换至刻录区域。设置好选项后点击"刻录"按钮开始刻录。

8.4.3 刻录VCD光盘

8.4.3.1 启动Nero软件

在"新编辑"窗口左侧窗格中选择"CD"|"Video CD"。

8.4.3.2 设置Video CD选项卡

打开"Video CD"选项卡，如图8-22所示，为了令光盘符合家用VCD机的标准，必须勾选"创建符合标准的光盘"。

图8-22　Video CD选项卡

8.4.3.3　选择视频文件

点击"新建"，Nero文件浏览器将打开，可在其中选择要刻录的文件，并将其拖到左侧。Nero可支持的影像文件有DAT、MPG、WMV等多种格式。

8.5　网络存储简介

8.5.1　网络存储技术

网络存储技术（Network Storage Technologies）是基于数据存储的一种通用网络术语。网络存储结构大致分为三种：直连式存储（DAS：Direct Attached Storage）、网络存储设备（NAS：Network Attached Storage）和存储网络（SAN：Storage Area Network）。此外还有IP SAN和ISCSI，也是常见的存储技术。

8.5.2　直连式存储（DAS）

这是一种直接与主机系统相连接的存储设备，如作为服务器的计算机内部硬件驱动。到目前为止，DAS仍是计算机系统中最常用的数据存储方法。

DAS即直连方式存储，英文全称是Direct Attached Storage。中文翻译成"直接附加存储"。顾名思义，在这种方式中，存储设备是通过电缆（通常是SCSI接口电缆）直接到服务器的。I/O（输入/输入）请求直接发送到存储设备。DAS，也可称为SAS（Server-Attached Storage，服务器附加存储）。它依赖于服务器，其本身是硬件的堆叠，不带有任何存储操作系统。

DAS的适用环境为：

（1）服务器在地理分布上很分散，通过SAN（存储区域网络）或NAS（网络直接存储）在它们之间进行互联非常困难时（商店或银行的分支便是一个典型的例子）。

（2）存储系统必须被直接连接到应用服务器（如Microsoft Cluster Server或某些数据库使用的"原始分区"）上时。

（3）包括许多数据库应用和应用服务器在内的应用，它们需要直接连接到存储器上，群件应用和一些邮件服务也包括在内。

典型DAS结构如图8-23所示。

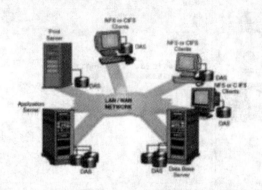

图8-23 典型DAS结构

对于多个服务器或多台PC的环境，使用DAS方式设备的初始费用可能比较低，可是这种连接方式下，每台PC或服务器单独拥有自己的存储磁盘，容量的再分配困难；对于整个环境下的存储系统管理，工作烦琐而重复，没有集中管理解决方案。所以整体的拥有成本（TCO）较高。目前DAS基本被NAS所代替。下面是DAS与NAS的比较。

8.5.3　网络存储设备（NAS）

是一种采用直接与网络介质相连的特殊设备实现数据存储的机制。由于这些设备都分配有 IP 地址，所以客户机通过充当数据网关的服务器可以对其进行存取访问，甚至在某些情况下，不需要任何中间介质客户机也可以直接访问这些设备。

从结构上讲，NAS是功能单一的精简型电脑，因此在架构上不像个人电脑那么复杂，在外观上就像家电产品，只需电源与简单的控制钮，结构图如8-24所示。

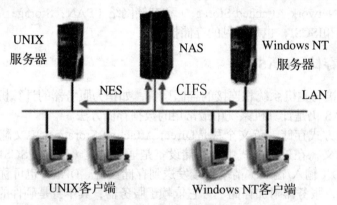

图8-24 NAS结构示意图

NAS是一种专业的网络文件存储及文件备份设备，它是基于LAN（局域网）的，按照TCP/IP协议进行通信，以文件的I/O（输入/输出）方式进行数据传输。在LAN环境下，NAS已经完全可以实现异构平台之间的数据级共享，比如NT、UNIX等平台的共享。

一个NAS系统包括处理器、文件服务管理模块和多个硬盘驱动器（用于数据的存储）。NAS 可以应用在任何的网络环境当中。主服务器和客户端可以非常方便地在NAS上存取任意格式的文件，包括SMB格式（Windows）、NFS格式（Unix，Linux）和CIFS

（Common Internet File System）格式等。

NAS是通过网线连接的磁盘阵列，具备磁盘阵列的所有主要特征：高容量、高效能、高可靠。其优点是：

（1）NAS适用于那些需要通过网络将文件数据传送到多台客户机上的用户。NAS设备在数据必须长距离传送的环境中可以很好地发挥作用。

（2）NAS设备非常易于部署。可以使NAS主机、客户机和其他设备广泛分布在整个企业的网络环境中。NAS可以提供可靠的文件级数据整合，因为文件锁定是由设备自身来处理的。

（3）NAS应用于高效的文件共享任务中，例如UNIX中的NFS和Windows NT中的CIFS，其中基于网络的文件级锁定提供了高级并发访问保护的功能。

表8-20是NAS和DAS的比较。

表8-20　NAS和DAS的比较

比较项目	NAS	DAS
核心技术	基于WEB开发的软硬件集合于一身的IP技术，部分NAS是软件实现RAID技术	硬件实现RAID技术
支持操作平台	完全跨平台文件共享，支持所有的操作系统	不能提供跨平台文件共享功能，受限于某个独立的操作系统
连接方式	通过RJ45接口连上网络，直接往网络上传输数据，可接10M/100M/1000M网络	通过SCSI线接在服务器上，通过服务器的网卡往网路商传输数据
安装	安装简便快捷，即插即用，只需10分钟便可顺利安装成功	通过LCD面板设置RAID较简单，连上服务器操作时较复杂
操作系统	独立的WEB优化存储操作系统，完全不受服务器干预	无独立的存储操作系统，需相应服务器的操作系统支持
存储数据结构	集中式数据存储模式，将不同系统平台下文件存储在一台NAS设备中，方便网路管理员集中管理大量的数据，降低维护成本	分散式数据存储模式，网络管理员需要耗费大量时间奔波到不同服务器下分别管理各自的数据，维护成本增加
数据管理	管理简单，基于Web的GUI管理界面使NAS设备的管理一目了然	管理较复杂，需要服务器附带的操作系统支持
软件功能	自带支持多种协议的管理软件，功能多样，支持日志文件系统，并一般集成本地备份软件	没有自身管理软件，需要针对现有系统情况另行购买
扩充性	轻松在线增加设备，无须停顿网络，而其与已建立起的网络完全融合，充分保护用户原有投资，良好的扩充性完全满足24×7不间断服务	增加硬盘后重新做RAID一般要宕机，会影响网络服务
总拥有成本	价格低，不需要购买服务器及第三方软件，以后投入会很少，降低用户的后续成本，从而使总拥有成本降低	价格较适中，需要购买服务器及操作系统，总拥有成本较高
数据备份与灾难备份	集成本地备份软件，可实现无服务器的网络数据备份，双引擎设计理念，即使服务器发生故障，用户仍可进行数据存取	可备份直连服务器及工作站的数据，对多名服务器的数据备份较难
RAID级别	RAID0，1，5或JBOD	RAID0，1，3，5，JBOD

8.5.4 存储网络（SAN）

SAN 是指存储设备相互连接且与一台服务器或一个服务器群相连的网络，如图8-25所示。其中的服务器用作 SAN 的接入点。在有些配置中，SAN 也与网络相连。SAN 中将特殊交换机当做连接设备。它们看起来很像常规的以太网络交换机，是 SAN 中的连通点。SAN 使得在各自网络上实现相互通信成为可能，同时带来了很多有利条件。

SAN英文全称：Storage Area Network，即存储区域网络。它是一种通过光纤集线器、光纤路由器、光纤交换机等连接设备将磁盘阵列、磁带等存储设备与相关服务器连接起来的高速专用子网。

SAN由三个基本的组件构成：接口（如SCSI、光纤通道、ESCON等）、连接设备（交换设备、网关、路由器、集线器等）和通信控制协议（如IP和SCSI等）。这

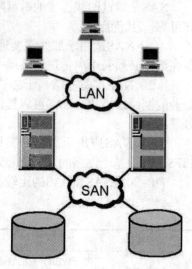

图8-25　SAN结构示意图

三个组件再加上附加的存储设备和独立的SAN服务器，就构成一个SAN系统。SAN提供一个专用的、高可靠性的基于光通道的存储网络，SAN允许独立地增加它们的存储容量，也使得管理及集中控制（特别是对于全部存储设备都集群在一起的时候）更加简化。而且，光纤接口提供了10 km的连接长度，这使得物理上分离的远距离存储变得更容易。

8.5.5　IP SAN

IP SAN基于十分成熟的以太网技术，由于设置配置的技术简单、低成本的特色相当明显，而且普通服务器或PC机只需要具备网卡，即可共享和使用大容量的存储空间。由于是基于IP协议的，能容纳所有IP协议网络中的部件，因此，用户可以在任何需要的地方创建实际的SAN网络，而不需要专门的光纤通道网络在服务器和存储设备之间传送数据。同时，因为没有光纤通道对传输距离的限制，IP SAN使用标准的TCP/IP协议，数据即可在以太网上进行传输。IP SAN网络对于那些要求流量不太高的应用场合以及预算不充足的用户，是一个非常好的选择。

IP SAN的优点：

（1）价格合理的存储合并功能与更为简化的集中数据管理功能实施过程简单。

（2）IP网络技术相当成熟，IP SAN减少了配置、维护、管理的复杂度。企业现有的网络管理人员就可以完成日常的管理与维护工作。

（3）因为是基于IP网络的存储系统，所以数据迁移和远程镜像非常容易，只要网络带宽支持，基本没有距离限制，更好地支持异地容灾。和现有网络基础结构融合，支持跨平台数据共享。

（4）IP SAN有三个无限：基于以太网没有速度限制，没有距离限制，没有容量限制。

（5）基于IP网络的存储系统，以传统以太网的价格实现同等于光纤网络的性能，实现真正的即插即用Plug & Play，无须客户端软硬件升级、零维护成本、使用人员无须技术培训，降低企业的拥有成本与维护成本，而且升级扩容简单方便。

IP SAN的缺点是功能较少，基本上各家IP SAN 是不兼容的。

8.5.6 ISCSI

ISCSI技术是一种由IBM公司研究开发的，是一个供硬件设备使用的可以在IP协议的上层运行的SCSI指令集，这种指令集合可以实现在IP网络上运行SCSI协议，使其能够在诸如高速千兆以太网上进行路由选择。ISCSI技术是一种新储存技术，该技术是将现有SCSI接口与以太网络（Ethernet）技术结合，使服务器可与使用IP网络的储存装置互相交换资料。

ISCSI的优点：

（1）硬件成本低：构建ISCSI存储网络，除了存储设备外，交换机、线缆、接口卡都是标准的以太网配件，价格相对来说比较低廉。同时，ISCSI还可以在现有的网络上直接安装，并不需要更改企业的网络体系，这样可以最大限度地节约投入。

（2）操作简单，维护方便：对ISCSI存储网络的管理，实际上就是对以太网设备的管理，只需花费少量的资金去培训ISCSI存储网络管理员。当ISCSI存储网络出现故障时，问题定位及解决也会因为以太网的普及而变得容易。

（3）扩充性强：对于已经构建的ISCSI存储网络来说，增加ISCSI存储设备和服务器都将变得简单且无须改变网络的体系结构。

（4）带宽和性能：ISCSI存储网络的访问带宽依赖以太网带宽。随着千兆以太网的普及和万兆以太网的应用，ISCSI存储网络会达到甚至超过FC（Fiber Channel，光纤通道）存储网络的带宽和性能。突破距离限制：ISCSI存储网络使用的是以太网，因而在服务器和存储设备的空间布局上的限制就会少了很多，甚至可以跨越地区和国家。

ISCSI的缺点是到目前为止，还没有一个成熟的产品来展示ISCSI 的魅力，它还没有大面积商业化应用。而存储网络面临的诸多问题，ISCSI 并非都能迎刃而解，如距离和带宽之间的矛盾。虽然 ISCSI 满足了长距离连接的需求，方便了广域存储的连接，但是，IP 的带宽仍然是其无法解决的问题。虽然IP 网络发展迅速，1Gbps 的网络逐渐普及，但从广域网来说，带宽仍然相当昂贵。即便可以利用1Gbps 的带宽进行ISCSI 数据传输，速度仍不理想。而且，IP 网络的效率和延迟都是存储数据传输的巨大障碍。

8.6 习题

1．总结CD-DA与CD-ROM的异同。

2．简述常用光存储产品的特点。

3．简述光存储技术格式标准。

4．比较DAS与NAS的不同。

5．简述蓝光技术。

6．具有多媒体功能的微机系统常用CD-ROM作为外存储器，CD-ROM是（　　）。

    A．只读存储器　　B．只读硬盘　　C．只读光盘　　　D．只读大容量软盘

7．CD-ROM是（　　）。

    A．仅能存储文字　　　　　　　B．仅能存储图像

    C．仅能存储声音　　　　　　　D．能存储文字、声音和图像

第9章 多媒体数据库技术

当今时代是信息技术飞速发展的时代。而作为信息技术主要支柱之一的数据库技术在社会各个领域中有着广泛的应用。对信息进行收集、组织、存储、加工、传播、管理和使用都以数据库为基础，利用数据库可以为各种用户提供及时的、准确的、相关的信息，满足这些用户的各种不同的需要。数据库技术研究的问题是：如何科学地组织和存储数据，如何高效地获取和处理数据，如何更广泛、更安全地共享数据。

9.1 多媒体数据库介绍

9.1.1 多媒体数据库简介

9.1.1.1 数据分类

多媒体数据一般可分为格式数据和无格式数据两类。

格式数据结构简单，处理方便，目前的关系数据库主要以格式数据为处理对象。无格式数据（如图像、音频、视频等）除了具有数据量大的特性外，还具有复合性、分散性和时序性等特点。复合性是指多媒体数据是由各种形式的数据组合而成；分散性是指多媒体数据可以分布在不同的机器、不同的设备上；时序性指的是多媒体信息实体之间的联系和时序有关，在表现多媒体数据时，要保证它们之间的同步关系。

多媒体数据库是一种数据容器，是因某种应用的需要而建立的，目的是组织有特定联系的数据，以便对这些数据进行管理、运用和共享。多媒体数据库所组织的数据可以包括数值、字符串、文本、图形、图像、音频和动画影像等。

（1）数值。

在数据库中，数值可以用来表征事物的大小或高低等简单属性，例如，人事档案库中的年龄、工资、身材等。也可以表示事物的类别、层次等，如性别、部门、学历等。对数值数据可以进行算术运算，可以提供有关事物的统计特征。

（2）字符串。

字符串即由数字、字母或其他符号连接组成的符号串，其形式近乎于事物本身的特征，并常通过各个角度对事物进行描述，例如，电话号码、地址、时间等。对字符串数据可以进行连接运算，在数据库管理中是较便于检索的一种类型。

（3）文本。

大量的字符串组成文本数据。文本主要以自然语言对事物进行说明性的表示，例如，简历、备注等。其内容抽象度高，计算机理解需要基于一定的技术。在管理上也增加了难度，例如，存储问题、语义归类问题、检索问题等。

（4）图形。

图形数据以点、线、角、圆、弧为基本单位，一个完整复杂的图形也可以分解为这些基本的元素来存储。此外，还必须保存各图形元素之间的位置与层次关系。例如，图形元素库、工程图纸库等。图形数据是基于符号的，因此存储量小，便于存取和管理，但图形的使用以显示为主，必须结合图形显示技术。

（5）图像。

图像数据以空间离散的点为基础，如果对这种原始数据进行存取的话，将不利于将来对数据的检索，所以通常都通过一定的格式加以组合。数据库中常用尺寸、颜色、纹理、分割等对抽象的语义来描述图像的属性。在特定范围内，图像数据库在存取和检索方面也已经有成功的应用，例如，指纹库、人像库、形体库等。

（6）音频。

由于音频分为声音、语音和音乐。其中声音数据的范围太大太杂，不便于存储和管理。语音数据的存取也是建立在波形文件基础上的，鉴于语言、语音以及语气的诸多因素，波形的检索还存在着较大的难度，只有对各声波段附加数值、字符串或文本数据，并以它们作为检索的依据，才能达到非声波本身属性方面的检索。在目前的实际应用中，只有对特定声音或特定语音的存取才具有实际意义。

而音乐是表示乐器的模拟声音，它以符号方式记录信号，因此容易存取、检索和管理。它类似于图形，一段完整复杂的音乐可以分解成音符、音色、音调等元素来存储。此外，还必须保存时间及其他相关属性。

（7）动画和影像。

动画和影像类似于图像，区别于图像的是它的表现必须与时间属性的变化密切配合。动画和影像数据可以分解成文字、解说、配音、场景、剪辑以及时间关系等多种元素，在空间和时间上的管理比其他数据要复杂得多，无论是对各元素的检索还是对组合元素的检索，都存在着相当的难度。但若作为一个整体，可以如声波那样附加以特定的数据，实现非动画和影像本身属性方面的检索。

9.1.1.2 数据库系统

数据库系统（DBS，DataBase System）是由数据库（DB，DataBase）和数据库管理系统（DBMS，DataBase Manage System）两大部分组成。

DB是由所有被管理的格式化类型数据构成，DBMS是整个系统中的管理核心，在数据库系统中用户对数据的任何操纵是通过向数据库管理系统（DBMS）发请求实现的。DBMS统一实施对数据的管理，包括存储、查询处理和故障恢复等，同时也保证能在不同用户之间进行数据共享。如果是分布数据库，这些内容将扩大到网络范围之上。

9.1.1.3 数据库系统的层次结构

1. 传统数据库的层次

数据库系统的一个重要概念是数据独立性，如图9-1所示。依据独立性原则，DBMS一般按层次被划分为三种模式：物理模式、概念模式、外部模式。

◇ 物理模式：主要职能是定义数据的存储组织方法，如数据库文件的格式、索引文件组织方法、数据库在网络上的分布方法等。

◇ 概念模式：定义抽象现实世界的方法，概念模式通过数据模型来描述，数据库系统的性能与数据模型直接相关。

◇ 外部模式：又称子模式，是概念模式对用户有用的那一部分。

2. 多媒体数据库的层次

如果引入多媒体数据，上述系统划分肯定不能满足要求，就必须寻找恰当的结构分层

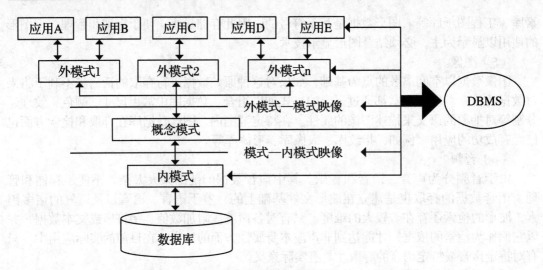

图9-1　数据库系统层次结构

形式。

已有多种层次划分，包括对传统数据库的扩展、对面向对象数据库的扩展、超媒体层次扩展等，虽然各有所不同，但大都是从最底层增加对多媒体数据的控制与支持，在最高层支持多媒体的综合表现和用户的查询描述，在中间增加对多媒体数据的关联和超链的处理。在这里我们综合各种多媒体数据的层次结构的合理成分，提出一种多媒体数据库层次结构的划分：

（1）多媒体用户接口层。

完成用户对多媒体信息的查询描述和得到多媒体信息的查询结果。这层在传统数据库中是非常简单的，但在多媒体数据库中，这一层成了最重要的环节之一。用户首先要能够把它的思想通过恰当的方法描述出来，并能使多媒体系统所接受。次之，查询和检索到的结果需要按用户的需求进行多媒体化的表现，甚至构造出"叙事"效果。

（2）概念数据模型层。

对现实世界用多媒体数据信息进行的描述，也是多媒体数据库中在全局概念下的一个整体视图。通过概念数据模型为上层的用户接口、下层的多媒体数据存储和存取建立起一个在逻辑上统一的通道。

（3）存取与存储数据模型层。

多媒体数据的逻辑存储与存取，各种媒体数据的逻辑位置安排、相互的内容关联、特征与数据的关系以及超链的建立等都需要通过合适的存取与存储数据模型进行描述。

存取与存储数据模型层和概念数据模型层也可以通称为数据模型层。

（4）媒体支持层。

建立在多媒体操作系统之上，针对各种媒体的特殊性质，在该层中要对媒体进行相应的分割、识别、变换等操作，并确定物理存储的位置和方法，以实现对各种媒体的最基本数据的管理和操纵。由于媒体性质差别大，对于媒体的支持一般都分别对待，在操作系统的辅助下，对不同媒体实施不同的处理，完成数据库的基本操作。

9.1.1.4　多媒体数据库的组织结构

多媒体数据库的组织结构尚未建立统一的体系结构，大致有以下几种组织结构。

（1）组合型结构。

这种结构是通过整合技术连接的。组合型结构中可以拥有多个独立的媒体数据库，如文本数据库、音频数据库和图像数据库，每一种媒体数据库的设计不需要考虑和其他数据库的匹配，并且都有自己独立的数据库管理系统，如图9-2所示。

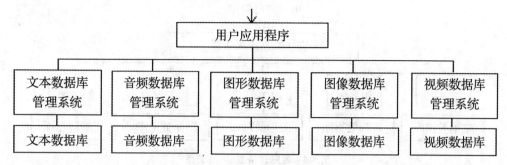

图9-2　组合型结构示意图

实际应用时，用户可以对其中任何一个媒体数据库单独进行访问和管理。对于多数据库的访问是分别进行的，可以通过相互通信来进行协调和执行相应的操作。这种多数据库的联合访问需要开发用户应用程序去实现。为了提高使用效率，目前多数据库的整合技术已有所发展，对于传统型数据库的整合技术已经达到应用阶段，而对于复杂的多媒体多数据库的整合技术还需要一个研究过程。

（2）集中统一型结构。

该结构如图9-3所示，其中包含一个多媒体数据库和一个多媒体数据库管理系统。各种媒体被统一地建于数据库中，由一个数据库管理系统统一管理和提供访问。目的是要满足用户对多特征事物的数据存储和管理，以便达到统一综合应用的效果。但关键的技术基础是需要建立合适且便于存储、检索和管理的数据类型。目前，面向对象的数据类型就是建立复杂多媒体数据类型的一种方法。更有效的多媒体数据类型的模式有待于进一步的研究。

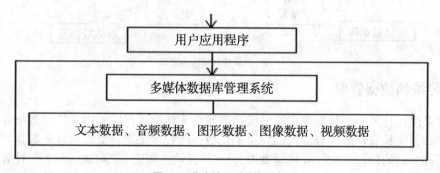

图9-3　集中统一型结构示意图

（3）客户/服务型结构（网络服务器）。

如图9-4所示，客户/服务型结构由多媒体数据库、多媒体服务器、多媒体管理服务器、用户接口程序和用户应用程序组成。

其中各种媒体数据库相对独立，并通过专用服务器和一个多媒体管理服务器相连。多媒体管理服务器综合各专用服务器的操纵，通过特定的中间件系统连接用户的接口程序，最终达到与客户之间的信息交换。这种结构比较适用于网络环境中，用户可以单独选择或组合选择多媒体服务器的服务。但作为开放互联网中的一种有效的应用，必须基于一定的

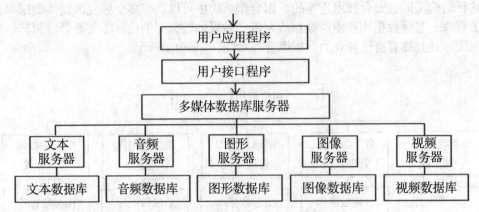

图9-4 客户/服务型结构示意图

标准，包括多媒体数据类型的模型、数据库模型、标准用户接口等。

（4）超媒体型结构。

如图9-5所示，各种媒体数据库分散存储于与网络有连接的存储空间，互联网提供了一个信号传递的通道。该体系结构强调对数据时空索引的组织，通过建立适当的访问工具，就可以随意访问和使用这些数据。

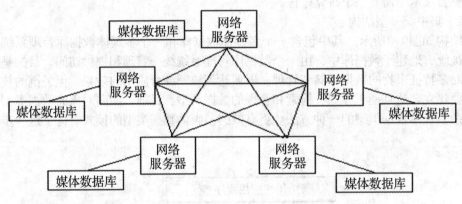

图9-5 超媒体型结构示意图

9.1.2 传统的数据管理

一般来说，将第一代数据库和第二代数据库称为传统数据库。由于传统数据库尤其是关系数据库系统具有许多优点，人们纷纷采用数据库技术来进行数据管理，数据库技术被应用到了许多新的领域，如计算机辅助设计/计算机辅助制造（CAD/CAM）、计算机辅助工程（CASE）、图像处理等，这些新领域的应用不仅需要传统数据库所具有的快速检索和修改数据的特点，而且在应用中提出了一些新的数据管理的需求，如要求数据库能够处理声音、图像、视频等多媒体数据。在这些新领域中，传统数据库暴露了其应用的局限性，主要表现在以下几个方面。

（1）面向机器的语法数据模型。

传统数据库中采用的数据模型是面向机器的语法数据模型，只强调数据的高度结构化，只能存储离散的数据和有限的数据与数据之间的关系，语义表示能力较差，无法表示客观世界中的复杂对象，如声音、图像、视频等多媒体数据，工程、测绘等领域中的非格式化数据。此外，传统数据模型缺乏数据抽象，无法揭示数据之间的深层含义和内在联系。

（2）数据类型简单、固定。

传统的DBMS主要面向事务处理，只能处理简单的数据类型，如整数、实数、字符串、日期等，而不能根据特定的需要定义新的数据类型。例如，不能定义包含三个实数分量（x，y，z）的数据类型circle来表示圆，而只能分别定义三个实型的字段。这样，对于复杂的数据类型只能由用户编写程序来处理，加重了用户的负担，也不能保证数据的一致性。

（3）结构与行为完全分离。

从应用程序员的角度来看，在某一应用领域内标识的对象可以包含两方面的内容，即对象的结构和对象的行为。传统的数据库可以采用一定的数据库模式来表示前者，而对于后者，却不能直接存储和处理，必须通过另外的应用程序加以实现。例如，对于多媒体数据，虽然可以在带有前面所提到的缺陷的情况下以简单的二进制代码形式存储其结构，但却无法存储其行为（如播放声音、显示图像等）。这样，这些多媒体数据必须由相应的应用程序来识别，而对于其他不了解其格式的用户来说，数据库中存储的是没有任何意义的二进制数据。由此可见，在传统数据库中，对象的结构可以存储在数据库中，而对象的行为必须由应用程序来表示，对象的结构与行为完全分离。

（4）被动响应。

传统数据库只能根据用户的命令执行特定的服务，属于被动响应，用户要求做什么，系统就做什么。而在实际应用中，往往要求一个系统能够管理它本身的状态，在发现异常情况时及时通知用户；能够主动响应某些操作或外部事件，自动采取规定的行动，等等。例如，一个仓库管理系统除了希望数据库系统能够正确、高效地存储有关物品的数据，还希望数据库系统能够对仓库库存进行监控，当库存太少或太多时主动向用户发出警告。要完成这样的工作，数据库系统必须更加主动、更加智能化，而传统的数据库显然不能适应这一要求。

（5）事务处理能力较差。

传统数据库只能支持非嵌套事务，对于较长事务的运行较慢，而且事务发生故障时恢复比较困难。

由于存在上述种种缺陷，使得传统数据库无法满足新领域的应用需求，数据库技术遇到了挑战，在这种情况下，新一代数据库技术应运而生。

9.1.3 数据库管理阶段

9.1.3.1 产生背景

20世纪60年代后期，计算机应用于管理的规模更加庞大，数据量急剧增加；硬件方面出现了大容量磁盘，使计算机联机存取大量数据成为可能；硬件价格下降，而软件价格上升，使开发和维护系统软件的成本增加；文件系统的数据管理方法已无法适应开发应用系统的需要；为解决多用户、多个应用程序共享数据的需求，出现了统一管理数据的专门软件系统，即数据库管理系统。

9.1.3.2 数据库系统管理数据的特点

（1）数据共享性高，冗余少。

这是数据库系统阶段的最大改进，数据不再面向某个应用程序而是面向整个系统，当前所有用户可同时存取库中的数据。这样便减少了不必要的数据冗余，节约存储空间，同时也避免了数据之间的不相容性与不一致性。

（2）数据结构化。

按照某种数据模型，将全组织的各种数据组织到一个结构化的数据库中，整个组织的数据不是一盘散沙，可表示出数据之间的有机关联。

例如：要建立学生成绩管理系统，系统包含如下数据，并分别对应三个文件：学生（学号、姓名、性别、系别、年龄）、课程（课程号、课程名）、成绩（学号、课程号、成绩）。

若采用文件处理方式，因为文件系统只表示记录内部的联系，而不涉及不同文件记录之间的联系，要想查找某个学生的学号、姓名、所选课程的名称和成绩，必须编写一段不很简单的程序来实现。

而采用数据库方式，数据库系统不仅描述数据本身，还描述数据之间的联系，上述查询可以非常容易地联机查到。

（3）数据独立性高。

数据的独立性是指逻辑独立性和物理独立性。数据的逻辑独立性是指当数据的总体逻辑结构改变时，数据的局部逻辑结构不变，由于应用程序是依据数据的局部逻辑结构编写的，所以应用程序不必须修改，从而保证了数据与程序间的逻辑独立性。例如，在原有的记录类型之间增加新的联系，或在某些记录类型中增加新的数据项，均可确保数据的逻辑独立性。数据的物理独立性是指当数据的存储结构改变时，数据的逻辑结构不变，从而应用程序也不必改变。例如，改变存储设备和增加新的存储设备，或改变数据的存储组织方式，均可确保数据的物理独立性。

（4）有统一的数据控制功能。

数据库为多个用户和应用程序所共享，对数据的存取往往是并发的，即多个用户可以同时存取数据库中的数据，甚至可以同时存取数据库中的同一个数据，为确保数据库数据的正确有效和数据库系统的有效运行，数据库管理系统提供下述四方面的数据控制功能。

① 数据的安全性（security）控制：防止不合法使用数据造成数据的泄露和破坏，保证数据的安全和机密。例如，系统提供口令检查或其他手段来验证用户身份，防止非法用户使用系统；也可以对数据的存取权限进行限制，只有通过检查后才能执行相应的操作。

② 数据的完整性（integrity）控制：系统通过设置一些完整性规则以确保数据的正确性、有效性和相容性。

◇ 正确性是指数据的合法性，如年龄属于数值型数据，只能含0，1…9，不能含字母或特殊符号；

◇ 有效性是指数据是否在其定义的有效范围，如月份只能用1~12之间的正整数表示；

◇ 相容性是指表示同一事实的两个数据应相同，否则就不相容，如一个人不能有两个性别。

③ 并发（concurrency）控制：多用户同时存取或修改数据库时，防止相互干扰而提供给用户不正确的数据并使数据库受到破坏。

④ 数据恢复（recovery）：当数据库被破坏或数据不可靠时，系统有能力将数据库从错误状态恢复到最近某一时刻的正确状态。

数据库系统阶段如图9-6所示。

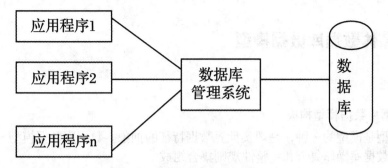

图9-6　程序与数据之间的关系

9.1.4　数据库系统的组成

数据库系统通常是指数据库和相应的软硬件系统。主要由数据（库）、用户、软件和硬件四部分组成。

9.1.4.1　数据（库）

数据库是长期存储在计算机内有组织的共享的数据的集合。它可以供用户共享，具有尽可能小的冗余度和较高的数据独立性，使得数据存储最优，数据最容易操作，并且具有完善的自我保护能力和数据恢复能力。

9.1.4.2　用户

用户是指使用数据库的人，即对数据库的存储、维护和检索等操作。用户分为三类：

第一类用户，终端用户（End User），主要是使用数据库的各级管理人员、工程技术人员、科研人员，一般为非计算机专业人员。

第二类用户，应用程序员（Application Programmer），负责为终端用户设计和编制应用程序，以便终端用户对数据库进行存取操作。

第三类用户，数据库管理员（Dadabase Administrator，简称DBA），是指全面负责数据库系统的"管理、维护和正常使用的"人员，其职责如下：

（1）参与数据库设计的全过程，决定数据库的结构和内容。

（2）定义数据的安全性和完整性，负责分配用户对数据库的使用权限和口令管理。

（3）监督控制数据库的使用和运行，改进和重新构造数据库系统。当数据库受到破坏时，应负责恢复数据库；当数据库的结构需要改变时，完成对数据结构的修改。

DBA不仅要有较高的技术专长和较深的资历，还应具有了解和阐明管理要求的能力。特别对于大型数据库系统，DBA极为重要。对于常见的微机数据库系统，通常只有一个用户，常常不设DBA，DBA的职责由应用程序员或终端用户代替。

9.1.4.3　软件（Software）

负责数据库存取、维护和管理的软件系统，即数据库管理系统（DataBase Management System，简称DBMS），数据库系统的各类人员对数据库的各种操作请求都由DBMS完成，DBMS是数据库系统的核心软件。

9.1.4.4　硬件（Hardware）

存储和运行数据库系统的硬件设备，包括CPU、内存、大容量的存储设备、外部设备等。

9.2　多媒体数据库数据模型

9.2.1　概述

9.2.1.1　数据库数据模型构成

数据模型是模型的一种，是现实世界数据特征的抽象。数据库数据模型一般由数据库数据结构、数据库操作集合和完整性规则集合组成。

（1）数据结构。

数据结构用于描述系统的静态特性。它是所研究的对象类型的集合，是刻画一个数据模型性质最重要的方面。

在数据库系统中，人们通常按照其数据结构的类型来命名数据模型。数据结构有层次结构、网状结构和关系结构三种类型，按照这三种结构命名的数据模型分别称为层次模型、网状模型和关系模型。

（2）数据操作。

数据操作用于描述系统的动态特性。它是对数据库中各种数据操作的集合，包括操作及相应的操作规则。如数据的检索、插入、删除和修改等。数据模型必须定义这些操作的确切含义、操作规则以及实现操作的语言。

（3）数据的约束条件。

数据的约束条件是一组完整性规则的集合。完整性规则是给定的数据模型中数据及其联系所具有的制约和依存规则，用以限定符合数据模型的数据库状态以及状态的变化，以保证数据的正确、有效、相容。数据模型还应该提供定义完整性约束条件的机制，以反映具体应用所涉及的数据必须遵守的特定的语义约束条件。例如，在学生数据库中，学生的年龄不得超过40岁。

9.2.1.2　传统数据模型的分类

目前最常用的数据模型有：层次模型（Hierarchical Model）、网状模型（Network Model）、关系模型（Relational Model）。这三种数据模型的根本区别在于数据结构不同，即数据之间联系的表示方式不同。层次模型用"树结构"来表示数据之间的联系；网状模型是用"图结构"来表示数据之间的联系；关系模型是用"二维表"来表示数据之间的联系。

1. 层次模型

层次模型是数据库系统中最早出现的数据模型，采用层次模型的数据库的典型代表是IBM公司的IMS（Information Management System）数据库管理系统，现实世界中，许多实体之间的联系都表现出一种很自然的层次关系，如家族关系、行政机构等。

层次模型用一棵"有向树"的数据结构来表示各类实体以及实体间的联系。在树中，每个结点表示一个记录类型，结点间的连线（或边）表示记录类型间的关系，每个记录类型可包含若干个字段，记录类型描述的是实体，字段描述实体的属性、各个记录类型及其字段都必须命名。如果要存取某一记录型的记录，可以从根结点起，按照有向树层次向下查找。

图9-7是层次模型有向树的示意图。

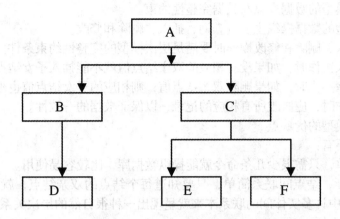

图9-7　层次模型有向树的示意图

（1）层次模型的特征。

① 结点A为根结点，D、F、G为叶结点，B、D为兄结点。

② 有且仅有一个结点没有双亲，该结点就是根结点。

③ 根以外的其他结点有且仅有一个双亲结点，这就使得层次数据库系统只能直接处理一对多的实体关系。

④ 任何一个给定的记录值只有按其路径查看时，才能显出它的全部意义，没有一个子女记录值能够脱离双亲记录值而独立存在。

例如：以下是一个层次模型的例子，如图9-8所示。

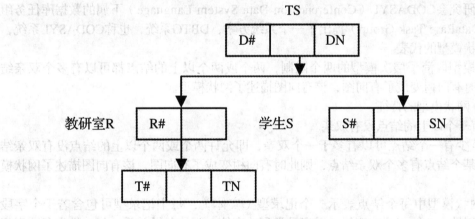

图9-8　TS数据库模型

层次数据库为TS，它具有四个记录型，分别是：

◇ 记录型D（系）是根结点，由字段D#（系编号）、DN（系名）、DL（系地点）组成，它有两个孩子结点，R和S。

◇ 记录型R（教研室）是D的孩子结点，同时又是T的双亲结点，它由R#（教研室编号）、RN（教研室名）两个字段组成。

◇ 记录型S（学生）由S#（学号）、SN（姓名）、SS（成绩）三个字段组成。

◇ 记录型T（教师）由T#（职工号）、TN（姓名）、TD（研究方向）三个字段组成。

（2）层次模型的数据操纵与数据完整性约束。

① 层次模型的数据操纵主要有查询、插入、删除和修改。

② 进行插入、删除和修改操作时要满足层次模型的完整性约束条件。

◇ 进行插入操作时，如果没有相应的双亲结点值就不能插入子女结点值。

◇ 进行删除操作时，如果删除双亲结点值，则相应的子女结点值也被同时删除。

◇ 修改操作时，应修改所有相应的记录，以保证数据的一致性。

（3）层次模型的优缺点。

① 优点主要有：

◇ 比较简单，只需很少几条命令就能操纵数据库，比较容易使用。

◇ 结构清晰，结点间联系简单，只要知道每个结点的双亲结点，就可知道整个模型结构。现实世界中许多实体间的联系本来就呈现出一种很自然的层次关系，如表示行政层次，家族关系很方便。

◇ 它提供了良好的数据完整性支持。

② 缺点主要有：

◇ 不能直接表示两个以上的实体型间的复杂的联系和实体型间的多对多联系，只能通过引入冗余数据或创建虚拟结点的方法来解决，易产生不一致性。

◇ 对数据的插入和删除的操作限制太多。

◇ 查询子女结点必须通过双亲结点。

2. 网状模型

现实世界中，事物之间的联系更多的是非层次关系的，用层次模型表示这种关系很不直观，网状模型克服了这一弊病，可以清晰地表示这种非层次关系。20世纪70年代，数据系统语言研究会CODASYL（Conference on Data System Language）下属的数据库任务组DBTG（DataBase Task Group）提出了一个系统方案，DBTG系统，也称CODASYL系统，成为了网状模型的代表。

网状模型取消了层次模型的两个限制，两个或两个以上的结点都可以有多个双亲结点，则此时有向树变成了有向图，该有向图描述了网状模型。

（1）网状模型的特征。

① 有一个以上的结点没有双亲。

② 至少有一个结点可以有多于一个双亲，即允许两个或两个以上的结点没有双亲结点，允许某个结点有多个双亲结点，则此时有向树变成了有向图，该有向图描述了网状模型。

③ 网状模型中每个结点表示一个记录型（实体），每个记录型可包含若干个字段（实体的属性），结点间的连线表示记录类型（实体）间的父子关系。如：学生和课程间的关系。一个学生可以选修多门课程，一门课程可以由多个学生选修。

（2）网状模型的数据操纵与数据完整性约束。

① 网状模型的数据操纵主要包括查询、插入、删除和修改数据。

◇ 插入数据时，允许插入尚未确定双亲结点值的子女结点值，如可增加一名尚未分配到某个教研室的新教师，也可增加一些刚来报到，还未分配宿舍的学生。

◇ 删除数据时，允许只删除双亲结点值，如可删除一个教研室，而该教研室所有教师的信息仍保留在数据库中。

◇ 修改数据时，可直接表示非树形结构，而无须像层次模型那样增加冗余结点，因此，修改操作时只需更新指定记录即可。

② 它没有像层次数据库那样有严格的完整性约束条件，只提供一定的完整性约束。

（3）网状模型的优缺点。

① 优点主要有：

◇ 能更为直接地描述客观世界，可表示实体间的多种复杂联系。

◇ 具有良好的性能和存储效率。

② 缺点主要有：

◇ 结构复杂，其DDL语言极其复杂。

◇ 数据独立性差，由于实体间的联系本质上是通过存取路径表示的，因此应用程序在访问数据时要指定存取路径。

3. 关系模型

关系模型是发展较晚的一种模型，1970年，美国IBM公司的研究员E.F.Codd首次提出了数据库系统的关系模型。他发表了《大型共享数据银行数据的关系模型（A Relation Model of Data for Large Shared Data Banks）》一文，在文中解释了关系模型，定义了某些关系代数运算，研究了数据的函数相关性，定义了关系的第三范式，从而开创了数据库的关系方法和数据规范化理论的研究，他为此获得了1981年的图灵奖。

此后，许多人把研究方向转到关系方法上，陆续出现了关系数据库系统。1977年，IBM公司研制的关系数据库的代表System R开始运行，其后又进行了不断的改进和扩充，出现了基于System R的数据库系统SQL/DB。20世纪80年代以来，计算机厂商新推出的数据库管理系统几乎都支持关系模型，非关系系统的产品也都加上了关系接口。数据库领域当前的研究工作也都是以关系方法为基础。

关系数据库已成为目前应用最广泛的数据库系统，如现在广泛使用的小型数据库系统Foxpro、Acess，大型数据库系统Oracle、Informix、Sybase、SQL Server等都是关系数据库系统。

（1）关系模型的基本概念。

关系模型的数据结构是一个"二维表框架"组成的集合，每个二维表又可称为关系，所以关系模型是"关系框架"的集合。关系模型与层次模型、网状模型不同，它是建立在严格的数学概念之上的。

表9-1~表9-5给出了教学数据库的关系模型及其实例，包含五个关系：教师关系T、学生关系S、课程关系C、选课关系SC和授课关系TC，分别对应五张表。

表9-1　T（教师表）

TNO 教师号	TN 姓名	SEX 性别	AGE 年龄	PROF 职称	SAL 工资	COMM 岗位津贴	DEPT 系别
T1	李力	男	47	教授	1500	3000	计算机
T2	王平	女	28	讲师	800	1200	信息
T3	刘伟	男	30	讲师	900	1200	计算机
T4	张雪	女	51	教授	1600	3000	自动化
T5	张兰	女	39	副教授	1300	2000	信息

表9-2　S（学生表）

SNO 学号	SN 姓名	SEX 性别	AGE 年龄	DEPT 系别
S1	赵亦	女	17	计算机
S2	钱尔	男	18	信息
S3	孙珊	女	20	信息
S4	李思	男	21	自动化
S5	周武	男	19	计算机
S6	吴丽	女	20	自动化

表9-3　C（课程表）

CNO 课程号	CN 课程名	CT 课时
C1	程序设计	60
C2	微机原理	80
C3	数字逻辑	60
C4	数据结构	80
C5	数据库	60
C6	编译原理	60
C7	操作系统	60

表9-4　SC（选课表）

SNO 学号	CNO 课程号	SCORE 成绩
S1	C1	90
S1	C2	85
S2	C5	57
S2	C6	80
S2	C7	50
S2	C5	70
S3	C1	0
S3	C2	70
S3	C4	85
S4	C1	93
S4	C2	85
S4	C3	83
S5	C2	89

表9-5　TC表

TNO 教师号	CNO 课程号
T1	C1
T1	C4
T2	C5
T3	C1
T3	C5
T4	C2
T4	C3
T5	C5
T5	C7

下面以上述表为例，介绍关系模型中所涉及的一些基本概念。

① 关系（Relation）：一个关系对应一张二维表，如表9-1~表9-5的五张表对应五个关系。

② 元组（Tuple）：表格中的一行，如S表中的一个学生记录即为一个元组。

③ 属性（Attribute）：表格中的一列，相当于记录中的一个字段，如S表中有五个属性（学号、姓名、性别、年龄、系别）。

④ 关键字（Key）：可唯一标识元组的属性或属性集，也称为关系键或主码，如S表中学号可以唯一确定一个学生，为学生关系的主码。

⑤ 域（Domain）：属性的取值范围，如年龄的域是14~40，性别的域是男、女。

⑥ 分量：每一行对应的列的属性值，即元组中的一个属性值，如学号、姓名、年龄等均是一个分量。

⑦ 关系模式：对关系的描述，一般表示为：关系名（属性1，属性2……属性n），如：学生（学号，姓名，性别，年龄，系别）。

（2）关系模型的数据操纵与完整性约束。

① 数据操纵主要包括查询、插入、删除和修改数据，这些操作必须满足关系的完整性约束条件，即实体完整性、参照完整性和用户定义的完整性。有关完整性的具体含义将在下一章介绍。

② 在非关系模型中，操作对象是单个记录，而关系模型中的数据操作是集合操作，操作对象和操作结果都是关系，即若干元组的集合。

③ 用户只要指出"干什么"，而不必详细说明"怎么干"，从而大大地提高了数据的独立性，提高了用户的生产率。

（3）关系模型的优缺点。

① 关系模型的优点主要有：

◇ 与非关系模型不同，它有较强的数学理论根据。

◇ 数据结构简单、清晰，用户易懂易用，不仅用关系描述实体，而且用关系描述实体间的联系。

◇ 关系模型的存取路径对用户透明，从而具有更高的数据独立性、更好的安全保密性，也简化了程序员的工作和数据库建立和开发的工作。

② 关系模型的缺点主要有：

由于存取路径对用户透明，查询效率往往不如非关系模型，因此，为了提高性能，必须对用户的查询表示进行优化，增加了开发数据库管理系统的负担。

9.2.2　多媒体数据模型的种类

常用的多媒体数据模型有三种：NF2数据模型、面向对象数据模型、对象–关系模型。

9.2.2.1　复杂对象模型

传统的关系模型结构简单，是单一的二维表，数据类型和长度也被局限在一个较小的子集中，又不支持新的数据类型和数据结构，很难实现空间数据和时态数据，缺乏演绎和推理操作，因此表达数据特性的能力受到限制。在MDBMS中使用关系模型，必须对现有的关系模型进行扩充，使它不但能支持格式化数据，也能处理非格式化数据。

复杂对象模型是一种具有多媒体对象表示能力的数据模型，它建立在关系数据模型的基础上，又突破了传统关系数据库中第一范式（1NF，First Normal Form）的限制，构成所谓的 Non First Normal Form模型。所以，复杂对象模型通常又被简称为NF2数据模型。

（1）引入抽象数据类型（ADT）。

通过增加描述声音、图形或图像等特征的抽象数据类型，来增加RDBMS对多媒体数据的管理能力。这种扩展方法的优点是以极小的代价保留了关系型数据库的内核和管理方式，拓宽了对多种媒体的管理能力。但由于基于二维构造的多媒体数据模型无法反映各媒体之间的空间、时间和语义关系，有关的处理必须用其他应用程序来实现，所以在多媒体数据的同步和集成方面存在很多问题，且对多媒体数据的基于内容的检索和查询更加难以实现。

（2）引入嵌套表。

这种拓展方法是在记录和表之间建立层次关系。在1NF关系模型中，必须遵守的原则是要求每一个属性均为原子数据类型，因此同一个属性可能不得不存在于若干个关系中。为了改变这种冗余的关系模式，NF2模型，即非第一范式中引入了嵌套表的概念，不再遵守"表中不能再有表"的规定。这样就能使层次结构在关系数据库中得到应用。例如，同时在关系数据库中引入抽象数据类型，使得用户能够定义和表示多媒体信息对象，从而来提高关系数据库处理多媒体数据的能力。

许多关系型数据库都利用标准的数据区域进行扩展，如FoxPro的General字段，Windows的标准动态注释、格式注释、图形等，去增加多媒体数据的表示。

虽然NF2方法可以利用关系数据库传统优势（数据类型的数据表示和操作），可以沿用关系数据库语言或其他通用语言，但无法增强建模能力，不能较好地反映多媒体数据所特有的时空关系，同时多媒体对象的存取、检索或其他处理上仍存在相当大的困难。

9.2.2.2　面向对象数据模型

（1）面向对象的基本思想。

由于多媒体数据具有对象复杂、存储分散和时空同步等特点，传统的关系型数据模型以及采用扩展关系的方法都无法很好地体现这种多媒体所固有的特性。面向对象的方法的出现以及它在复杂数据方面的优势，渐渐引起了人们的重视。

面向对象的基本思想是把现实中的客观事物均看做一个个独立的对象，具有相同状态特征的一类对象可以进一步抽象为对象类（简称为类），不同类之间的关系用层次结构来表示，这样具有层次关系的不同类中的对象间就有了所谓的继承特征。每个对象包含对象名、状态数据和行为操作三部分。

（2）面向对象的基本概念。

面向对象系统中，通过引入类、对象、方法、消息、封装、继承等概念，可以有效地描述各种对象及其内部结构和联系，这种机制可以很好地满足多媒体数据库在建模方面的要求，并且能更好地实现数据库的存储、查询以及其他操作。

① 对象：现实世界所有概念实体的抽象化表示，包括实体所拥有的状态数据以及定义在这些数据之上的行为操作两部分。

② 属性：对象的性质，即用来描述和反映对象特征的参数。对象的属性可以是系统或用户定义的数据类型，也可以是一个抽象的数据类型。

③ 方法：对象的行为，定义在对象属性上的一组操作称为对象的方法。实际是将一些通用的过程编写好并封装起来，作为方法供用户直接调用。

④ 消息：对象间的通信和请求对象完成某种处理工作是通过消息传送实现的。消息传送相当于一个间接的过程调用。

⑤ 类：是对象的抽象，也是创建对象实例的模板。类是由用户定义的、关于对象的结构和行为的数据类型，包含了创建对象的属性描述和行为特征的定义。换句话说，将那些具有相同的构造，使用相同的方法，具有相同变量名和变量类型的对象集中在一起形成类。类中的每个对象称为类的实例。类中所有的对象共享一个公共的定义，而赋予变量的值是各不相同的。

⑥ 类层次：用结点表示对象类，用连接两结点的边表示两个对象类的包含关系，则具有包含关系的对象类形成一个层次结构，称为类层次。

⑦ 继承性：子类不仅可以继承其超类对象的部分或全部属性和方法，还可以拥有自

己的属性和方法。

⑧ 封装：是将大部分实现细节隐藏起来的一种机制，是对象和类概念的主要特性。封装是把过程和数据包围起来，对数据的访问只能通过已定义的界面。也就是说，现实世界可以被描绘成一系列完全自治、封装的对象，这些对象通过一个受保护的接口访问其他对象。封装保证了模块具有较好的独立性，使得程序维护修改较为容易。对应用程序的修改仅限于类的内部，可以最大限度地减少因应用程序修改而带来的影响。

⑨ 多态：包括参数化多态性和包含多态性。参数化多态性是指根据不同的参数类型自动调用对应程序段，例如同样是加法，数字相加和时间相加的实际计算方法是不同的。包含多态性允许不同类的对象对同一消息作出响应。例如同样是最大化操作，父窗口和子窗口的实现过程是不同的。

（3）面向对象数据模型的优势。

① 面向对象模型支持"聚合"与"概括"的概念，从而更好地处理多媒体数据等复杂对象的结构语义。

② 面向对象模型支持抽象数据类型和用户定义的方法，便于系统支持定义新的数据类型和操作。

③ 面向对象系统的数据抽象、功能抽象与消息传递的特点使对象在系统中是独立的，具有良好的封闭性，封闭了多媒体数据之间的类型及其他方面的巨大差异，并且容易实现并行处理，也便于系统模式的扩充和修改。

④ 面向对象系统的对象类、类层次和继承性的特点，不仅减少了冗余和由此引起的一系列问题，还非常有利于版本控制。

⑤ 面向对象系统中实体是独立于值存在的，因而避免了关系数据库中讨论的各种异常。

⑥ 面向对象系统的查询语言通常是沿着系统提供的内部固有联系进行的，避免了大量的查询优化工作。

9.2.2.3 对象-关系模型

（1）对象-关系模型的基本思想。

尽管面向对象的数据模型对多媒体数据具有良好的建模能力，但要在短期内开发出实用的多媒体数据库系统产品还不是一件容易的事。由于关系模型的数据库系统的成熟产品很多，也得到了广泛的应用，人们试图借用面向对象的思想，对传统的关系数据库加以扩展，向其中增加面向对象特性，把面向对象技术与关系数据模型相结合，建立起一种现阶段能够实现的多媒体数据表现模型，这就是所谓的对象-关系模型。

（2）对象-关系模型的优势。

◇ 能够利用面向对象的特性，描述复杂多变的多媒体数据对象的状态属性和操作行为。

◇ 所建立的多媒体数据库系统可以方便地处理和兼容原来关系数据库中的数据信息。

◇ 由于是建立在关系模型的基础上，现实中大部分内容可借用原来关系数据库，因此实现代价小。

（3）对象-关系模型对多媒体数据库的支持能力。

① 大型对象：多媒体数据对象的存储特征之一是数据量大，常规的关系型数据类型无法存储和处理。

② 用户自定义类型和函数：对象-关系型数据库系统允许客户定义新的数据类型和操作。

③ 约束和触发器：在对象-关系模型的数据库系统中，触发器和约束用于提供约束或保持内部数据结构，对应用程序来说是透明的。

9.3　多媒体数据库管理系统

数据库管理系统（DataBase Management System）是一种操纵和管理数据库的大型软件，是用于建立、使用和维护数据库的，简称DBMS。它对数据库进行统一的管理和控制，以保证数据库的安全性和完整性。用户通过DBMS访问数据库中的数据，数据库管理员也通过DBMS进行数据库的维护工作。它提供多种功能，可使多个应用程序和用户用不同的方法在同时或不同时刻去建立、修改和询问数据库。它使用户能方便地定义和操纵数据，维护数据的安全性和完整性，以及进行多用户下的并发控制和恢复数据库。

在数据库系统中，DBMS与操作系统、应用程序、硬件等协同工作，共同完成数据各种存取操作，其中DBMS起着关键的作用。

DBMS对数据的存取通常需要以下四步：

（1）用户使用某种特定的数据操作语言向DBMS发出存取请求。

（2）DBMS接受请求并解释。

（3）DBMS依次检查外模式、外模式/模式映象、模式、模式/内模式映象及存储结构定义。

（4）DBMS对存储数据库执行必要的存取操作。

上述存取过程中还包括安全性控制、完整性控制，以确保数据的正确性、有效性和一致性。

9.3.1　DBMS的主要功能

9.3.1.1　数据定义

DBMS提供数据定义语言DDL（Data Define Language），定义数据的模式、外模式和内模式三级模式结构，定义模式/内模式和外模式/模式二级映象，定义有关的约束条件。例如，为保证数据库安全而定义的用户口令和存取权限，为保证正确语义而定义完整性规则。

9.3.1.2　数据操纵

DBMS提供数据操纵语言DML（Data Manipulation Language），实现对数据库的基本操作，包括检索、插入、修改、删除等。SQL语言就是DML的一种。

9.3.1.3　数据库运行管理

DBMS 对数据库的控制主要通过四个方面实现，以确保数据正确有效和数据库系统的正常运行。

◇ 数据的安全性控制。

◇ 数据的完整性控制。

◇ 多用户环境下的并发控制。

◇ 数据库的恢复。

9.3.1.4 数据组织、存储与管理

DBMS要分类组织、存储和管理各种数据，包括数据字典、用户数据、存取路径等，需确定以何种文件结构和存取方式在存储级上组织这些数据，如何实现数据之间的联系。数据组织和存储的基本目标是提高存储空间利用率，选择合适的存取方法提高存取效率。

9.3.1.5 数据库的保护

数据库中的数据是信息社会的战略资源，随数据的保护至关重要。DBMS对数据库的保护通过四个方面来实现：数据库的恢复、数据库的并发控制、数据库的完整性控制、数据库安全性控制。DBMS的其他保护功能还有系统缓冲区的管理以及数据存储的某些自适应调节机制等。

9.3.1.6 数据库的维护

这一部分包括数据库的数据载入、转换、转储，数据库的重组合、重构以及性能监控等功能，这些功能分别由各个使用程序来完成。

9.3.1.7 通信

DBMS具有与操作系统的联机处理、分时系统及远程作业输入的相关接口，负责处理数据的传送。对网络环境下的数据库系统，还应该包括DBMS与网络中其他软件系统的通信功能以及数据库之间的互操作功能。

9.3.2 DBMS的组成

DBMS是许多"系统程序"所组成的一个集合。每个程序都有自己的功能，共同完成DBMS的一件或几件工作。

9.3.2.1 语言编译处理程序

（1）数据定义语言DDL及其编译程序。

它把用DDL编写的各级源模式编译成各级目标模式，这些目标模式是对数据库结构信息的描述，而不是数据本身，它们被保存在数据字典中，供以后数据操纵或数据控制时使用。

（2）数据操纵语言DML及其编译程序。

它实现对数据库的基本操作。DML有两类：一类是宿主型，嵌入在高级语言中，不能单独使用；另一类是自主型或自含型，可独立地交互使用。

9.3.2.2 系统运行控制程序

主要包括以下几部分：

（1）系统总控程序：是DBMS运行程序的核心，用于控制和协调各程序的活动。

（2）安全性控制程序：防止未被授权的用户存取数据库中的数据。

（3）完整性控制程序：检查完整性约束条件，确保进入数据库中的数据的正确性、有效性和相容性。

（4）并发控制程序：协调多用户、多任务环境下各应用程序对数据库的并操作，保证数据的一致性。

（5）数据存取和更新程序：实施对数据库数据的检索、插入、修改、删除等操作。

（6）通信控制程序：实现用户程序与DBMS间的通信。

9.3.2.3 系统建立、维护程序

主要包括以下几部分：

（1）装配程序：完成初始数据库的数据装入。

（2）重组程序：当数据库系统性能变坏时（如查询速度变慢），需要重新组织数据库，重新装入数据。

（3）系统恢复程序：当数据库系统受到破坏时，将数据库系统恢复到以前某个正确的状态。

9.3.2.4 数据字典（Data Dictionary，简称DD）

用来描述数据库中有关信息的数据目录，包括数据库的三级模式、数据类型、用户名、用户权限等有关数据库系统的信息，起着系统状态的目录表的作用，帮助用户、DBA、DBMS本身使用和管理数据库。

9.3.3 常见的数据库管理系统

目前有许多数据库产品，如Oracle、Sybase、Informix、Microsoft SQL Server、Microsoft Access、Visual FoxPro等产品各以自己特有的功能，在数据库市场上占有一席之地。下面简要介绍几种常用的数据库管理系统。

9.3.3.1 Oracle

Oracle是一个最早商品化的关系型数据库管理系统，也是应用广泛、功能强大的数据库管理系统。Oracle作为一个通用的数据库管理系统，不仅具有完整的数据管理功能，还是一个分布式数据库系统，支持各种分布式功能，特别是支持Internet应用。作为一个应用开发环境，Oracle提供了一套界面友好、功能齐全的数据库开发工具。Oracle使用PL/SQL语言执行各种操作，具有可开放性、可移植性、可伸缩性等功能。特别是在Oracle 8i中，支持面向对象的功能，如支持类、方法、属性等，使得Oracle产品成为一种对象/关系型数据库管理系统。目前最新版本是Oracle 11g。

9.3.3.2 Microsoft SQL Server

Microsoft SQL Server是一种典型的关系型数据库管理系统，可以在许多操作系统上运行，它使用Transact-SQL语言完成数据操作。由于Microsoft SQL Server是开放式的系统，其他系统可以与它进行完好的交互操作。目前最新版本的产品为Microsoft SQL Server 2008，它具有可靠性、可伸缩性、可用性、可管理性等特点，为用户提供完整的数据库解决方案。

9.3.3.3 Microsoft Access

作为Microsoft Office组件之一的Microsoft Access是在Windows环境下非常流行的桌面型数据库管理系统。使用Microsoft Access无须编写任何代码，只需通过直观的可视化操作就可以完成大部分数据管理任务。在Microsoft Access数据库中，包括许多组成数据库的基本要素。这些要素是存储信息的表、显示人机交互界面的窗体、有效检索数据的查询、信息输出载体的报表、提高应用效率的宏、功能强大的模块工具等。它不仅可以通过ODBC与其他数据库相连，实现数据交换和共享，还可以与Word、Excel等办公软件进行数据交换和共享，并且通过对象链接与嵌入技术在数据库中嵌入和链接声音、图像等多媒体数据。

9.3.4 数据库管理系统选择原则

选择数据库管理系统时应从以下几个方面予以考虑：

（1）构造数据库的难易程度。

需要分析数据库管理系统有没有范式的要求，即是否必须按照系统所规定的数据模型分析现实世界，建立相应的模型；数据库管理语句是否符合国际标准，符合国际标准则便于系统的维护、开发、移植；有没有面向用户的易用的开发工具；所支持的数据库容量，数据库的容量特性决定了数据库管理系统的使用范围。

（2）程序开发的难易程度。

有无计算机辅助软件工程工具CASE——计算机辅助软件工程工具可以帮助开发者根据软件工程的方法提供各开发阶段的维护、编码环境，便于复杂软件的开发、维护。有无第四代语言的开发平台——第四代语言具有非过程语言的设计方法，用户不需编写复杂的过程性代码，易学、易懂、易维护。有无面向对象的设计平台——面向对象的设计思想十分接近人类的逻辑思维方式，便于开发和维护。对多媒体数据类型的支持——多媒体数据需求是今后发展的趋势，支持多媒体数据类型的数据库管理系统必将减少应用程序的开发和维护工作。

（3）数据库管理系统的性能分析。

包括性能评估（响应时间、数据单位时间吞吐量）、性能监控（内外存使用情况、系统输入/输出速率、SQL语句的执行、数据库元组控制）、性能管理（参数设定与调整）。

（4）对分布式应用的支持。

包括数据透明与网络透明程度。数据透明是指用户在应用中不需指出数据在网络中的什么节点上，数据库管理系统可以自动搜索网络，提取所需数据；网络透明是指用户在应用中无须指出网络所采用的协议，数据库管理系统自动将数据包转换成相应的协议数据。

（5）并行处理能力。

支持多CPU模式的系统（SMP、CLUSTER、MPP）、负载的分配形式、并行处理的颗粒度和范围。

（6）可移植性和可扩展性。

可移植性指垂直扩展和水平扩展能力。垂直扩展要求新平台能够支持低版本的平台，数据库客户机/服务器机制支持集中式管理模式，这样保证用户以前的投资和系统；水平扩展要求满足硬件上的扩展，支持从单CPU模式转换成多CPU并行机模式（SMP、CLUSTER、MPP）。

（7）数据完整性约束。

数据完整性指数据的正确性和一致性保护，包括实体完整性、参照完整性、复杂的事务规则。

（8）并发控制功能。

对于分布式数据库管理系统，并发控制功能是必不可少的。因为它面临的是多任务分布环境，可能会有多个用户点在同一时刻对同一数据进行读或写操作，为了保证数据的一致性，需要由数据库管理系统的并发控制功能来完成。评价并发控制的标准应从下面几方面加以考虑：

◇ 保证查询结果一致性方法。

◇ 数据锁的颗粒度（数据锁的控制范围，表、页、元组等）。

◇ 数据锁的升级管理功能。

◇ 死锁的检测和解决方法。

（9）容错能力。

异常情况下对数据的容错处理。评价标准：硬件的容错，有无磁盘镜像处理功能软件的容错，有无软件方法异常情况的容错功能。

（10）安全性控制。

包括安全保密的程度（账户管理、用户权限、网络安全控制、数据约束）。

（11）支持汉字处理能力。

包括数据库描述语言的汉字处理能力（表名、域名、数据）和数据库开发工具对汉字的支持能力。

（12）当突然停电、出现硬件故障、软件失效、病毒或严重错误操作时，系统应提供恢复数据库的功能，如定期转存、恢复备份、回滚等，使系统有能力将数据库恢复到损坏以前的状态。

9.4　多媒体数据库的检索技术

对于大型的多媒体信息库，如Web网络资源、数字图书馆等信息环境中，新资料层出不穷。在Internet和企事业信息系统中，越来越多的应用将包含多媒体数据，如何解决资料整理和使用的问题成为两大重要的课题，传统人工注释的档案办法不能面对浪涌似的信息资料，也难以描述多媒体中的特征，更无法解决实时广播流媒体的处理，必须借助于计算机的实时分析和处理。这就是基于内容的多媒体信息检索所要研究的技术领域。

9.4.1　概述

基于内容的多媒体信息检索研究伴随着信息时代的到来而展开。随着多媒体计算机技术的迅猛发展，网络传输速度的提高，以及新的有效的图像/视频压缩技术的不断出现，使人们通过网络实现全球多媒体信息的共享成为可能。然而，现有的技术还不能有效地满足人们对海量多媒体信息的需求，因此基于内容的多媒体信息检索应运而生。

基于内容检索（Content based）技术一般用于多媒体数据库系统之中，也可以单独建立应用系统。基于内容检索的主要研究内容是如何使系统直接从各种媒体中获取信息线索，并将这些线索用于数据库中的检索操作，帮助用户从数据库中检索出合适的多媒体信息对象，实现从媒体数据中分析、提取出可供检索的内容特征，并将这些内容特征进行结构化的表示。

9.4.2　系统的一般结构

从基于内容检索的角度出发，系统由组织媒体输入的插入子系统、对媒体作特征提取的媒体处理子系统、储存插入时获得的特征和相应媒体数据的数据库以及支持对该媒体的查询子系统等组成，同时需要相应的知识辅助支持特定领域的内容处理，如图9-9所示。

（1）插入子系统：负责将媒体输入到系统之中，同时根据需要为用户提供一种工具，以全自动或半自动（即需用户部分干预）的方式对媒体进行分割，标识出需要的对象或内容关键点，以便有针对性地对目标进行特征提取。

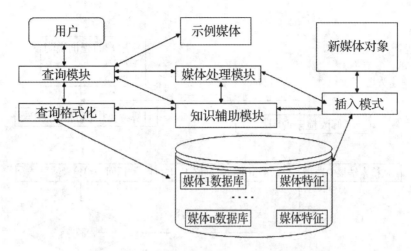

图9-9 多媒体数据库中基于内容检索系统的结构示意图

（2）特征提取子系统：对用户或系统标明的媒体对象进行特征提取处理。可以由人完成，也可以通过对应的媒体处理例程完成，提取一些所关心的媒体特征。提取的特征可以是全局性的，也可以针对某个内部的对象，在提取特征时，往往需要知识处理模块的辅助，由知识库提供有关的领域知识。

（3）数据库：媒体数据和插入时得到的特征数据分别存入媒体数据库和特征数据库。数据库通过组织与媒体类型相匹配的索引来达到快速搜索的目的，从而可以应用到大规模多媒体数据检索过程中。

（4）查询子系统：主要以示例查询的方式向用户提供检索接口。检索主要是相似性检索，模仿人类的认知过程，可以从特征库中寻找匹配的特征，也可以临时计算对象的特征，如图9-10所示。

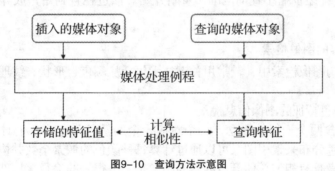

图9-10 查询方法示意图

9.4.3 检索过程

实现基于内容的检索系统主要有两种途径：一是基于传统的数据库检索方法，即采用人工方法将多媒体信息内容表达为属性（关键字）集合，再在传统的数据库管理系统内处理，这种方法对信息采用了高度抽象，留给用户的选择余地较小，查询方法和范围有所限制；二是基于信号处理理论，即采用特征抽取和模式识别结合人工智能等手段来克服数据库方法的局限性。

基于内容检索是一个逐步求精的过程。主要过程如图9-11所示。

◇ 初始检索说明：用户开始检索时，要形成一个检索的格式。系统对示例的特征进

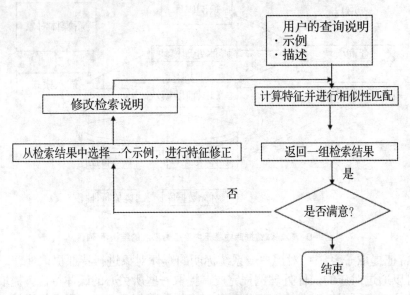

图9-11 内容检索示意图

行提取，或是把用户描述的特征映射为对应的查询参数。

◇ 相似性匹配：将特征与特征库中的特征按照一定的匹配算法进行匹配。满足一定相似性的一组候选结果按相似度大小排列返回给用户。

◇ 特征调整：用户对系统返回的一组满足初始特征的检索结果进行浏览，挑选出满意的结果，检索过程完成；或者从候选结果中选择一个最接近的示例，进行特征调整，然后形成一个新的查询。

◇ 重新检索：逐步缩小查询范围，重新开始。该过程直到用户放弃或者得到满意的查询结果时为止。

9.4.3.1 基于内容的图像检索

在基于内容的图像检索中，较常用关键技术包括从颜色、形状、纹理、空间关系、对象特征进行检索。

（1）基于颜色特征的图像信息检索。

颜色内容包含两个一般的概念，一个对应于全局颜色分布，一个对应于局部颜色信息。按照全局颜色分布来索引图像可以通过计算每种颜色的像素个数并构造出颜色直方图来实现，这对检索具有相似总体颜色内容的图像是一个很好的途径。局部颜色信息是指局部相似的颜色区域，它考虑了颜色的分类与一些初级的几何特征。

颜色直方图是最常用的颜色特征表示方法。直方图的横轴表示颜色等级，纵轴表示在某一颜色等级上具有该颜色的像素在整幅图像中所占的比例。单纯基于颜色直方图的图像检索方法是难以判断两幅图像是否具有相似的内容的，必须引入空域信息。直方图的值反映了图像的统计特征，包括平均值、标准偏差、中间值和像素个数，颜色集中的地方峰值较高。

颜色内容包含了全局颜色分布和局部颜色信息。具有相似的总体颜色内容的图像检索基于一个图像索引表，它可以按照全局颜色分布，通过计算每种颜色的像素个数并构造颜色灰度直方图来建立。局部颜色信息是指局部相似的颜色区域，如R、G、B三个色域，包括分类色与一些初级的几何特征，如图9-12所示，便于抽取空间局部颜色信息并提供颜色区域的有效索引。

在利用颜色直方图的查询中，可以使用域关系演算语言如Query By Example（QBE），如要给出查询的示例，一般可采用以下三种方式之一来指明查询的示例：

方法1：指明颜色组成。通常应在连续变化的色轮上来指定，而不适合用文字进行描述。该法的使用并不方便，检索的查准率和查全率也不高。

方法2：指明一幅示例图像。通过示例图像的颜色直方图和数据库中的颜色直方图值进行的相似性匹配得到查询结果。

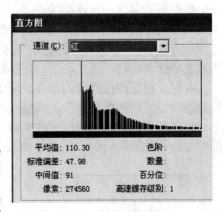

图9-12 颜色的几何特征

方法3：指明图像中一个子图。利用图像分割出来的各个小块来确定图像中感兴趣的对象轮廓，通过建立更复杂的颜色关系来查询图像。

（2）基于形状特征的检索。

形状特征也称为轮廓特征，是指整个图像或图像中子对象的边缘特征。一般而言，形状的表示可分为基于边界的和基于区域的两类，前者使用形状的外部边界，而后者使用整个区域。一般可用矩形、圆形、面积、周长等来描述，而许多形状特征可能被包含在一个封闭的图像中。为了提高检索的精确度，基于形状特征的数据库中常常包含三种数据库，即图像库、形状库、特征库，并提供形状特征的索引。检索是根据用户提供的形状特征从图像库中匹配出形状相似的图像。

检索有两种，一种是针对轮廓线进行的形状特征检索，这是最常用的方式。用户可以选择形状或勾画一幅轮廓草图，通过形状分析获得目标的轮廓线。所谓形状分析，主要是通过分割图像进行边缘提取，边缘也是图像分割的重要依据。较好的边缘提取过程必须与滤波器配合使用。另一种是直接对图形寻找适当的向量特征进行检索。

（3）基于纹理特征的检索。

纹理特征是所有表面具有的内在特征，它包含了关于表面的结构布局、密度及变化关系。图像或物体的纹理特征反映了图像或物体本身的属性，常用粗糙性、方向性和对比度等来描述。纹理研究包括纹理分析和纹理合成两个方面，而纹理分析是基于纹理检索的重要基础。

纹理分析的方法大致可有统计方法和结构方法两种。统计方法用于分析木纹、草坪等细致而不规则的物体，并根据关于像素间灰度的统计性质对纹理规定出特征及参数间的关系。结构方法适于具有纹理排列规则的图案，根据纹理基元及其排列规则来描述纹理、特征以及特征与参数间的关系。

纹理的检索一般都采用示例查询方法。同时结合纹理颜色作为检索特征，可以缩小查找纹理的范围。一种有效的纹理特征的表示法称为灰度共生矩阵GLCM，是20世纪70年代初由Haralick等人提出的。其方法是根据像素间的方向和距离构造一个共生矩阵，然后从共生矩阵中抽取有意义的统计量作为纹理表示。

9.4.3.2 基于内容的视频检索

视频内容中包含了一系列的连续图像，其基本单位是镜头（shot）。每个镜头可包含一个事件或者包含一组连续的动作。镜头由在时间上连续的视频帧组成，它们反映的就是组成动作的不同画面，在一段经过非线性编辑的视频序列中，常常包含了许多镜头。镜头之间可存在多种类型的过渡方式，最简单的连接是切变，表现为在相邻两帧间发生突变性的镜头转换。此外，还存在一些逐渐过渡方式，如淡入、淡出等。

有时，根据拍摄剧情的需要，还常采用摄像机镜头运动的方式来处理镜头。摄像机镜头的运动方式包括推拉镜头、摇镜头、镜头跟踪、镜头仰视、镜头卧视等。

解决基于内容的视频检索的关键是视频结构的模型化或形式化。为此需要解决关键帧抽取与镜头分割的问题。见图9-13。

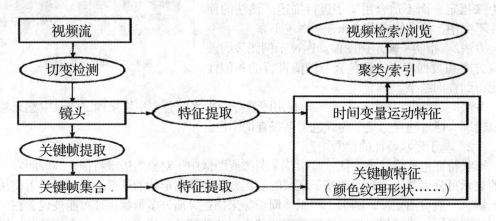

图9-13 视频检索的结构

首先要进行视频结构分析，将视频序列分割为镜头，并在镜头内选择关键帧，这是实现一个高效的CBVR系统的基础和关键。然后提取镜头的运动特征和关键帧中的视觉特征，作为一种检索机制存入视频数据库。最后根据用户提交的查询按照一定特征进行视频检索，将检索结果按相似性程度交给用户，当用户对查询结果不满意时可以优化查询结果，自动根据用户的意见灵活地优化检索结果。

9.4.3.3 基于内容的音频检索

由于音频媒体可以分为语音、音乐和其他声响，基于内容的音频检索自然也必须进行分类。音频内容可分为样本级、声学特征级和语义级。从低级到高级，内容的表达是逐级抽象和概括的。音频内容的物理样本可以抽象出如音调、旋律、节奏、能量等声学特征，进一步可抽象为音频描述、语音识别文本、事件等语义。

基于内容的音频检索中，用户可以提交概念查询或按照听觉感知来查询，即查询依据是基于声学特征级和语义级的。音频的听觉特性决定其查询方式不同于常规的信息检索系统。基于内容的查询是一种相似查询，它实际上是检索出与用户指定的要求非常相似的所有声音。查询中可以指定返回的声音数或相似度的大小。另外，可以强调或忽略某些特征成分，甚至可以利用逻辑运算来指定检索条件。

音频检索是针对波形声音的，这些音频都统一用声学特征来进行检索。音频数据库的浏览和查找可使用基于音频数据的训练、分类和分割的检索方法，而基于听觉特征的检索为用户提供了高级的音频查询接口。

音频数据库中的一个声音类的模型可以通过训练来形成。首先要将一些声音样本送入数据库，并计算其N维声学特征矢量，然后计算这些训练样本的平均矢量和协方差矩阵，从而建立起某类声音的类模型。声音分类是把声音按照预定的类组合。首先计算被分类声音与以上类模型的距离，可以利用Euclidean或 Manhattan距离度量，然后距离值与门限（阈值）比较，以确定该声音的类型。对于特别声音可以建立新的声音类。

利用声音的响度、音调等听觉感知特性，可以自动提取并用于听觉感知的检索，也可以提取其他能够区分不同声音的声学特征，形成特征矢量用于查询。例如，按时间片计算一组听觉感知特性，如基音、响度、音调等。考虑到声音波形随时间的变化，最终的特征矢量将是这些特征的统计值，例如用平均值、方差和自相关值表示。这种方法适合检索和对声音效果数据进行分类，如动物声、机器声、乐器声、语音和其他自然声等。

对于复杂的声音组合，需要在处理单体声音之前先分割出语音、静音、音乐、广告声和音乐背景上的语音等。通过信号的声学分析并查找声音的转变点就可以实现音频的分割。转变点是度量特征突然改变的地方。转变点定义信号的区段，然后这些区段就可以作为单个的声音处理。这些技术包括：暂停段检测、说话人改变检测、男女声辨别，以及其他的声学特征。

音频是时基线性媒体。在分割的基础上，就可以结构化表示音频的内容，建立超越常规的顺序浏览界面和基于内容的音频浏览接口。

9.4.3.4　基于语音技术的检索

语音经过识别可以转换为文本，这种文本就是语音的一种脚本形式。语音检索是以语音为中心的检索，主要采用语音识别等处理技术，这些技术的研究包括：

（1）利用大词汇语音识别技术进行检索。

这种方法采用了自动语音识别（ASR）技术，可以把语音转换为文本，然后使用文本检索方法进行检索。虽然在小心谨慎的操作下，好的连续语音识别系统可以达到90%以上的词语正确率，但在实际应用中，如电话和新闻广播等，识别率并不高。即使这样，ASR识别出来的脚本仍然对信息检索有用，这是因为检索任务只是匹配包含在音频数据中的查询词句，而不是要求一篇可读性好的文章。例如，采用这种方法把视频的语音对话轨迹转换为文本脚本，然后组织成适合全文检索的形式支持检索。

（2）基于子词单元进行检索。

当语音识别系统处理各方面无限制主题的大范围语音资料时，识别性能会变差，尤其当一些专用词汇（如人名、地名等）不在系统词库中时，一种变通的方法是利用子词索引单元检索。首先将用户的查询分解为子词单元，然后将这些单元的特征与库中预先计算好的特征进行匹配。

（3）基于识别关键词进行检索。

在无约束的语言中自动检测词或短语通常称为关键词的发现。利用该技术识别或标记出长段录音或音轨中反映用户感兴趣的事件，这些标记就可以用于检索。

（4）基于说话人的辨认进行分割。

这种技术只是简单地辨别出说话人话音的差别，而不是识别出内容。它在合适的环境中可以做到非常准确。利用这种技术，可以根据说话人的变化分割录音，并建立录音索引。这种技术可以检测视频或多媒体资源的声音轨迹中的说话人的变化，建立索引和确定某种类型的结构。例如，分割和分析会议录音，分割的区段对应于不同的说话人，可以方便地直接浏览长篇的会议记录。

9.5 习题

1．数据库系统由_____和_____两大部分组成，其中_____是整个系统中的管理核心。

2．组成数据库的数据有数值、_____、文本、_____、图像、声音和_____等。

3．常用的数据模型有_____、_____、_____和_____。

4．多媒体数据库分为哪几个层次结构？

5．简述传统数据库的局限性。

6．举例说明几种常用的多媒体数据库管理系统。

7．基于内容的多媒体数据库的检索方式有哪些？

第10章　多媒体网络技术

多媒体网络技术在互联网上的应用大致可分成两类：一类是以文本为主的数据通信，包括文件传输、网络新闻等；另一类是以声音和视频图像为主的通信，通常称为多媒体网络应用。

10.1　多媒体网络概述

10.1.1　多媒体网络的现状与发展趋势

网络多媒体的应用已渗透到各个行业，如酒店系统、导览系统、售楼系统等信息查询系统将图、文、视频、声音等多媒体元素集成，并通过网络提供"无人值守"的咨询服务；医疗系统利用多媒体网络技术可以进行远程会诊和治疗。网络技术的迅速发展解决了网络传输的带宽及传输质量问题，这为多媒体数据提供了优质的网络传输环境；多媒体技术的日渐成熟，使多媒体作品以更小的尺寸容纳更多的内容，也更适合于在网络上进行传输。

网络多媒体技术的发展趋势是：

（1）表现形式多样化。网络多媒体的表现形式越来越丰富，三维动画正逐渐成为主要的信息表达形式。

（2）设备控制集中化。分散的媒体设备不易管理，将设备集中化可以更高效地使用、维护和管理设备，有利于灵活制作多媒体产品。

（3）互动式技术。互动式技术可以使用户与多媒体产品间进行各种交互操作。交互技术的灵活性和实用性也使多媒体技术能够应用于更多的领域。

10.1.2　多媒体网络通信技术

10.1.2.1　通信的发展背景

自20世纪90年代开始，多媒体计算机技术就成为计算机领域的热点之一。计算机在各个领域中的广泛应用使得人类可以获取的信息爆炸性地增长，当技术发展到可以方便地处理各种感觉媒体时，多媒体计算机技术便自然而然地出现并迅速发展起来。

多媒体通信中的"多媒体"一词，指的是由在内容上相互关联的文本、图形、图像、音频和视频等媒体数据构成的一种复合信息实体。计算机以数字化的方式对任何一种媒体进行表示、存储、传输和处理，并且将这些不同类型的媒体数据有机地合成在一起，形成多媒体数据，这就是多媒体计算机技术。多媒体计算机技术综合和发展了计算机科学中的多种技术，如操作系统、计算机通信、数字信号和图像处理等。它是以计算机为核心的，集图、文、声、像处理技术为一体的综合性处理技术。

随着科学技术的迅速发展和社会需求的日益增长，人们已不满足于单一媒体提供的传统的单一服务，如电话、电视、传真等，而是需要诸如数据、文本、图形、图像、音频和视频等多种媒体信息以超越时空限制的集中方式作为一个整体呈现在人们的眼前。在这种时代背景下，伴随着多媒体计算机技术与电话、广播、电视、微波、卫星通信、广域网和局域网等各种通信技术相结合，产生了一种边缘性技术——多媒体通信。

10.1.2.2 多媒体信息的传输特性

（1）数值具有离散性特点，若在传输过程中出现错误，将导致数值变化，所以数值传输不允许出现任何错误。

（2）图像、图形丢失或错一个像素，不会影响图形、图像的整体效果和质量，网络延迟也不会造成太大影响，但不允许丢失一个分组（包）信息，否则会使传输过去的图像产生断裂。

（3）语音属于连续媒体。语音信号传输的速率很低，可接受的位错率和组错率相对较低，但实时性要求高，对延迟有较高要求（最大可接受延迟为0.05s），采用分组交换方式传输语音的最大时滞（组与组之间的延迟）应小于10ms，否则会使声音不连续。

（4）视频也属于连续媒体。视频和视频压缩信号需要极高的数据响应速度，占有较大的带宽，对延迟、时滞以及误码率均有较高的要求。

（5）窄带综合数字网（N-ISDN）的信息交换方式是电路交换，具有较高的传输速度和较小的传输延迟，适合于传输音频等连续媒体和电视电话之类的低质量、相对静止的视频信号。

10.1.2.3 多媒体信息对通信网络的要求

多媒体通信对通信网络的要求是相当高的。它要求实现一点对多点，或者多点对多点的实时不间断的信息传输。例如，在复杂的多媒体会议系统中，参与者能够随时加入或退出，能够实现分组开小会、任意两个与会者之间的信息传递等复杂功能。在多媒体通信系统中，在网络上运行的不再是单一的媒体，而是多种媒体综合而成的一种复杂的数据流。在这些媒体中，有速率低至几百比特的文本信息，也可能有速率高达数百兆比特的高清晰度电视信息。如何处理好速率相差如此悬殊的信息，这就对通信网提出了相当高的要求，它不但要求网络对信息具有高速传输能力，还要求网络对各种信息具有高效综合能力，这些能力归纳起来有四点。

（1）吞吐要求。

网络的吞吐量就是它的有效比特率或有效带宽，即传输网络物理链路的比特率减去各种额外开销。为了简便，在许多情况下直接把吞吐量看成与系统的比特率相等，而实际吞吐量可能比这个值要小。除上述各种额外开销外，还有一些其他因素影响网络的吞吐量，如网络拥塞、瓶颈、缓冲区容量、流量控制、节点或线路故障等。多媒体通信对网络的吞吐需求具体有以下三个方面：

① 传输带宽要求。

由于多媒体传输由大量突变数据组成，并且常包括实时音频和视频信息，所以对于传送多媒体信息的网络来讲，它必须有充足可用的传输带宽来完成多媒体信息的传送，这同时也意味着网络必须具备成倍处理这类信息资源的能力。在通信拥塞时，有效带宽的不足常常导致端到端延迟的增加及分组的丢失。同时多媒体通信业务通过网络传输时，其带宽要求与通信质量密切相关，通常高带宽意味着高质量，但高带宽也意味着高成本和高代价，实践中一般根据不同的应用环境采取带宽与质量的折中方案。不同的媒体对通信网的速率要求有所不同，但一个多媒体应用往往要涉及两个以上的媒体，并常以图像数据（数据量大）为核心，故多媒体网络至少要能满足压缩图像传输的要求。

② 存储带宽的要求。

在吞吐量大的网络中，接收端系统必须保证有足够的缓冲空间来接收不断送来的多媒体信息。另外，缓冲区的数据输入速率也必须足够大，以便容纳从网络不断传来的数据流。这种数据输入速率有时被看做缓冲区存储带宽。

③ 流量要求。

多媒体通信网络必须能够处理一些诸如视频、音频信息之类的冗长信息流，简要来讲，就是网络必须有足够的吞吐能力来确保大带宽信道在延长的时间段内的有效性。例如，如果用户要发送流量为30 Gbit的信息流，而网络只提供给用户1.5 MB/s的吞吐能力及5s的时间片是肯定不够的。但是如果网络允许用户持续不断地使用这个1.5 MB/s的信道，则这个流量要求就能够得以满足，如果网络在任何时刻都存在许多数据流，那么该网络的有效吞吐能力就必须大于或等于所有这些数据流的比特率的总和。

（2）实时性和可靠性要求。

多媒体通信的实时性要求除了与网络速率相关，还受通信协议的影响。在多媒体通信中，为了获得真实的临场感，一般对实时性的要求都很高，即对传输的时延要求越小越好。例如，语音和图像可以接受的时延都要求小于0.25 s，静止图像要求小于1 s。在分组交换中，组与组之间的延时小于10 ms时图像才有连续感。

由于多媒体应用在一定程度上是允许传输网络存在错误的，因此若要精确地量化表示多媒体网络的差错控制要求是困难的，容许错误存在的原因是源于人类感知能力的局限，比如，一个冗长的视频流中个别组块出了错，这种错误通常人眼是感觉不到的。音频传输同样也会出现类似情况，但是人的视觉和听觉对这类错误的容忍程度则不同。同时由于在多媒体通信系统中对所传输的信息大都采取了压缩编码的措施，为了获得高的可靠性，对网络误码性能的要求也很高。不同媒体对通信网的要求如表10-1所示。为了满足多媒体通信要求，网络要能满足这些参数的不同组合。

表10-1 不同媒体对通信网的要求

多媒体对象	最大延迟/s	最大延迟抖动/ms	平均吞吐量/(MB/s)	可接受的位出错率
语音	0.25	10	0.064	$<10^{-1}$
视频（TV品质）	0.25	10	100	10^{-2}
压缩视频	0.25	1	2~10	10^{-6}
数据（文件传送）	1	—	1~100	0
实时数据	0.001~1	—	<10	0
静止图像	1	—	2~10	10^{-9}

（3）时空约束。

在多媒体通信系统中，同一对象的各种媒体之间是相互约束、相互关联的，它包括空间上和时间上的关联及约束，多媒体通信系统必须正确反映它们之间的这种约束关系。而信息传输又具有串行性，这就要求采取延迟同步的方法进行再合成，包括时间合成、空间合成以及时空同步等三个方面。时间合成将在时间轴上统一原来属于同一时间轴上各类媒体的时序，使其能在时间上正确表现；空间合成则是指在空间上媒体的排放位置，最后使时间空间统一成正确的表现。通过时间上的合成、空间上的合成，达到多种媒体的时空一致的目的。目前，在视频、音频系统中，主要的约束还是时间上的同步，实时情况下，网络必须以最小的延迟来传输视频、音频信息流，并且必须同时到达。然而，借助于缓冲区技术，未必绝对要求并行的音频和视频流同时抵达，当两数据流基本上同时到达时，我们就把它们称作同步流。

（4）分布处理要求。

从用户角度出发，对通信网期望是高速率和高带宽、多媒体化、个人通信、可靠和保密、智能化等诸多方面。从技术角度出发，未来通信是多网合一，业务综合和多媒体化是其发展重点，但目前的现状是多网共存（如电话网、计算机网、广播电视网等），媒体各异（声、图、文等），必须针对这种情况研究如各种媒体信息分布环境下的运行，通过分布环境解决多点多人合作、远程多媒体信息服务等问题。

如此看来，现有的高速（宽带）光纤通信网、高速计算机或工作站应该是多媒体通信的理想网络。然而，问题并非如此简单，这里存在一个网络的瓶颈问题。现有的计算机网络或通信网络协议主要是针对传统的数据传输制定的，所以在很多方面不适合声音、图像信息的传输。此外，协议的层次过多，额外增加了传输开销，影响传输效率；而且在这种网络中，由声音和图像传输的突发性引起网络拥挤不能有效地排除，如此等等，更进一步增加了实现声音和图像实时传输的难度。这种对实时性和同步性的严格要求，迫使我们必须加紧研制针对多媒体信息传输的网络体系结构。

10.1.2.4　现有网络对多媒体通信的支撑情况

目前的通信网络大体上分为三类：一类为电信网络，如公用电话网（PSTN）、分组交换网（PSPDN）、数字数据网（DDN）、窄带和宽带综合业务数字网（N-ISDN和B-ISDN）等；一类为计算机网络，如局域网（LAN）、广域网（WAN）、光纤分布式数据接口（FDDI）、分布列队双总线（DQDB）等；一类为电视传播网络，如有线电视网（CATV）、混合光纤同轴网（HFC）、卫星电视网等。

这些通信网络虽然可以传输多媒体信息，但都不同程度地存在着各种缺陷，因为这些网络都是在一定历史条件下为了某种应用而建立的，有的是网络本身的结构不适合传输多媒体信息，有的则是网络协议不能满足多媒体通信的要求。从总体上说，一个真正能为各种多媒体信息服务的通信网络必须达到数据速率大于 100 MB/s，连接时间从秒级到几个小时这两个主要方面要求。

还需要增加语音、数据图像、视频信息的检索服务以及有用户参与控制和无用户参与控制的分布服务能力；增加网络控制能力以适应不同媒体传输的需要；提供多种网络服务以适应不同应用的要求；提高网络交换能力以适应不同数据流的需要。根据这些要求，下面分析现有通信网络对多媒体通信的支撑情况。见表10-2。

表10-2　现有网络对多媒体通信的支撑情况

网格	宽带（Mbps）	专用/共享	传输延迟	延迟变化
PSTN	<2（xDSL）	专用	固定	0
X.25（PSPDN）	<2	专用	随机	∞
DDN	$n \times 0.064$	专用	固定<40ms	0
帧中继FR	<50	专用	随机	∞
N-ISDN	$n \times 0.064$	专用	固定<10ms	0
ATM	25~155	专用	受限<10ms	Max

其中：∞表示无延迟抖动控制的异步网络；0表示具有恒定延迟的等时网络；Max表示延迟范围变化的同步网络。

（1）公共交换电话网（PSTN）。

PSTN是目前普及程度最高、成本最低的公用通信网络，它在网络互联中有广泛的应用。PSTN以电路交换为基础，即通过呼叫，在收、发端之间建立起一个独占的物理通道，该通道有固定的带宽。由于路由固定，延时较低，而且不存在延时抖动问题，这对保证连续媒体的同步和实时传输是有利的。但是电话信道带宽较窄，且用户线是模拟的，多媒体信息需要经过调制解调器（Modem）接入。

目前，V.90标准的Modem传输速率可达 56 KB/s，这给开放低速率的多媒体通信业务（例如，低质量的可视电话和多媒体会议）提供了可能性。当然，可以通过对用户双绞线作技术改造（如xDSL、ISDN等技术），使用户线带宽增加到2MB/s甚至更高，基本上可以支撑多媒体通信的所有业务。

（2）分组交换公众数据网（PSPDN）。

PSPDN是基于X.25协议的网络，它可以动态地对用户的信息流分配带宽，有效地解决突发性、大信息流的传输问题，需要传输的数据在发送端被分割成单元（分组或称打包），各节点交换机存储来自用户的数据包，等待电路空闲时发送出去。由于路由的不固定和线路繁忙程度的不同，各个数据包从发送端到接收端经历的延时可能很不相同，而且网络由软件完成复杂的差错控制和流量控制，造成较大的延时，这些都使连续媒体的同步和实时传输成为问题。

随着光纤越来越普遍地作为传输媒介，传输出错的概率越来越小，在这种情况下，重复地在链路层和网络层实施差错控制，不仅显得冗余，而且浪费带宽，增加报文传输延迟。由于PSPDN是在早期低速、高出错率的物理链路基础上发展起来的，其特性已不再适应目前多媒体应用所需要的高速远程链接的要求，因此，PSPDN不适合于开放多媒体通信业务。

（3）数字数据网（DDN）。

DDN利用电信数字网的数字通道传输，采用时分复用技术，提供固定或半永久连接的电路交换型链接，传输速率为 $n \times 64$ KB/s（n=1～31）或更高，其传输通道对用户数据完全"透明"，可支持其他协议。它的延时低且固定（在10个节点转接条件下最大时延不超过 40 ms），带宽较宽，适于多媒体的实时传输。但是，无论开放点对点，还是点对多点的通信，都需要网管中心来建立和释放连接，这就限制了它的服务对象必须是大型用户。

（4）帧中继网络（FR）。

FR是一种简化的帧交换模式，由于信息转移仅在链路层处理，因此简化了交换过程和协议，具有较高的吞吐量和较低的延时，同时利用统计复用技术向用户动态提供网络资源，提高了网络资源的利用率，可靠性高，灵活性强，对中高速、突发性强的多媒体业务极具吸引力。尤其是利用FR作为多媒体用户接入方式是经济有效的方案。在当前LAN迅速发展以及帧中继网不断完善的情况下，帧中继网将是开放会议电视业务的LAN远程互联的一种优选技术。

（5）交换多兆比特数据服务（SMDS）。

SMDS是由远程通信运营者设计的服务，可满足对高性能无连接局域网互联日益增长的需求。SMDS是高速服务，用户利用它可通过交换SMDS数据报进行通信。SMDS是面向无连接的网络，被交换信息块长度可变。用户可借助路由器通过SMDS连接不同的局域网。为了避免无连接服务专用性方面的问题，SMDS提供了一个封闭的用户组服务，可

提供多点广播服务。SMDS控制了用户接口输出的比特率，规定用户必须服从的速率为
1.5~45 MB/s。SMDS的比特率、延迟和多点广播性能适合大多数多媒体应用。

（6）窄带综合业务数字网（N–ISDN）。

N–ISDN也是以电路交换为基础的网络，因此也具有延时低而固定的特点。它的用
户接入速率有两种：基本速率（BRI）144 KB/s（2B+D）和基群速率（PRI）2.048 KB/s
（30B+D）。由于ISDN实现了端到端的数字连接，从而可以支持包括话音、数据、图
像等各种多媒体业务，能够满足不同用户的要求。通过多点控制单元建立多点连接，在
N–ISDN上开放较高质量的可视电话会议和电视会议是目前最成熟的技术。

（7）Internet网。

Internet网是路由器和专线构成的数据网，它可以通过电话网、分组网和局域网接入。
另一方面，Internet在发展初期并没有考虑在其网络中传输实时多媒体通信业务，其使用的
通信协议为TCP/IP，由于该协议难以保证多媒体业务所要求的实时性，因此，在Internet网
络上开展实时多媒体应用存在一定问题。

为了解决这个问题，IETF（Internet工程任务组）制定了一些新的补充协议（例如
RSVP和RTP），以解决在Internet网上连续媒体的同步和实时传输问题。

（8）ATM（Asynchronous Transfer Mode）。

ATM是比较新型的网络技术，它的概念形成于ISDN标准的开发过程，其出现的主要
目标是实现B–ISDN，把音频、视频和数据业务集成到一个网络上，当电路交换不能适应
这些突发业务的需要时，就需要将这些业务分组交换完成，即异步转移模式（ATM）交
换技术。

异步传输模式（ATM）又叫信元中继，它采用面向连接的交互方式并以信元为单
位。异步传输模式能够应用于数据、语音、视频及多媒体应用程序的高速网络传输。

ATM交换工作原理是：首先，链路中的交换机根据已知的VCI/VPI值接受信元；然
后，交换机根据本地转换表中的连接值确定本次连接的输出口，并更新链路中下一次连接
的VPI/VCI值；最后，交换机以正确的连接标识符将信元重新发送到输出链路中。

10.1.3　多媒体网络设计

10.1.3.1　多媒体网络设计原则

多媒体网络设计主要包括基本原则和一般的设计与规划流程。

（1）设计原则。

网络设计的基本原则主要考虑性能、功能、价格、扩展性、安全性等几个因素，并寻
找一个最佳的平衡点。网络设计中最难把握的问题是价格和功能之间的折中。多媒体网络
设计也不例外，主要是对网络本身的需求不同。从某种程度来看，多媒体网络设计更像是
网络应用设计，因为在选择好基本的网络技术和设备后，关键是如何根据应用需求来合理
部署网络设备，以获得最佳的性能价格比。

① 单就多媒体网络而言，性能主要体现在用户对应用的感觉，如传输的视频图像的
清晰度和流畅性，语音的逼真程度以及图像和语音的配合程度等。抽象到网络应用参数就
是视频的帧率和抖动、语音码率和抖动、视频和音频的同步等。

② 功能是进行设备选型时重点考虑的内容，如设计网上大学多媒体网络方案，有的
多媒体产品只支持音频和视频的同步，没有与共享数据（教学的演示胶片）的同步功能；
有的产品依靠硬件实现，但要求特定的网络支持（如ATM）；有的设备采用软件解决，

但要求端系统PC功能强大，且支持用户数目有限等。需要综合考虑各种因素，并作出一个合理的折中。

③ 扩展性主要是考虑在从几十个用户发展到几百个乃至上千个用户时，应用的性能是否还会有保证，所依附的网络基础设施是否有足够的支撑能力等因素。

④ 安全性不仅仅是网络本身的安全，还包括应用的安全，如某些多媒体会议可能是政府机要部门会议或是商业机密会议，要有可靠的机制来保证会议的内容不被泄露。

（2）设计方法。

一般设计包括五个步骤：用户需求分析，逻辑拓扑设计，地址和命名设定，硬件选择和配置，软件选择、配置、维护和升级。可以把网络划分为三个层次：接入层、分布层和核心层。接入层主要解决用户的网络接入问题，如提供无线还是有线接入；分布层主要实施网络的策略，如策略路由、防火墙、计费和跟踪审计等，一般指内部网（公司园区网或校园网）的骨干网；核心网通常是连接多个内部网的广域网，主要提供安全和可靠的网络链接服务，通常有专门的ISP负责。当然，上述这三个网络层不是每个网络都必须配备的，可以根据网络规模的大小灵活选取，如一般的校园网就只有接入层和分布层，更小规模的公司可能只有接入层。

就多媒体网络而言，除了进行合理的分层设计与规划外，还可以按照桌面、LAN和WAN三个层次进行设计。它包括桌面终端的选择、局域网设备和广域网链路的选择等，如桌面设备（硬件解压缩还是软件，操作系统选择）、局域网技术和设备选择、广域网技术和设备选择、通用和专用设备选择。

在多媒体网络设计中，还有一个重要因素就是对多媒体网络关键技术的把握。只有在对其相关技术融会贯通并经过深思熟虑之后，才能设计出整体性能最优的多媒体网络。

10.1.3.2 多媒体网络设计中的关键技术

现在的多媒体网络应用，如视频会议、视频点播、远程教育和远程诊断等，主要涉及网络传输、服务质量、服务模式和数据处理等关键技术。

（1）传输网络的选择。

选择分组交换网还是电路交换网，关键依据是看应用需要什么样的服务质量。影响服务质量的主要因素是网络可用宽带、传输延时和抖动、传输可靠性。

传统网络应用主要指单一媒体的应用，如单一的文本、图像和语言等媒体应用，也是目前Internet上应用最广泛的，如E-mail、FTP、WWW和一些办公用的软件。这些应用的基本特点是对网络带宽要求较低，并且对应用数据没有实时性的要求。如电子邮件一般在几千字节，在小时量级的时间内到达，人们就可以接受。文件传输虽然可以使用几兆到几十兆字节，但是使用频率较低，对带宽的平均需求也较低。满足传统应用的网络结构只需要共享以太网或者部分交换以太网，以及较低速率（不超过64Kbps）广域网接入链路。

多媒体网络应用可以分为：视频会议，视频点播，远程教育，CAD协同设计，新闻发布，软件分发和升级，嵌入音频/视频的 Web应用（WebTV）等。这些应用一个明显的特征就是大容量数据和交互性的要求，而且一般基于组播传输服务。

传统的IP网络主要针对一些传统的应用，没有考虑到多媒体应用的实时性和大数据量要求。在传统的IP分组网上只提供尽力而为的服务，要得到QoS保证的服务需要RSVP和接纳控制等额外的协议，目前大规模商业应用的实施还缺乏必要的条件。并且，由于多媒体应用需要组播服务，需要在主机和网络中继节点都提供支持，因此，原有的网络协议变得庞大和复杂，实现的性能和提供的服务质量也受到限制。

ATM是比较新型的网络技术，其出现的主要目标是实现B－ISDN，把音频、视频和数据业务集成到一个网络上。因此，从协议的设计就充分考虑了多媒体应用的需求，从协议机制上提供了对多媒体应用的支持。现有的多媒体应用产品基本上都是基于ATM技术或相似的技术（ISDN技术）。首先，ATM可以为多媒体应用预留资源，以提供有QoS保证的服务。其次，ATM本身具有组播支持能力，不需要增加另外的协议。

ATM出现初期存在的，如标准化问题和价格问题，已经随着近几年的技术和市场发展而逐渐得到解决。因此，从商业应用的需求来看，多媒体网络设计在多数情况下会采用ATM网络作为传输的骨干网络。

（2）服务质量。

针对Internet上多媒体应用的需求，现有的技术可以提供两种服务质量：有保证的服务（GQoS）和尽力而为（best effort）的服务。

有保证的服务可以在现在的IP分组网上进行资源预留，并结合接纳控制等机制来获得，目前这正是网络研究的热点，技术还没有完全成熟。已经有一些公司，如CISCO推出了基于RSVP协议的产品，进行资源预留，以获得不同类别的服务（CoS，Class of Service）。另一种方法是通过在电路交换网上获得有保证的服务质量，如通过ISDN专线或PSTN专线获得固定的专用信道，或通过ATM网络进行资源预留等。已有的相关标准主要是ITU的H.32X和T.120系列标准。由于这些标准有比较系统的规范描述并且相对稳定，所以大多数生产厂商的产品都要遵循ITU的有关标准。

尽力而为的服务是Internet网络的标准服务，基于这种服务的多媒体应用需要有自适应能力，即根据网络资源的使用状况和网络拥挤状态，自己调整多媒体有关参数，尽可能获得最基本的服务质量保证。如对视频会议而言，如果网络资源足够，可以有16Kbps的语音和每秒25帧的PAL或每秒30帧的NTSC视频图像；当网络资源不足或发生网络拥挤时，可以降低视频图像的每秒帧数，如每秒20帧或15帧，甚至降低视频和音频的编码来减少对网络带宽的需求。当然，这种应用自适应主要是防止造成网络的进一步拥挤导致网络崩溃，应用的服务质量、应用的感官效果会大打折扣，并不适合商业应用。

（3）服务模式。

媒体传输服务模式，即数据的分发是通过单播（Unicast）模式还是组播（Multicast）模式。由于多媒体应用的特殊性，它一般是在一个或多个群组中进行，所谓群组，是指有共同兴趣的一组人构成的动态虚拟专用网。

多点通信是群组应用的基本需求。针对视频会议系统，可以采用组播或用单播完成多点通信。单播是目前多数产品采用的传输服务模式，如ITU的H系列标准中的多点控制单元（MCU）完成多点控制任务。采用基于组播的传输服务模式是应用的一个趋势，目前正逐渐在产品中得到应用。目前，IP组播技术正在得到进一步的研究和推广，它主要应用在传统的IP分组网上。ATM的组播也是研究人员的一个重要内容，ATM的信令控制已经可以采用组播技术，而数据分发的组播技术还没有成熟。

（4）多媒体数据处理。

音频和视频是多媒体通信的核心，未经压缩的视频信号和音频信号具有很大的数据量。庞大的数据量不仅超出了多媒体通信终端的存储能力，也远远超出了当前通信信道的带宽，是难以实现的。实时的图像和话音信号都是时间的函数，在自然的表现形式中存在严格的同步关系，以数据形式表现的图像和话音媒体信号也必须遵从这种关系。在多媒体通信系统中，这种同步的关系体现在终端和网络两个方面。对于终端而言，在对媒体的信息进行采集、存储、编辑和播放时，需要对媒体进行剪辑、重组、重复和慢放等交互性的处理，并允许改变媒体的顺序和修改媒体的形式。终端要考虑各独立媒体的独立性和共存性，保持和调整它们作为一个整体既相互独立而又相互依赖的关系，以便在媒体再现时不丢失媒体的原始性、真实性和统一性。

多媒体技术的主要任务是实现媒体的编码、压缩和传输，这种处理要遵循相关的标准，以保证整个系统的互通性。

声音的编码通常遵循G.711、G.722和G.728三种编码方式。G.711传送的是A律或μ率的PCM码流，这种编码不经过压缩需要64Kbps的带宽，在PSTN网络中不宜采用；G.722是一种在64Kbps网络上传送的7kHz的音频编码协议，一般在与G.725终端通信时使用；G.728是用低延时线性预测算法实现的16Kbps的音频编码协议，主要用在传输带宽为64Kbps或128Kbps的可视电话的话音处理上。

视频编解码的ITU–T主要标准是H.261、H.262、 H.263。H.261是一种压缩效率较高且算法复杂度相对较小的一种图像编码协议，它支持CIF 和QCIF两种图像格式。CIF有288线亮度信息（每线360像素）和144线色度信息（每线 180像素）；QCIF有144线亮度信息（每线180像素）和72线色度信息（每线90像素）。

H.261也是H.3XX系列视频会议标准中采用的视频编码方法，描述速率为Px64Kbps（P=1， 2， 3， …， 30）的视频如何编码。H.261算法同 MPEG相似，兼容MPEG，但比MPEG需要更少的CPU资源，是恒定速率的质量可变编码。H.263编码主要针对在普通电话网传输视频，而H.262本身就是MPEG2标准，只是所属的标准化组织不同。

数据功能是多媒体通信的一项基本功能，T.120系列协议适用于点对点、点对多点的多媒体会议系统中的数据传输，提供了在两个或多个多媒体终端之间传输多种形式的数据的方法，确保一些基本功能的互操作性，如静态图像传输、二进制文件传输等。

（5）多媒体网络管理与安全。

国际著名的网络安全研究公司Hurwitz Group提出了五个层次的网络系统安全体系：

① 网络安全性：通过判断IP源地址，拒绝未经授权的数据进入网络。

② 系统安全性：防止病毒对于网络的威胁和黑客对于网络的破坏和侵入。

③ 用户安全性：针对安全性问题而进行的用户分组管理。首先是根据不同的安全级别将用户分为若干等级，并规定对应的系统资源和数据访问权限；其次是强有力的身份认证，确保用户密码的安全。

④ 应用程序安全性：解决是否只有合法的用户才能够对特定的数据进行合法操作的问题。这涉及两个问题：应用程序对数据的合法权限，应用程序对用户的合法权限。

⑤ 数据的安全性：在数据的保存过程中，机密的数据即使处于安全的空间，也要对其进行加密处理，以保证万一数据失窃，偷盗者也读不懂其中的内容。

从上述的五个层次可以看出，安全的粒度细到以数据为单元，同时在更多时候人的因素很关键。这不可避免地与网络的管理、人员的管理紧密相关，管理人员和用户无意中的安全漏洞比恶意的外部攻击更可怕。

在理解多媒体网络及其关键技术的基础上，采用通用的设计原则和优化的设计方法，可以设计出整体最优的多媒体网络。采用集成服务的网络设计思想，考虑到三网合一的趋势，充分利用现有的网络基础设施，不专为特定应用而构建新网络，避免为增加新应用而引入不同的网络。

10.2　网络多媒体制作

多媒体的基本媒体元素是文字、声音、图像、视频、动画，而基于超文本传输协议

（HTTP）的WWW（World Wide Web）也是这五部分的集合。

HTML提供了将声、文、图结合在一起，综合表达信息的强有力的手段。HTML利用统一资源定位器（URL）来表示超链接，并在文本内指向其他网络资源。它能使用户将文档中的词和图像与其他文档链接起来，而不论这些文档存放在何处，用户只需在具有链接的文字或图像上单击一下，就可以将Internet中与其相关联的有关信息查找出来并显示在屏幕上。

用HTML可描述文本、图形、图像及声音等多媒体元素的显示格式及链接，用户可方便地在关联的链接之间自由选择，快速获取自己感兴趣的内容，如图10-1所示。

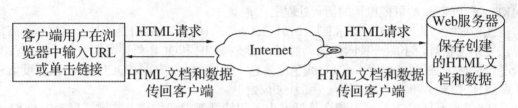

图10-1　HTML文档在链接时的传送过程

HTML对不同的媒体信息使用标签（Tag）来控制以达到预期的显示效果。HTML的标签按用途可以分为以下不同的类型。

（1）HTML标签（<HTML>…</HTML>）：HTML标签在文档的最外层，其他标签和文本都包含在其中。

（2）头部标签（<HEAD>…</HEAD>）：HTML文档的头部标签用于说明文件的标题和文件中的一些属性，它不在网页浏览器的正文中显示。

（3）主体标签（<BODY>…</BODY>）：在<BODY>和</BODY>标签之间是HTML文档的正文部分，也称为主体部分。主体部分包含文本、链接和一些带格式的信息。

（4）文档名标签（<TITLE>…</TITLE>）：文档名标签嵌套在头部标签中，标签之间的文本是文件标题，可以显示在网页浏览器窗口的标题栏中。

（5）换行标签（
）：换行标签是个单标签，在网页浏览器中，换行标签后的文本将显示在下一行。

（6）段落标签（<P>）：段落标签可以单独使用，也可以成对使用，相当于连续加了两个换行符，在网页浏览器中，段落标签后的文本将另起一段。

（7）原样显示文字标签（<pre>…</pre>）：在网页浏览器中，标签之间的文字将按照预排的版式显示。

（8）居中对齐标签（<center>…<center>）：在网页浏览器中，标签之间的内容将居中显示。

（9）水平线标签（<HR>）：水平线标签是单独使用的标签，用于段落间的分隔，使文档结构清晰、整齐。

（10）图像标签（<IMG>）：图像标签可以将图标或图像嵌入到HTML文档中，其格式为：<IMG ALIGN=" " ALT =" " SRC=" ">。

其中，ALIGN属性用于设置图像的对齐方式，其值可以是TOP、MIDDLE、BOTTOM中的一种；在不能正常显示图像时，ALT属性提供了一个可选的文本选项用来替换图像显示；SRC属性指定嵌入图像的源路径。

（11）超链接标签（<A>…</A>）：在网页中单击被称为超链接的文本、图像或动画，可以链接到其他页面，其格式为：<A HREF="链接的地址" TARGET="窗口名称" >超链接名称</A>。

10.2.1　用HTML制作文字

文字是多媒体中最不可缺少的元素，在主页里展现文字，不同于在文字编辑器里的浏览，而是需要编写HTML源代码。在任何一套文字处理软件中，按照HTML语法规则编写HTML文件即可。HTML语言着重描述文档的结构，而不是描述实际的表现形式。

10.2.1.1　HTML标签

标签是区分文本各个组成部分的分界符，用来把HTML文档划分成不同的逻辑部分（或结构），如段落、标题和表格等。标签描述了文档的结构，它向浏览器提供该文档的格式化信息，以传送文档的外观特征。大部分HTML标签形式如下：

<标签名>显示内容</标签名>

标签名用一对尖括号括起来。HTML标签一般都有起始标签与结束标签两种，分别放在它起作用的文档两边。结束标签与起始标签的标签名相同，只是在结束标签中的标签名前面加一个斜杠“／”，如<HTML>…</HTML>。但是有些标签只有起始标签而没有相应的结束标签，例如换行标签，由于它不包括相应的内容，所以它只有
，而没有</BR>。在HTML的起始标签中还可以包含一些属性（attribute）域，用来告诉浏览器如何去处理页面中有关内容的附加信息。

10.2.1.2　HTML文件结构

HTML文件就是普通的文本文件。可以使用两种基本方法制作HTML页面，一种是文本编辑器，如在记事本NoteBook应用程序下，编辑文本和HTML标签命令来制作HTML文件；另一种是采用可视化的主页制作软件如FrontPage，自动生成HTML命令文件。

任何一个HTML文件都包含了表头（Header）、本体（Body）和主题（Title）三个要素，分别以<HEAD>、<BODY>、<TITLE>标签来表示。同时也是为了HTML文件有别于其他种类的文件，另外再加上<HTML>标签加以强调。

<HTML>标签：<HTML>…</HTML>是HTML文档的第一个标签和最后一个标签，用来识别HTML文档，其余标签都包含在该标签里面。

<HEAD>标签：<HEAD> 和 </HEAD> 标签标明文件的表头段，主要说明本文内容整体信息。所有在表头段的内容都不会显现在浏览器窗口里。

<BODY>标签：<BODY> 和 </BODY> 标签标明文件的本体区段，位于表头段以下的地方，即指经浏览器解读后显示在浏览器窗口中。

<TITLE> ：< TITLE > 和 </ TITLE >标签标明文件内容的主题，让读者了解文件的主题。<TITLE> 标签里不允许有其他的标签存在。

下面为一个HTML文件结构：

【例10.1】
<HTML>
<HEAD>
<TITLE>HTML文件</TITLE>
</HEAD>
<BODY>

你好，欢迎浏览该网页！
</BODY>
</HTML>

以上的HTML文件，经过浏览器解释后，显示出来的效果如图10-2所示。

图10-2　HTML制作文字

由于HTML语言有众多的标识命令（也称为Tag命令），不易记忆，许多公司陆续开发了一些HTML编辑器。一般的主页编辑器（如HtmlAbc、Hotdog）将HTML的标识命令简化为按钮形式，或转化为菜单项形式（如WebEdit），用户只要用鼠标单击标识命令，编辑器就会自动将该标识命令粘贴到主页里，以达到编写主页的目的。目前的主页编辑器功能都很强大，除了支持HTML 3.0的所有语法之外，还支持Netscape扩充的HTML语法、Java语言标识以及图像映射（Image Map）的编辑功能，例如，Hotdog、WebEdit就是拥有上述功能的HTML编辑器，在主页的编辑上，有其独特的一面。

使用HTML编辑器固然可加快主页的编写速度，而且易于维护主页的内容，但若比起所见即所得（WYSWYG）式的HTML编辑器，如：Microsoft 的 FrontPage，或是面向对象的HTML编辑器，如8 Legs，则要逊色不少。所见即所得式的HTML编辑器强调的是编辑主页就如同使用Word、Word Pro等具有相同设计风格的文字编辑软件，用户只需关心如何使主页设计得更加美观和更富创意。在这种编辑软件中，绘制表格、贴图、文字编辑简单易用，非常适合编辑主页的初学者使用。当然，如果想使用HTML编辑器辅助编写主页中的特殊语句，如：在Home Page里展示Java程序、CGI程序，该类编辑器不支持这方面的功能。

面向对象的HTML编辑器不像一般的HTML编辑器拥有完整的标识支持的功能，也不像所见即所得式的HTML编辑器简单易学，但是它却提供了面向对象的编辑功能。这类HTML编辑器的设计方法是将主页分割成几个部分，每个部分就是一个对象，整个主页就是由这些对象所组成。例如，一段文字、一张图片、一段Java Applet的HTML标识码都可成为一个对象，这些对象统一由对象管理库管理。当需要用到某个对象时，就可从分类的对象管理库中将之拖拽至主页编辑区中，也就是说，面向对象的主页编辑器的最大优点是"可重复使用各类对象"，这在大量的主页制作上是非常有用的。

10.2.2　图像的制作

在WWW 站点上展现图像非常普遍，图像在主页上的应用随处可见。一页图文并茂设计精美的主页，会令人遇之流连忘返；一页内容充满文字却无图片的主页，在观点的表达上要大打折扣。

　　图像的创作虽然并不难，但在美工技巧上却有一定的要求，常见的文字特效，如立体字、浮雕字、阴影字、水晶字，还有图像的特效，如光线的处理、外廓的处理、立体化处理，均有其相应的制作步序，即进行特效处理。

　　以往，要使用计算机制作图形与图像处理的作品并不是一件容易的事，你必须具备专业知识与设备。而现在你在家中利用专业图形、图像处理软件就可以制作主页上需要的图像了，设备和软件不再是关键所在，如何使用最佳的图形、图像处理软件制作高水准的图像，才是值得关心的事情。

　　图形软件着重于"设计"与"易于修改"，适合用于广告、海报、封面、插画设计，多半采用面向对象（Objects）的处理，对象的重复使用十分便利。如Corel Draw、Designer、Illustrator等。这一类软件大体上并不会提供太多的特效处理，要制作高质量的作品，多半需具备一些美工基础。

　　图像处理软件一般都采用位图处理，不似图形软件那样的易于"设计"、"修改"，但由于受"对象化"概念的影响，一些图像处理软件也支持面向对象式的绘图，如Photoshop、Painter、Xres、PhotoImpact。图像处理软体具备常用的绘图工具（笔、笔刷、填涂、吸管等），主要用于艺术创作、绘图、图片处理。例如，数字影像合成，就是使用图像处理软件进行影像的切割与合成，这在图形设计软件上是较难办到的。

　　图像处理软件，目前最令人欣赏的功能，莫过于滤镜（Filter）的特效处理，通过滤镜的特效处理，往往一张平白无奇的图片，立即变成身价不凡的艺术创作，Photoshop、Painter、Xers、PhotoImpact本身都支持一些基本的滤镜特效处理，足以应付一般的特效处理。

　　当然，Kai's Power Tools（KPT）这类的专业滤镜特效软件提供了更出色的滤镜特效处理。Kai's Power Tools、HSC Three Part这些专业滤镜特效软件并非只支持某一种图像处理软件，目前几套知名的图像处理软件如Photoshop、Painter、Xers、Corel PhotoPaint（Corel公司）等，都可以用外挂方式使用上述专业滤镜特效软件。

　　制作主页的图像时，最好同时拥有图形设计软件（如Corel Draw）和图像处理软件（如Photoshop），以应付不同图像效果的需求。若用户擅长使用图像处理软件处理图像，最好配置专业的外挂式滤镜特效软件。

　　【例10.2】 在网页中插入图像，代码如下：

```
<html>
<head>
<title>
This is a example!
</title>
</head>
<body >
<p align="center"><img border="0" src="lena.jpg" width="256" height="256"></p></body>
</html>
```

　　其中src="lena.jpg"中的lena.jpg是由用户自己指定的一幅图像，具体位置（可以是网络地址或本机地址）、文件名与内容由用户自行设定。保存代码并运行后显示效果如图10-3所示。

图10-3　网页中插入图像

10.2.3　声音的制作

声音文件的格式有许多种，在网络上播放声音主要是考虑声音文件的文件长度。目前网络的数据传输速度大约每秒几KB。例如，一个16bit、22kHz、3秒钟的声音文件（*.wav）约300KB，这样在网络上传输就要用去1分多钟，根本无法在网络上听音乐。要让声音文件能在网络上流畅地播出，势必要使用较高效率的声音文件进行传输。因此，在制作网络声音文件时，为顾及网络的传输速率，一般采用中等质量的声音（即以16位存储，频率为22kHz，立体声效果），若采用较低质量的声音（即以8位存储，频率为11kHz，立体声效果），虽然文件容量可减少不小，但声音质量却不大理想。

.wav声音文件是使用最广泛的波形文件，质量虽然不错，但所需的文件容量较大，即使中等质量的声音也需很大的文件容量，除非有特别的需要，一般在网络上尽量不用.wav声音文件。

在网络上采用最广泛的应该算是*.au声音文件。*.au声音文件原本是用于Next／Sun平台上的声音文件，具有不错的质量及高效率的压缩格式，在文件的容量上远比*.wav小，非常适于网络上的传输。*.au声音文件也可分高、中、低质量声音，也可以16 bit／44 kHz／stereo质量模式录制声音，其质量不逊于同样模式的*.wav文件，但文件容量却比其小许多。更重要的是，Netscape或其他WWW 浏览器（Browser）都内含*.au播放器，却不支持*.wav声音文件。若想在Netscape里播放*.wav声音文件，只好外挂（Plug-In）如NCompass这类支持多媒体功能的程序。

一般的声音处理程序（如Media Studio的Audio Editor）都支持*. wav声音文件，却很少支持*.au声音文件。因此，若要录制*.au格式声音文件就必须使用"CoolEdit"这类的声音处理程序。

声音的处理，除了要有原创音乐外，还可以对已有的声音进行特殊的处理，例如去除噪音（Noise）、加入回音（Echo）等。一般的多媒体制作者，要自己原创音乐不是一件轻而易举的事情，此时选用现成的声音当做背景或主题乐曲会更容易些。在网络上，限于网络传输的速度，声音文件最好在100KB以内，甚至更小，这样就要将声音的质量降低。

可以使用Cool Edit 2000声音处理软件来进行声音的录制、转换等处理。Cool Edit 2000是一套共享软件，可在网上注册下载使用。Cool Edit 2000提供了五种格式的wav声音格式文件，这在其他的声音编辑软件上是不易看到的。常用的*.wav声音文件是Windows PCM wav文件（Windows个人计算机多媒体声音波形文件）。

制作背景音乐时，通常需要一首时间较长的音乐来搭配使用。此时比较可行的方式是转录录音带上的乐曲到Cool Edit 2000编辑区，再存为*.wav文件或*.au文件，另一种常用的方式是抓取CD声音为*.wav文件或*.au文件。

对网络多媒体的初学者而言，用现成的Java程序、Director或Authorware插件比较易于制作含有声音的多媒体程序。若使用现成的Java程序，可以使用Cool Edit 2000处理*.au声音文件。若使用Director或Authorware插件开发含声音的多媒体程序，则可使用一般的声音编辑软件处理*.wav声音文件。

【例10.3】 在网页中插入声音，代码如下：

```
<html>
<head>
<title>
This is a example！
</title>
</head>
<body >
<p align="center">
<embedsrc="file:///c:/WINNT/Media/ringout.wav"width=350height=40type=audio/x-pn-realaudio-plugin AutoStart="true" Loop= "true"></embed></p>
</body>
</html>
```

其中，"file:///c:/WINNT/Media/ringout.wav"是由用户指定的，具体位置（可以是网络地址或本机地址）、文件名与内容由用户自行设定。保存代码并运行便可听到播放的音乐，播放控制各按钮均可由用户调节。

10.2.4 视频动画的制作

视频（Video）与动画（Animation）在主页上播放过程基本上相同。

视频是由图像（或图像和声音）组成。视频在制作时，分影像轨（Video track）与声音轨（Audio track）处理两种模式。就常用的视频格式文件*.avi而言，影像轨是由一连串的图片帧（Picture Frames）所组成，声音轨可由*.wav组成，当播放视频时，在时序上是影像轨与声音轨同时进行播放。

影像轨的播放速度可控制在每秒18～30帧之间，每秒播放的帧数愈多，视频呈现得愈细腻，在一般应用场合以每秒30帧的播放速度即可，因为每秒播放的帧数增多了，视频质量提高了，但文件容量也就增大了许多。为了让*.avi、*.mpg视频文件能在网络上流畅地播放，通常在制作视频文件时，限制图片帧尽量小些，每秒播放18帧或更少，以求视频文件容量较小，方便在网络上传输。

视频的制作事先要准备好动画文件（或图像序列）、声音文件。动画文件可使用动画制作软件产生，如：3D Studio、Truespace，而动画文件的格式常用的有*.flc、*.avi、*.mov，大部分的视频制作软件都支持上述动画文件的格式。至于声音文件的格式，常用的有*.wav。准备好动画和声音文件后，可使用视频制作软件制作视频，如：Director、Media Studio Video、Premiere等，其中Premiere这类视频制作软件可产生*.avi文件，这类文件基本上是可在网络上播放的，不过，这类文件的缺点是容量大而且不具交互性。Director所制作的文件具有交互性，其文件格式为*.dcr，借助插件可在Netscape下流畅地播放。在Director下若不使用声音，其文件容量较小，因此使用Director制作具有交互性的网络多媒体是较适合的。

在网络上展现视频，除可使用*.avi、*.dir、*.mov等动画文件外，比较经济、有效的方法，是使用Java程序。无论是何种动画文件，其文件容量都不算小，而且动画内容以固定形式播出，而使用Java语言编写动画文件，可较好地解决这些问题。

开发Java程序，必须具备使用C＋＋语言编写程序的背景，还必须拥有Java开发工具包JDK（Java Developer Kit）。使用JDK开发Java程序，需先将类（class）和编译环境设好，再使用文本处理软件，之后再编译调试编写好的Java源程序，使用Java Workshop编写、编译Java语言就容易多了，并且它可演示Java程序（Java applet）。因为Java Workshop是一套可视化的Java程序集成开发工具，故在Java程序的编写、调试、维护上都要比JDK容易、方便。

【例10.4】 在网页中插入视频，代码如下：

```
<html>
<head>
<title>
This is a example!
</title>
</head>
<body >
<p align="center">
<embedsrc="file:///c:/WINNT/clock.avi" width=300 height=300 type=audio/x-pn-realaudio-plugin
AutoStart="true" Loop= "true"></embed></p>
</body>
</html>
```

其中，"file:///c:/WINNT/clock.avi"是由用户指定的，具体位置（可以是网络地址或本机地址）、文件名与内容由用户自行设定。保存代码并运行便可看到视频的内容，播放控制各按钮均可由用户调节。

10.2.5 应用

多媒体网络技术在实际生活中应用非常广泛，主要表现在以下几个方面：交互式影音播放、商业方面的应用、教育方面的应用。下面，简单介绍几个基本应用。

计算机网络是网络多媒体应用的基础，电路交换网络与分组交换网络的融合是构造网络多媒体应用系统结构的出发点。如图10-4所示为网络多媒体应用系统的结构示意图。从图中可以看到，网络多媒体应用系统主要由下面几个部件组成：网关（Gateway）、会务器（Gatekeeper）和通信终端（通信终端包括执行H.320、H.323或H.324协议的计算机和执行H.324的电话机）。

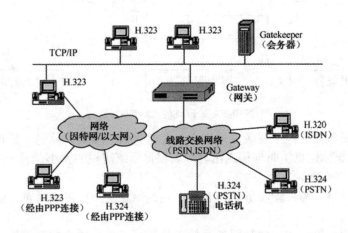

图10-4 网络多媒体应用系统的结构示意图

10.2.5.1 视频会议系统

视频会议系统主要由视频会议终端、多点控制器、信道（网络）及控制管理软件组成。点对点视频会议系统支持两个通信节点间视频会议通信功能，它的主要业务是：

（1）可视电话。可视电话是现有公用电话网上使用的具有双工视频传送功能的电话设备。由于电话网带宽的限制，可视电话只能使用较小的屏幕和较低的视频帧率。例如使用3.3英寸的液晶屏幕，每秒钟可传送2~10帧画面。

（2）桌面视频会议系统。这种视频会议系统利用用户现有的台式机（如PC）平台以及网络通信设备和远地另一台装备了同样或兼容设备的台式机通过网络进行通信，这种系统仅限于两个用户或两个小组用户使用。Intel公司的Proshare Personal Conferencing Video System200是这类系统的一个典型示例，这是一种点对点的个人视频会议系统，支持ISDN和LAN的连接，采用硬件编码压缩、软件解压缩，为了方便协同工作，Proshare还提供共享笔记本和共享应用程序。

（3）会议室型视频会议系统。在会议室型视频会议系统的支持下，一群与会者集中在一间特殊装备的会议室中，这种会议室作为视频会议的一个收发中心，能与远地的另外一套类似的会议室进行交互通信，完成两点间的视频会议功能。由于会议室与会者较多，因此对视听效果要求较高，一套典型的系统一般应包括：一台或两台大屏幕监视器、高质量摄像机、高分辨率的专用图形摄像机、复杂的音响设备、控制设备及其他可选设备，以满足不同用户的要求。

10.2.5.2 视频点播系统

1. VOD系统模型

视频点播（Video on Demand，VOD）系统是一种交互式多媒体信息服务系统，用户可根据自己的需要和兴趣选择多媒体信息内容，并控制其播放过程。这种新的多媒体信息服务形式被广泛应用于有线电视系统、远程教育系统，以及各种公共信息咨询和服务系统中。VOD系统采用C/S（Client/Server）模型，如图10-5所示。它主要由以下三部分组成。

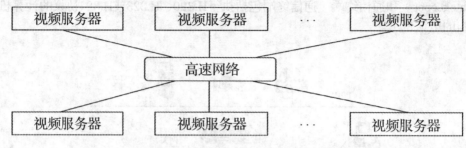

图10-5　基于C/S的VOD系统模型

（1）视频服务器。位于视频点播中心，存储大量的多媒体信息，根据客户的点播请求，把所需的多媒体信息实时地传送给客户。根据系统规模的大小，可采用单一服务器或集群服务器结构来实现。

（2）高速网络。为视频服务器和客户之间的信息交换提供高带宽、低延迟的网络传输服务。

（3）客户端。用户访问视频服务器的工具，可以是机顶盒或计算机，用户通过交互界面将点播请求发送给视频服务器，以接收和显示来自视频服务器的多媒体信息。

VOD系统是一种基于客户/服务器模型的点对点实时应用系统，视频服务器可同时为很多用户提供点对点的即时视频点播服务，并且信息交互具有不对称性，客户到视频服务器的上行信道的通信量要远远小于视频服务器到客户的下行信道的通信量。

通常一个VOD系统可以为用户提供如下视频点播服务。

（1）影视点播。点播电影或电视节目，用户可以通过快进、快退和慢放等控制功能来控制播放过程。

（2）信息浏览。浏览各种商品购物和广告信息，或查看股票、证券和房地产行情等信息。

（3）远程教育。收看教学节目，选择课程和内容，做练习，模拟考试，自我测试。

（4）交互游戏。将视频游戏下载到用户终端上，用户可以和远程的其他用户一起参加游戏。

随着网络环境的改善和VOD技术的成熟，VOD的应用领域将会得到进一步拓展，尤其是在Internet上的应用具有广阔的前景。

2. VOD系统组成

VOD系统主要由显示系统、机顶盒、宽带互动网络系统等组成。如图10-6所示是一个简化的VOD系统结构图。

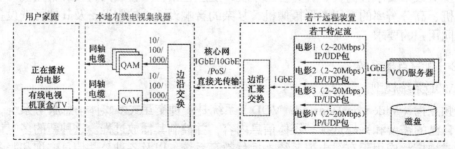

图10-6　VOD系统结构图

注：QAM，Qadrature Amplitude Modulation/正交幅度调制；PoS，Packet over SONET/SDH；1GbE，千兆位以太网。

（1）VOD系统的显示系统。

VOD系统的显示系统可由传统的AV声像系统及计算机担当。一般来说，欣赏影视片用传统的AV声像系统效果较好，查询办公资料用计算机较好、较方便。

（2）VOD系统的机顶盒。

VOD系统的机顶盒（Set Top Box，STB）就是一种数据处理装置，一方面把VOD网络上传过来的数字信号转换成传统的AV声像系统可播放的多媒体声像信号；另一方面把VOD用户的点播指令上传到网络上，指挥信息的播放。普通计算机加装VOD专用处理卡及相应的软件，即可起到机顶盒的作用。机顶盒一般要配备遥控器以方便用户使用。

（3）VOD系统的宽带互动网络系统。

VOD系统的宽带互动网络系统由VOD网络、VOD服务器、VOD软件组成，起到两个作用：双向传输多媒体数字信号和点播指令；在服务器端存储及播放多媒体信息。目前，流行的有两大VOD网络系统，即有线电视系统和IP计算机网络系统。

10.3　习题

1．多媒体信息对网络的要求有哪些？

2．简述网络系统安全体系的五个层次。

3．简述多媒体网络的基本设计原则和关键技术。

4．视频会议系统的主要业务有哪些？

5．网络多媒体技术的发展趋势是什么？

参考文献

[1] 黄心渊，淮永建，罗岱. 多媒体技术基础 [M] . 北京：高等教育出版社，2003

[2] 郑成增，等. 多媒体实用教程 [M] . 北京：中国电力出版社，2002

[3] 赵子江. 多媒体技术应用教程 [M] . 3版. 北京：机械工业出版社，2003